Das Kosmos Hand-buch Astro *fotografie*

WOLFGANG SCHWINGE

Das
Kosmos
Hand-
buch

Astro
fotografie

Ausrüstung
Technik
Fotopraxis

Franckh-Kosmos

Mit 53 Farbfotos, 165 Schwarzweißfotos, 53 Zeichnungen und 20 Tabellen

Umschlag von Atelier Reichert, Stuttgart
unter Verwendung einer Aufnahme „Milchstraße" der
Europäischen Südsternwarte (ESO) und eines Fotos
„Venus und Mondsichel" von Hermann-Michael Hahn

Die Deutsche Bibliothek – CIP-Einheitsaufnahme

Schwinge, Wolfgang:
Das Kosmos-Handbuch Astrofotografie: Ausrüstung, Technik,
Fotopraxis / Wolfgang Schwinge. – Stuttgart : Franckh-
Kosmos, 1993
   ISBN 3-440-06739-4

© 1993, Franckh-Kosmos Verlags-GmbH & Co.,
Stuttgart
Alle Rechte vorbehalten
ISBN 3-440-06739-4
Lektorat: Hermann-Michael Hahn
Herstellung: Heiderose Stetter
Printed in Italy / Imprimé en Italie
Satz: Fotosatz Janß, Pfungstadt
Druck und buchbinderische Verarbeitung:
Printer Trento S.r.l., Trento

Inhalt

Vorwort

Seit eh und je widmet sich der Mensch dem Beobachten und Erforschen des gestirnten Himmels. Über lange Zeiträume hinweg war er dabei auf rein visuelles Betrachten angewiesen. Er zeichnete zwar unter anderem die Erscheinungen am Sternhimmel auch auf; zeichnerische Darstellungen aber sind stets mehr oder weniger subjektiv, so daß die Wiedergabe des Beobachteten sich sehr vom Betrachtungsobjekt unterscheiden und mit vielen Fehlern behaftet sein kann. Mit der Nutzung der Fotografie und ihrer dokumentarischen Potenzen wurde es dagegen möglich, astronomische Beobachtungen zu objektivieren. Die Astrofotografie vereinigt gegenüber dem visuellen Beobachten des Sternenhimmels mehrere Vorzüge gleichzeitig in sich. So ist es je nach Aufnahmeverfahren beispielsweise möglich, mit einer einzigen Fotografie Tausende von Sternen auf einmal abzubilden, die sich während derselben Zeit, das heißt der Belichtungszeit, nicht alle durchmustern lassen. In einer Beobachtungsnacht können mehrere Aufnahmen hergestellt werden, um sie später, vielleicht während einer Periode schlechter Beobachtungsbedingungen, in aller Ruhe bequem auszuwerten. Weiterhin stellt die fotografische Aufnahme, wie bereits angedeutet, ein Dokument dar und kann jederzeit, zum Beispiel für den Vergleich mit neueren Aufnahmen vom selben Objekt, wieder genutzt werden. Die Astrofotografie erlaubt es also, Erscheinungen und Veränderungen am gestirnten Himmel auch über große Zeiträume hinweg zurückzuverfolgen. Viele lichtschwach erscheinende flächenhafte Gebilde, wie Sternwolken der Milchstraße, galaktische und extragalaktische Nebel, Kometen usw., sind visuell selbst mit Hilfe des Fernrohrs oft nur schwer oder noch gar nicht zu erkennen. Die Astrofotografie bietet hier die Möglichkeit, solche Objekte, gegebenenfalls durch kontraststeigernde Mittel, gut im Bild sichtbar werden zu lassen. Nicht zuletzt durch das Summieren von Lichteindrücken bei Langzeitbelichtungen gestattet die Astrofotografie in Verbindung mit leistungsfähigen Teleskopen den Blick in noch größere kosmische Weiten. Sie hilft damit, den visuellen, aber auch den geistigen Horizont des Menschen zu erweitern.

Nicht allein für Berufsastronomen wurde die Fotografie zum unentbehrlichen Arbeitsmittel. Auch aus der Amateur- und Schulastronomie ist sie nicht mehr wegzudenken, und die Zahl der Sternfreunde wird ständig größer. Indessen bedarf es mancherlei Kenntnisse, um die richtigen ersten Schritte auf diesem Gebiet zu gehen und auch auf die Dauer Erfolg zu haben. Daraus leitet sich das Anliegen dieses Buches ab. Es möchte für den Anfänger auf astrofotografischem Gebiet ein praktischer Leitfaden sein und auch fortgeschrittenen Amateurastronomen helfen, ihr Wissen über die Himmelsfotografie zu festigen und zu nutzen, vielleicht auch hin und wieder aufzufrischen.

Himmelsobjekte können mit unterschiedlichsten optischen und fotografischen Mitteln aufgenommen werden. Viele Sternfreunde indessen verfügen nur über eine relativ einfache fotografische Ausstattung und brauchen dafür Hinweise und Anregungen. Deshalb sollen in diesem Buch sowohl einfache als auch aufwendigere Aufnahme- und Weiterverarbeitungsverfahren beschrieben und praktikabel erläutert werden. Praktikabel – das bedeutet unter anderem auch, daß Sie nicht irritiert zu sein brauchen, wenn Sie bei dem einen oder anderen Verfahren einmal über andere Geräte oder Materialien als den von Ihnen verwendeten lesen. Vieles davon ist gegeneinander austausch- und zumindest modifiziert verwendbar; erfahrene Astrofotofreunde in Zirkeln und anderen Arbeitsgruppen werden Sie sicher in solchen Fragen gern beraten.

Für die Manuskriptdurchsicht, die fachpublizistische Beratung und die freundliche Unterstützung danke ich den Herren Prof. Dr. Ing. habil. Klaus-Günter Steinert, Studienrat Dr. paed. Klaus Lindner und Oberstudienrat Hans Joachim Nitschmann recht herzlich, besonders auch meiner Frau, die mir während der langjährigen Erarbeitung des Manuskripts hilfreich zur Seite stand.

Bautzen, im April 1993

1. Möglichkeiten der Astrofotografie

Die astrofotografischen Möglichkeiten sind von den optischen und fotografischen Voraussetzungen abhängig, über die der Sternfreund verfügt. Einige davon seien hier zunächst nur angedeutet, um später ausführlicher erläutert zu werden. In den meisten Fällen stehen anfangs ein Fernrohr und eine Kamera zu Verfügung. Damit können Himmelsobjekte bereits auf die verschiedenste Art und Weise fotografiert werden.

Eine einfache Methode ist das Anhalten der Kamera an das Okular des Fernrohrs. Das Kameraobjektiv wird auf „Unendlich" und die größte Öffnung eingestellt. Vor der Aufnahme ist das Abbild des Objekts – Sonne oder Mond – mit Hilfe des Okularauszugs scharf einzustellen, zu fokussieren. Die Belichtungszeit ermittelt man durch Versuche.

Eine weitere fotografische Variante ist die Großfeldfotografie. Sie läßt sich mit Kameras unterschiedlichster Aufnahmeformate durchführen. Als Nachführinstrument dient hier das Fernrohr. Die Kamera befestigt man so weit wie möglich vorn am Fernrohr oder an der Deklinationsachse. Es ist nicht einmal in jedem Fall eine elektrische Nachführung notwendig. Eine besonders exakte Nachführgenauigkeit erfordert jedoch die Fokalbildfotografie. Hierzu werden Fernrohre mit Brennweiten von etwa 500 bis 2000 mm und darüber benutzt. Mit dieser Methode lassen sich offene Sternhaufen, Kugelsternhaufen, galaktische Nebel und extragalaktische Objekte wegen des großen Maßstabs der Abbildung besonders erfolgreich fotografieren. Das Fernrohr dient in diesem Falle als Teil des Aufnahmeinstruments und vor allem als Aufnahmeobjektiv. An Stelle des Okulars wird die Kamera ohne Objektiv verwendet. (Neben später noch zu erläuternden Spezialkameras kann man hierfür Spiegelreflexkameras mit Objektivwechselfassung nutzen. Kameras mit fest eingebautem Objektiv eignen sich dagegen nicht.) Eine parallaktische Aufstellung und präzise Nachführung des Fernrohrs ist hier allerdings unbedingt notwendig. Große äquivalente Brennweiten erreicht man mit der sogenannten Projektionsfotografie. Auch dabei dient das Fernrohr als Aufnahmeinstrument. In den Strahlengang des Fernrohrobjektivs wird aber zusätzlich ein Projektiv oder ein Okular eingesetzt. Diese Methode eignet sich für Aufnahmen relativ heller flächenhafter Gebilde, wie Sonne, Mond und einige Planeten (Merkur, Venus, Mars, Jupiter, Saturn). Schließlich sei noch das Fotografieren des Sonnenbildes von einem Sonnenprojektionsschirm oder einer anderen hellen Projektionsfläche erwähnt. Das kann von Hand aus bzw. mit Hilfe eines Fotostativs geschehen. Vorteilhaft für Sternfreunde, die dabei mit ihrem Fernrohr durch das geöffnete Fenster beobachten, ist ein um den Tubus herum abgedunkeltes Fenster. Damit erhöht sich der Kontrast des Sonnenbildes auf dem Projektionsschirm. Dabei soll das Zimmer ungeheizt sein, um Unschärfen durch sogenannte wabernde, das heißt erwärmte, schlierenbildende Luft zu vermeiden.

2. Stellarfotografie

Bild 2.1. Die Strichspuraufnahme zeigt einen Ausschnitt des West-himmels am 27. 3. 1989. Etwas oberhalb der Bildmitte befindet sich die Strichspur des Mars, darunter die des Jupiter, links davon die von Aldebaran und rechts neben dem Jupiter die blauen Strichspu-ren der Plejaden.

Objektiv: 1,8/50, Belichtung: 20.20–20.50 Uhr MEZ, Blendenzahl: 1,8, Tageslicht-Umkehrfarbfilm: UT 21
Die Filmentwicklung der Tageslicht-Umkehrfarbfilme erfolgte in einem Dienstleistungsbetrieb, Bereich Foto.

2.1. Sternfeldaufnahmen ohne Nachführung der Kamera

Infolge der Rotation unserer Erde führen die Sterne eine scheinbare Bewegung aus. Sie macht sich in der Nähe des Himmelspols weniger bemerkbar, verläuft also langsamer im Vergleich zu den Gebieten des Himmels in Äquatornähe. Wenn es um Sternfeldaufnahmen mit punktförmigen Sternen geht, so sind diese Bewegungsverhältnisse zu berücksichtigen. Dazu gehört die Wahl der dafür geeigneten Belichtungszeit und der Brennweite des Objektivs. Bei Aufnahmen von Sternen um den Himmelspol kann, im Unterschied zu Sternen am Himmelsäquator, länger belichtet werden. Der Mittelwert liegt, bei der Verwendung eines Objektivs von 50 mm Brennweite an der Kleinbildkamera, bei etwa 20 s. Bei Aufnahmen der Polgegend (z. B. Sternbild Kleiner Wagen) kann 50 s belichtet werden und bei Sternen am Himmelsäquator etwa nur 8 s (Bilder 2.2, 2.3). Je größer die Brennweite des Objektivs, desto kürzer ist infolge des größeren Abbildungsmaßstabs zu belichten.

Bild 2.3. Sternbild Orion am 13. 3. 1983, 19.45 Uhr MEZ Objektiv: 1,8/50, Kamera ohne Nachführung, Belichtungszeit: 10 s, Blendenzahl: 1,8, 27-DIN-Film, Entwicklung wie bei Bild 2.2.

Bild 2.2. Sternbild Kleiner Wagen am 12. 3. 1983, 23.35 Uhr MEZ Objektiv: 1,8/50, Kamera ohne Nachführung, Belichtungszeit: 50 s, Blendenzahl: 1,8, 27-DIN-Film, Grenzgröße: $9^{m}\!,\!06$, Negativentwicklung: M-H 28, 1 + 4, 7 min 20 °C, Fotopapier: extra-hart

Die folgende Tabelle gibt einen Einblick über die Belichtungszeiten in Abhängigkeit von Aufnahmebrennweite und Deklination. Die Blendenzahl des Objektivs wird auf den kleinsten Wert (also größtmögliche Öffnung) eingestellt, womit allerdings oft eine stärkere Randverzeichnung in Kauf zu nehmen ist. Bei lichtstarken Objektiven, also mit dem Öffnungsverhältnis von 1:1,4 bis etwa 1:2,8, empfiehlt es sich daher, statt der maximalen Öffnung lieber doch um eine bis zwei Stufen abzublenden. Das Ergebnis ist eine weniger verzeichnete Sternabbildung am Rand des Bildfeldes.

Viele Sternfreunde haben eine Kleinbildkamera, die für diese Art der Sternfeldfotografie gut nutzbar ist. Die Belichtungszeit wird auf „B" („Beliebig") und das Objektiv

Die Belichtungszeit für punktförmige Sterne mit feststehender Kamera kann mit folgender Formel berechnet werden:

$$ t = \frac{86\,400 \cdot A_E}{2 \cdot \pi \cdot f \cdot \cos \delta} $$

t = Belichtungszeit in s
A_E = Auflösungsvermögen der Emulsion in mm
f = Aufnahmebrennweite in mm
δ = Deklination in Grad

Das A_E für einen 27-DIN-Film beträgt etwa 0,03 mm.

Tab. 1. Brennweiten- und deklinationsabhängige Belichtungszeiten

Deklination	Brennweite des Fotoobjektivs in mm			
	35	50	135	200
0°	12 s	8 s	3 s	2 s
10°	12 s	8 s	3 s	2 s
20°	13 s	9 s	3 s	2 s
30°	14 s	10 s	4 s	2 s
40°	15 s	11 s	4 s	3 s
50°	18 s	13 s	5 s	3 s
60°	24 s	16 s	6 s	4 s
70°	34 s	24 s	9 s	6 s
80°	68 s	48 s	18 s	12 s

auf „Unendlich" eingestellt. Das für unverrissene Zeitaufnahmen erforderliche Befestigen der Kamera ist auf verschiedene Weise möglich. Eine Variante wäre das Fotostativ mit einem Kugel- oder Kinokopf. Auch Universalstative sind einsetzbar. In Bild 2.4 und 2.5 ist eine Kleinbildkamera mit Kinokopf auf einem stabilen Holzdreibeinstativ montiert. Eine weitere Befestigungsart wird im Abschnitt 2.3.3.2. beschrieben.

Es ist natürlich auch möglich, die Kamera zu dem genannten Zweck lediglich auf eine feste Unterlage zu legen. Allerdings läßt sich dabei das mit der Kamera abzubildende Sternfeld schwierig ermitteln. Während der Belichtungszeit können plötzlich auftretende Lichtquellen, z. B. von einem Fahrzeug, störend wirken. Dem läßt sich meist mit einer auf das Objektiv geschraubten Gegenlichtblende vorbeugen. Um Erschütterungen beim Auslösen des Verschlusses weitestgehend zu vermeiden, ist unbedingt ein Drahtauslöser zu empfehlen, am besten ein arretierbarer, weil er sich für den beschriebenen Zweck am bequemsten handhaben läßt.

Außer Sonne und Mond erscheinen alle anderen natürlichen kosmischen Objekte lichtschwach. Außerdem sollen hierbei innerhalb weniger Sekunden Belichtungszeit kosmische Erscheinungen in möglichst großer Weite fotografisch erfaßt werden. Als erstes ist also ein möglichst hochempfindlicher Film erforderlich (ab 27 DIN). Die Bilder 2.2, 2.3 und 2.6 entstanden mit dem beschriebenen Aufnahmeverfahren. Die für die einzelnen Sternbilder markanten Sterne sind in den Aufnahmen gut sichtbar und gehen nicht in der Vielzahl der Sterne unter, wie das bei Langzeitbelichtungen dagegen mehr oder minder oft der Fall ist.

Als weitere Aufgabe folgt die Entwicklung des belichteten Materials, die sich auf zweierlei Art und Weise lösen läßt:

1. Die Entwicklung übernimmt ein Fotolabor.
2. Man entwickelt das belichtete Material selbst.

Die zweite Entscheidung ist im allgemeinen die unbestreitbar bessere.

Dafür gibt es mehrere Gründe:

– Im Kundenlabor entstehende Wartezeiten fallen weg.
– Das Labor kann in den meisten Fällen nicht auf die speziellen Wünsche eingehen, die sich in der Astrofotografie oft ergeben.
– Mit dem Selbstentwickeln lassen sich zusätzliche Erfolgserlebnisse verbinden, die die Freude am fotografischen Beobachten des Sternhimmels fördern.
– Das Entwickeln in eigener Regie bietet vielfältige Möglichkeiten, den Charakter der Negative selbst zu bestimmen. Aber nicht jeder Sternfreund bringt gleich zu Beginn jene fotografischen Grundkenntnisse mit, die für das komplikationslose Entwickeln des belichteten Materials erforderlich sind. Besonders für den Anfänger auf diesem Gebiet sollen darum Verarbeitungshinweise im Abschnitt 12. eine Unterstützung sein.

Bild 2.4. Kleinbildkamera in Verbindung mit einem Kinokopf und Holzdreibeinstativ

Bild 2.5. Kleinbildkamera auf dem Kinokopf

Bild 2.6. Sternbild Großer Bär am 12. 3. 1983, 23.30 Uhr MEZ Objektiv: 1,8/50, Kamera ohne Nachführung, Belichtungszeit: 17 s, Blendenzahl: 1,8, 27-DIN-Film, Negativentwicklung: M-H 28, 1 + 4, 7 min bei 20 °C, Fotopapier: extra-hart

2.2. Strichspuraufnahmen

Die tägliche scheinbare Bewegung der Sterne ist die Ursache für die Entstehung von Strichspuren auf dem Film einer feststehenden Kamera. Wir sehen die Sterne in unterschiedlichen Winkelabständen zum Himmelspol. Die verschiedenen Distanzen wiederum sind die Ursachen für unterschiedlich lang zurückgelegte Strecken im Verhältnis zum Horizont des Beobachtungsortes. Am Himmelspol hat diese Strecke den Wert Null. (Ein unmittelbar dort vorhandener Stern würde auch bei feststehender Kamera punktförmig abgebildet, unabhängig von der Belichtungszeit.) Dagegen sind die zurückgelegten Strecken am Himmelsäquator am längsten. Auf dem Negativ entstehen dementsprechend unterschiedliche Strichspurlängen, welche man nach folgender Formel berechnen kann:

$$s = \frac{f \cdot t \cdot cos\ \delta}{13\,750}$$

s Strichspurlänge in mm
f Brennweite der Aufnahmeoptik in mm
t Belichtungszeit in s
δ Deklination des Aufnahmeobjekts in Grad

Die Erscheinung unterschiedlicher Strichspurlängen ist besonders gut auf einem Foto der Himmelspolgegend zu erkennen (Bild 2.7). Sie sind das Resultat verschiedener Deklinationen der Sterne. Die Bewegung in einer Stunde für einen Stern der Deklination δ beträgt:

$$\tau = cos\ \delta \cdot 15°.$$

Bild 2.7. Strichspuraufnahme des Himmelsnordpol-Gebiets mit zwei Flugzeugspuren und einer kurzen Meteorspur (rechts oben) am 9. 9. 1986. Objektiv: 2,8/35, Belichtung: 21.50–23.45 Uhr MEZ, Blendenzahl: 2,8, 27-DIN-Film, Negativentwicklung: M-H 28, 1 + 6, 7 min bei 20 °C, Fotopapier: extra-hart

Ein Objekt am Himmelsäquator (z. B. Mintaka, der rechte, obere „Gürtelstern" δ im Sternbild Orion) legt während einer einstündigen Belichtungszeit in der Abbildung auf dem Negativ die doppelte Strecke relativ zu einem Stern mit 60° Deklination zurück. Beim Polarstern dagegen sind es nur ¹⁄₅₀ der Strecke eines Sterns am Himmelsäquator. Das hat zur Folge, daß äquatornahe Sterne die Filmemulsion kürzer als polnahe belichten, also eine geringere Schwärzung hervorrufen. Wir erreichen demnach mit diesem Verfahren auch keinen Größenklassengewinn durch eine Verlängerung der Belichtungszeit.

2.2.1. Instrumente

Oben:
Bild 2.8. Kleinbildkamera in der Kamerahalterung
1 – Gegenlichtblende; 2 – Objektiv
1,8/50; 3 – Drahtauslöser;
4 – Kamerahalterung; 5 – Tischplatte

Bild 2.9. Konstruktion einer Kamerahalterung
1 – Himmelsnordpol, 2 – Himmelsäquator, 39° = Höhe des Himmelsäquators über dem Südhorizont am Beobachtungsort, z. B. Erfurt

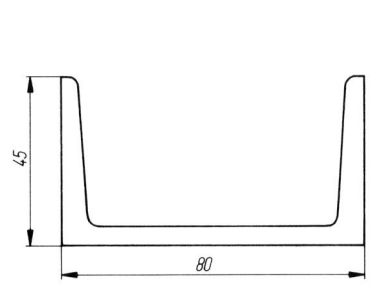

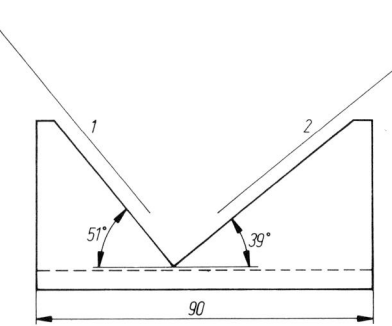

(„39° = Höhe des Himmelsäquators über dem Horizont am Beobachtungsort, z.B. Erfurt")

von der freien Öffnung des Objektivs abhängig. Man benötigt also eine Kamera mit möglichst großer Öffnung. Dabei kann es prinzipiell eine ältere Platten-, Rollfilm- oder eine moderne einäugige Spiegelreflexkamera sein. Dabei ist nur darauf zu achten, daß sich die Kamera mit einem arretierbaren Drahtauslöser versehen läßt, denn bei längeren Belichtungszeiten, z. B. von einer halben Stunde oder länger, ist es nicht möglich, den Finger auf dem Auslöser zu belassen, ohne Verreißungseffekte zu bewirken. Weiterhin muß die Kamera, wie bereits gesagt, die Einstellung „B" (für längere Zeitaufnahmen) haben. Viele Sternfreunde haben Spiegelreflexkameras mit Normalobjektiven und Bezeichnungen wie 2,8/50; 1,8/50; 2/50; 2,8/80; 2/58 usw. Die erste Zahl gibt die Blendenzahl und die zweite die Brennweite in mm an. Diese anastigmatischen Objektive sind für Strichspuraufnahmen gut geeignet. Auch ein Weitwinkelobjektiv 2,8/35 oder 3,5/30 ist einsetzbar. Während der Belichtungszeit kann es passieren, daß unerwünschte Lichtquellen, z. B. von Fahrzeugen, störend wirken. Wie bereits unter 2.1. erwähnt, kann hier eine handelsübliche Gegenlichtblende vorbeugen. Weiterhin ist die Kamera stabil auf einem Stativ zu befestigen. Die Wahl des Stativs richtet sich hauptsächlich nach der Masse der Kamera. Im Handel werden dazu verschiedene Fotostative angeboten. Wie ebenfalls schon erwähnt, ist auch bei dieser Art der Sternfeldfotografie ein Holzdreibeinstativ mit einem Kinokopf zu empfehlen (Bild 2.4, 2.5). Hat man ein komplett ausgestattetes Fernrohr, dann besteht die Möglichkeit der Befestigung der Kamera am Gegengewicht auf der Deklinationsachse (Bild 2.14). Die Beschreibung dazu ist im Abschnitt 2.3.3.2. zu finden. Eine ebenfalls stabile und vor allem preisgünstige Kamerahalterung zeigt Bild 2.9. Man benötigt für die Herstellung ein

Stellare Objekte, mit Ausnahme der Sonne, erscheinen uns wegen ihrer großen Entfernung als Lichtquellen geringer Intensität. Die Aufnahmeoptik muß also lichtstark sein. Je größer der Objektivdurchmesser, desto intensiver wirkt die Sternstrahlung auf den Film bzw. die fotografische Platte. Die Schwärzungsintensität bei punktförmig erscheinenden Himmelskörpern ist allein

Stück U-Stahl. In die beiden Schenkel des U-Stahls wird eine rechtwinklige Aussparung gesägt. Die Lage der Aussparung relativ zur unteren Kante des U-Stahls ist von der geographischen Breite des Beobachtungsortes abhängig.
In der folgenden Tabelle sind die geographischen Breiten einiger Orte aufgeführt:

Tab. 2. Geografische Breiten für ausgewählte Orte

Ort	Geografische Breite	Ort	Geografische Breite	Ort	Geografische Breite
Deutschland		Gotha	50,9°	Potsdam	52,4°
Aachen	50,8°	Göttingen	51,5°	Quedlinburg	51,8°
Altenburg	51,0°	Greifswald	54,1°	Regensburg	49,0°
Apolda	51,0°	Güstrow	53,8°	Riesa	51,3°
Aschersleben	51,8°	Halberstadt	51,9°	Rostock	54,1°
Aue	50,6°	Halle (Saale)	51,5°	Salzwedel	52,9°
Augsburg	48,4°	Hamburg	53,6°	Schleswig	54,5°
Baden-Baden	48,8°	Hannover	52,4°	Schwedt	53,1°
Bamberg	49,9°	Heidelberg	49,4°	Schwerin	53,6°
Bautzen	51,2°	Heilbronn	49,1°	Sonneberg	50,4°
Berlin	52,5°	Hildesheim	52,2°	Stendal	52,6°
Bernburg	51,8°	Hoyerswerda	51,4°	Stralsund	54,3°
Bielefeld	52,0°	Ingolstadt	48,8°	Stuttgart	48,8°
Bitterfeld	51,6°	Jena	50,9°	Suhl	50,6°
Bonn	50,7°	Kaiserslautern	49,4°	Trier	49,8°
Bremen	53,1°	Karlsruhe	49,0°	Ulm	48,4°
Chemnitz	50,8°	Kassel	51,3°	Weimar	51,0°
Cottbus	51,8°	Kiel	54,3°	Wiesbaden	50,1°
Crimmitschau	50,8°	Köln	50,9°	Wolfenbüttel	52,2°
Cuxhaven	53,9°	Konstanz	47,7°	Wuppertal	51,3°
Darmstadt	49,9°	Leipzig	51,3°	Würzburg	49,8°
Dessau	51,8°	Lübbenau	51,9°		
Döbeln	51,1°	Lübeck	53,9°	**Österreich**	
Dortmund	51,5°	Luckenwalde	52,1°	Innsbruck	47,3°
Dresden	51,1°	Lüneburg	53,2°	Wien	48,2°
Düsseldorf	51,2°	Magdeburg	52,1°		
Eberswalde	52,8°	Mainz	50,0°	**Schweiz**	
Eisenach	51,0°	Mannheim	49,5°	Bern	47,0°
Eisenhüttenstadt	52,1°	Meiningen	50,6°	Zürich	47,4°
Eisleben	51,5°	Meißen	51,2°		
Ems	50,3°	Merseburg	51,4°	**Tschechische Republik**	
Erfurt	51,0°	München	48,1°	Brno	49,2°
Essen	51,5°	Münster (Westfalen)	52,0°	Prag	50,1°
Flensburg	54,8°	Naumburg (Saale)	51,2°		
Frankfurt (Main)	50,1°	Neubrandenburg	53,6°	**Polen**	
Frankfurt (Oder)	52,3°	Neuruppin	52,9°	Warschau	52,2°
Freiberg	50,9°	Nordhausen	51,5°	Kraków	50,1°
Freital	51,0°	Nürnberg	49,5°		
Fulda	50,6°	Osnabrück	52,3°	**Ungarn**	
Gera	50,9°	Paderborn	51,7°	Budapest	47,5°
Glauchau	50,8°	Perleberg	53,1°		
Görlitz	51,2°	Pirna	51,0°		

Mit dieser einfachen Kamerahalterung lassen sich Strichspuraufnahmen der Himmelspol- und der Himmelsäquatorgegend in Richtung Süden gewinnen. Selbstverständlich sind auch alle anderen zur Zeit der Beobachtung sichtbaren Sternfelder in den Höhen um 51° und 39° fotografisch erreichbar. Die Haltevorrichtung ist besonders für Kleinbild-, aber auch für Mittelformatkameras geeignet. Man stellt sich die Kamerahaltevorrichtung so hin (z. B. an den Rand eines Tisches, Bild 2.8), daß der Einblick in den Kamerasucher gewährleistet ist. Besonders eignen sich dafür Kameras mit Lichtschachtsucher. Er gestattet ein bequemeres Auffinden des Sternfeldes.

2.2.2. Belichtungszeit

Die Belichtungszeit der Strichspuraufnahme wird hauptsächlich von der Objektivöffnung, dem Öffnungsverhält-

nis, dem Aufnahmematerial, der Himmelshintergrund-Helligkeit und der Negativentwicklung bestimmt. Aufnahmeoptiken mit großen Öffnungsverhältnissen (das entspricht etwa den Blendenzahlen 1,4; 1,8; 2,8;) und einer harten Negativentwicklung gestatten in ländlichen Gebieten auf höchstempfindlichem Aufnahmematerial eine Belichtungszeit bis etwa 10 min. Diese für Strichspuraufnahmen mit einem 50-mm-Normalobjektiv relativ kurze Belichtungszeit erzeugt auf dem 24 mm × 36 mm-Kleinbildnegativ eine kurze Schwärzungsspur. Sie beträgt z. B. für den Stern α Leo (δ = + 12°04′) bei 10 min Belichtungszeit 2,1 mm. Im allgemeinen werden aber Strichspuraufnahmen länger belichtet. Das bedeutet eine Reduzierung der freien Öffnung des Objektivs, und somit des Öffnungsverhältnisses, um ein oder zwei Blendenwerte. Die optimale Belichtungszeit ist erreicht, wenn auf dem Negativ die Him-

Bild 2.10. Das
Foto zeigt das
Sternbild Orion
in Form von
Strichspuren am
27. 3. 1989.
Objektiv: 1,8/50,
Belichtung:
19.45–20.15 Uhr
MEZ, Blenden-
zahl: 1,8, Tages-
licht-Umkehrfarb-
film: UT 21

melshintergrund-Schwärzung minimal angedeutet erscheint. Sollen auf dem Negativ auch terrestrische Objekte (Bäume, Gebäude usw.) mit abgebildet werden, so muß der Himmelshintergrund schon eine etwas stärkere Deckung haben (Bild 2.10). Die Entwicklung des Negativmaterials mit einem Ausgleichentwickler gestattet eine längere Belichtungszeit bei ausgeglicheneren Negativen. Auf dem Land, fernab von großen Städten, sind dadurch Belichtungszeiten bis etwa 120 min mit der Blendenzahl 4 (als etwaiger Richtwert) möglich. Zur optimalen Belichtung gelangt man durch Probefotos.

2.2.3. Verfahren

Strichspuraufnahmen sind zumeist das Ergebnis von Langzeitbelichtungen etwa zwischen einer viertel Stunde bis zwei Stunden. Ehe also die Aufnahmetechnik vorbereitet wird, gilt es, die meteorologischen Voraussetzungen etwas genauer zu betrachten. Der Himmelshintergrund sollte so dunkel wie möglich sein. Das ist der Fall, wenn die Dunstgrenze relativ niedrig zum Horizont liegt, also eine hohe Sichtstufe vorhanden ist. Bereits bei leichter Cirrus-Bewölkung sollte man die Aufnahme auf einen anderen Zeitpunkt verschieben. Nicht zu unterschätzen ist die Auswirkung einer zu großen Luftfeuchtigkeit (Taubeschlag am Objektiv) und Windgeschwindigkeit, vor allem, wenn in der freien Natur fotografiert wird (Bild 2.11). Man sucht am besten einen Standort aus, der so wenig wie möglich von störenden Lichtquellen beeinflußt wird, und stellt das Stativ auf. Dann kommt die Kamera in Verbindung mit einem Kinokopf oder Kugelgelenk darauf. Anschließend schraubt man die Gegenlichtblende in das Innengewinde des Objektivs. Nach Befestigung des arretierbaren Drahtauslösers kontrolliert man noch einmal die Kameraeinstellung, das heißt, die Entfernungsmarkierung muß auf „Unendlich", die Belichtungszeit auf „B" und die Blendenzahl auf den kleinsten Wert (größte Öffnung) eingestellt sein. Nun wird die Spannvorrichtung der Kamera betätigt, und die Aufnahmebereitschaft ist hergestellt. Die Bilder 2.7, 2.11 und 2.12 entstanden auf diese Weise. Bevorzugte Entwickler für das Negativ sind in diesem Fall zum Beispiel:
– Feinstkornentwickler (Verarbeitung nach Entwicklungsvorschrift)
– Feinkornentwickler

2.3. Nachgeführte Sternfeldaufnahmen

2.3.1. Allgemeine Betrachtungen

Sternfeldaufnahmen sind Fotografien von größeren Himmelsausschnitten. Wir können für diese Art der Stellarfotografie Objektive mit einer Brennweite von etwa 30 bis 300 mm einsetzen. Nachgeführte Sternfeldaufnahmen haben gegenüber den Strichspuraufnahmen unter anderem den Vorteil einer wesentlich größeren Reichweite. Das Licht von einem Stern, das durchs Objektiv auf den Film oder auf die Astro-Platte fällt, erzeugt eine annähernd punktförmige Abbildung. Die Lichtenergie wird also auf einer relativ kleinen Fläche des Aufnahmematerials konzentriert. Damit lassen sich, gute Wetterbedingungen vorausgesetzt, innerhalb von wenigen Minuten Sterne fotografisch fixieren, die mit bloßem Auge nicht mehr wahrzunehmen sind. Solche Sterne haben unterschiedliche scheinbare visuelle Helligkeiten, die in den Größenklassen ausgedrückt werden. Ohne Hilfsmittel kann das menschliche Auge bei wolken- und dunstfreiem, mondlosem Nachthimmel und fern von größeren, hellerleuchteten Städten Sterne etwa bis zur 6. Größenklasse wahrnehmen. Auf höchstempfindlichem Filmmaterial werden schon bei 60 s Belichtungszeit mit einem Objektiv 1,8/50 Sterne bis zur 8^m8 Größenklasse gut sichtbar abgebildet.

Zur Erläuterung: Der Unterschied von einer Größenklasse zur nächsthöheren bedeutet einen Helligkeitszuwachs von rund 2,5, wobei die jeweils niedrigere Zahl die jeweils höhere Helligkeit kennzeichnet. Ein Stern der Größenklasse 4^m (m: magnitudo = Größe) ist also 2,5mal heller als ein Stern von 5^m und 6,25mal heller als der Stern von 6^m (2,5 × 2,5 = 6,25) usw. Für die Größenklassenbezeichnung werden neben ganzen Zahlen auch (wie obiges Belichtungsbeispiel zeigt) gebrochene Zahlen verwendet und neben der Reihe positiver Zahlen und der Null auch die Reihe negativer. Dabei ist beispielsweise ein Stern von -2^m, anknüpfend an das eben

Bild 2.11. Strichspuraufnahme des Zenitbereichs am 19. 11. 1981 Objektiv: 2,8/50, Blendenzahl: 2,8, 27-DIN-Film, Negativentwicklung: M-H 28, 1 + 4, 7 min bei 20 °C, Fotopapier: extra-hart Während der Belichtung erfolgte auf der Optik ein Taubeschlag, so daß sich die Helligkeit der Strichspuren allmählich verringerte.

erläuterte Rechenprinzip, 2,5mal heller als ein Stern von – 1^m. Wir wissen, daß sich die Sterne infolge der Erdrotation – selbstverständlich nur scheinbar – parallel zum Himmelsäquator um die Erde bewegen. Man benötigt demzufolge eine Einrichtung am Fernrohr, die diese scheinbare Bewegung ausgleicht. Die parallaktische Montierung ermöglicht diese Bewegung oder Nachführung; sie soll möglichst eine Feinbewegung in Deklination und Stunde haben.

2.3.2. Aufnahmevorbereitung am Tag

Es ist von großem Vorteil, wenn man die nächtliche fotografische Beobachtung möglichst am Tag vorbereitet. Da die Zahl der Beobachtungsnächte in unseren Breiten nicht besonders groß ist, gilt es, die Zeit der Vorbereitung so effektiv wie möglich zu nutzen. Das trifft besonders auch für die winterliche Jahreszeit mit ihren tieferen nächtlichen Temperaturen zu. Die Sternfeldfotografie gestattet oft, ein oder mehrere Sternbilder auf ein und demselben Negativ zu erfassen. Wenn also ein vollständiges Sternbild fotografiert werden soll, dann muß der Beobachter seine Lage relativ zum Horizont und die Ausdehnung am Himmel kennen. Diese Daten können z. B. von einem Sternatlas („Sternatlas 1975,0" von S. Marx, W. Pfau; „Atlas Coeli 1950,0" von Antonin Bečvář; „Atlas des gestirnten Himmels 1950" von Prof. Dr. Otto Kohl u. Gerhard Felsmann) oder einer drehbaren Sternkarte (z. B. Drehbare Kosmossternkarte) entnommen werden. Es ist nicht ratsam, ein Sternbild oder ein anderes Himmelsobjekt gleich nach dem Aufgang oder kurz vor dem Untergang zu fotografieren. Durch die starke Extinktion in der Atmosphäre in diesen niedrigen Höhen verlieren die Sterne scheinbar an Helligkeit, was sich unter anderem in einer geringeren fotografischen Reichweite auswirkt. Wegen der durchschnittlich auftretenden Dunstgrenzen sind gute Ergebnisse im allgemeinen erst ab etwa 30° Höhe des Objekts über dem Horizont erreichbar. Das hängt natürlich auch von der jeweiligen Lage des Beobachtungsortes und den meteorologischen Bedingungen ab. Die besten Ergebnisse erhält man, wenn die Belichtung während der oberen Kulmination, also in Richtung des Meridians, erfolgt. Sind zwei, drei oder eine größere Zahl Aufnahmen verschiedener Sternbilder vorgesehen, dann beginnt man mit den Objekten, die zuerst untergehen. Weiterhin gilt es, die Zeiten für den Auf- und Untergang des Mondes einzukalku-

lieren. Besonders in der Zeit zwischen Vollmond und dem Letzten Viertel kann der unverhoffte Mondaufgang die Aufnahme verschleiern. Ebenso wichtig ist es, den Beginn (morgens) und das Ende (abends) der nautischen Dämmerung zu kennen. Die Sonne befindet sich dabei 6 ... 12° unter dem Horizont. Diese sich über das Jahr verändernden Daten kann man einem astronomischen Jahreskalender entnehmen. Während der nautischen Dämmerung lassen sich keine Sternfeldaufnah-

Bild 2.12. Strichspuraufnahme des Zenitbereichs am 4. 10. 1986 (unten im Bild ein Meteor)
Objektiv: 2,8/80, Belichtung: 19.45–21.10 Uhr MEZ, Blendenzahl: 2,8, 27-DIN-Film, Negativentwicklung: M-H 28, 1 + 6, 7 min bei 20 °C, Fotopapier: normal

men ohne Filter und mit langer Belichtungszeit herstellen. Will man außerhalb der astronomischen Dämmerung (Sonne tiefer als 18° unter dem Horizont) fotografieren, dann verkürzt sich natürlich die zur Verfügung stehende Beobachtungszeit. Zur Zeit der Sommersonnenwende ist während der gesamten Nacht in unseren Breiten die Mitternachtsdämmerung wirksam. Trotzdem ist es aber in vielen Fällen nicht notwendig, den Beginn oder das Ende der astronomischen Dämmerung zu beachten. Es können hier schon sehr gute Ergebnisse während der astronomischen Dämmerung erreicht werden. Die größte Reichweite bleibt aber doch der Zeit außerhalb der Dämmerungserscheinung vorbehalten. Für die beschriebene Art der Sternfeldfotografie sind sowohl die handelsüblichen Kleinbildkameras als auch neuere wie ältere Mittel- und Großformatkameras verwendbar. Viele der heute gebräuchlichen Kleinbild-Spiegelreflexkameras sind mit einem Normalobjektiv von 50 mm Brennweite ausgestattet; sie haben einen Bildwinkel von 47°. Damit sind viele Sternbilder separat erfaßbar. Haben Himmelsobjekte eine scheinbare Ausdehnung von mehr als 47°, dann können sie meist mit einem Weitwinkelobjektiv (z. B. 3,5/30; 2,8/35) in einer einzigen Aufnahme erfaßt werden. Für die fotografische Aufzeichnung großer Teile der Milchstraße mit einer einzigen Aufnahme ist der Einsatz eines extremen Weitwinkelobjektivs (z. B. 2,8/20, Bildwinkel von 93°) erforderlich. Die folgende Tabelle gibt den Himmelsausschnitt auf dem Filmbild in Abhängigkeit von der Objektivbrennweite und dem Aufnahmeformat bei Kleinbild- und Mittelformatkameras an.

Tab. 3. Brennweitenabhängige Aufnahmeformate

Aufnahmeformat 24 mm × 36 mm		
Objektiv-brennweite f_{Ob} in mm	Himmels-ausschnitt	Beispiele für Beobachtungsobjekte
20	61,9° × 83,9°	Großflächige Gebiete der Milch-
29	44,9° × 63,6°	straße, Kometen mit großen
30	43,6° × 61,9°	Schweiflängen, Satelliten, Stern-
35	37,8° × 54,4°	bilder mit großen Ausdehnungen, Meteore
50	26,9° × 39,5°	Separate Sternwolken der Milch-
80	17,1° × 25,3°	straße, Sternbilder, Uranus, größere Kometen und offene Sternhaufen, Meteore, Satelliten
135	10,1° × 15,1°	Offene Sternhaufen, Planetoiden,
180	7,6° × 11,4°	Kometen, größere Galaxien (z. B.
200	6,8° × 10,2°	M 31), größere Emissions- und
300	4,5° × 6,8°	Reflexionsnebel, Uranus, Neptun
400	3,4° × 5,1°	Galaxien, offene Sternhaufen,
500	2,7° × 4,1°	Planetoiden, planetarische Nebel,
1000	1,3° × 2,1°	Kugelsternhaufen, Emissions- und Reflexionsnebel, Uranus, Neptun, Pluto, Kometen
Aufnahmeformat 6 cm × 6 cm		
50	61,9° × 61,9°	
80	41,1° × 41,1°	
120	28,1° × 28,1°	
180	18,9° × 18,9°	
300	11,4° × 11,4°	
400	8,5° × 8,5°	
500	6,8° × 6,8°	
1000	3,4° × 3,4°	

Die Objekte in der Spalte „Beispiele für Beobachtungsobjekte" sind in bezug auf die Objektivbrennweite so unterteilt, daß sie sich in Größe und Schwärzung gut auf dem Filmbild unterscheiden lassen. Die Aufnahmemöglichkeiten der Objekte relativ zur Brennweite gehen natürlich nicht streng stufenweise, sondern allmählich von Brennweite zu Brennweite über. Deshalb kann man den Andromedanebel (M 31) auch mit einem Objektiv von $f = 50$ mm (z. B. 1,8/50 oder 2,8/50) aufnehmen. Steht das Aufnahmeformat 6 cm × 6 cm zur Verfügung, dann hat die Tabellenspalte „Beispiele für Beobachtungsobjekte" relativ zum Himmelsausschnitt auch ihre Gültigkeit. Am nachstehenden Beobachtungsbeispiel seien hier aufgeführten Zusammenhänge verdeutlicht.

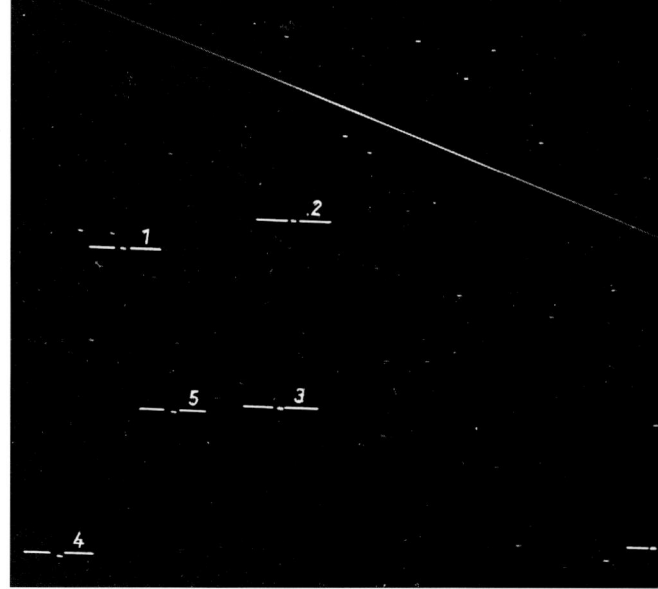

Bild 2.13. Raumstation MIR als Strichspur im Sternbild Herkules und in der Nördlichen Krone am 27. 6. 1986, 22.38 Uhr MEZ
Objektiv: 1,8/50, Belichtungszeit: 40 s, Blendenzahl: 1,8, 27-DIN-Film, ohne Nachführung, Negativentwicklung: M-H 28, 1+4, 5 min bei 21 °C, Fotopapier: extra-hart
1 – π Her 2 – η Her 3 – ζ Her 4 – δ Her 5 – ε Her 6 – α CrB

Beobachtungsobjekt: das zirkumpolare Sternbild „Kleiner Bär"
Datum der Aufnahme: 1991 April 15
Zeit der Aufnahme: 02^{h}00^m MEZ
Höhe über dem Nordhorizont: etwa 65° (Sternbildmitte)
Ausdehnung des Objekts am Himmel: etwa 25° × 13°.
(Die obigen Daten wurden der drehbaren Kosmossternkarte entnommen.)
Kamera: Kleinbildspiegelreflexkamera mit Objektiv 1,8/50
Film: Schwarzweiß-Negativfilm (z. B. 27 DIN)
Leitrohr: Refraktor 63/840
Leitokular: 16-O mit Strichkreuzeinsatz (Die Zahl 16

gibt die Brennweite des orthoskopischen Okulars in mm an.)

Leitstern: ζ UMi, $m_v = 4^m34$ (Daten aus „Kleine praktische Astronomie" von Paul Ahnert)

Nachführung: Handnachführung

Belichtungszeit: 10 min

Mondaufgang: 04^h52^m (für 15° östl. Länge und 50° nördl. Breite)

nautische Dämmerung: morgens (Beginn) 03^h53^m für 50° nördlicher Breite

Schließlich sind noch eine genau anzeigende Uhr für das Festhalten der Aufnahmezeiten, die fotografische Ausrüstung und ein Beobachtungsbuch (am besten im Format A 5) bereitzuhalten (s. Abschnitt 11). Größtenteils findet sich das Fernrohr vor dem Beobachten in einem relativ zur Außentemperatur warmen Raum. Um Luftturbulenzen im Tubus (infolge des Wärmeaustauschs) auf ein Minimum zu beschränken, ist es vorteilhaft zu warten, bis das Fernrohr etwa die Außentemperatur angenommen hat und damit die Voraussetzung für normale Bildschärfe gegeben ist.

2.3.3. Handnachgeführte Sternfeldaufnahmen

In der Astrofotografie gibt es zwei Möglichkeiten der Nachführung: die Handnachführung und die Nachführung mit einem Nachführwerk (z. B. der gewichts- oder uhrgesteuerte Antrieb oder die bei den Amateuren weitverbreiteten Synchronmotoren). Um handnachgeführte Sternfeldaufnahmen herstellen zu können, muß die Möglichkeit der Feinbewegung um die Stundenachse der Montierung gewährleistet sein, um damit die scheinbare Bewegung der Sterne auszugleichen. (Es sind übrigens von Amateuren auch schon Sternfeldaufnahmen ohne separate Feinbewegung und ohne elektrische Nachführung hergestellt worden. Das Fernrohr wurde dazu durch leichtes Drücken an der Okularsteckhülse um die Stundenachse bewegt. Allerdings sind in diesem Fall Aufnahmebrennweiten bis etwa 150 mm sicherlich das Maximum.)

Eine Voraussetzung für handnachgeführte Sternfeldaufnahmen ist die parallaktische Montierung. Mit dieser Art der Montierung wird erreicht, daß das Fernrohr in Verbindung mit der Kamera nur um die Stundenachse (die zum Himmelsnordpol zeigt) gedreht werden muß.

2.3.3.1. Justierung des Fernrohrs

Eine Voraussetzung für gut nachgeführte Sternfeldaufnahmen ist die Justierung des Fernrohrs. Bei einer festen Aufstellung, z. B. auf einer Stahlsäule, braucht man nicht vor jeder Beobachtung das Fernrohr neu zu justieren. Es genügt eine einmalige genaue Justierung, die etwa alle 12 Monate auf ihre Genauigkeit überprüft werden sollte. Aber viele Sternfreunde besitzen eben keine

feste Aufstellung, sondern eine transportable Ausstattung mit Dreibeinstativ. Auch viele Schul- und Volkssternwarten sowie Arbeitsgemeinschaften „Astronomie" sind mit dieser Ausrüstung versehen. Die erforderliche Justiergenauigkeit des Beobachtungsinstruments richtet sich nach dem gestellten Ziel. Da zumeist mit Objektiven kleinerer Aufnahmebrennweiten (50 ... 80 mm) und nicht allzu langen Belichtungszeiten gearbeitet wird, gibt es für die Genauigkeit der Justierung in diesen Fällen keine allzugroßen Anforderungen. Hier kann nach der sogenannten Polarsternmethode justiert werden: Nach dem Aufstellen des Fernrohrs ist zunächst die Einstellung der Polhöhe an der Polhöhenskala der Montierung zu kontrollieren. Polhöhe und geographische Breite des Beobachtungsortes sind jeweils gleich. Von großer Bedeutung ist die lotrechte Aufstellung des Stativs, die mit der Luftblase der Dosenlibelle kontrolliert werden kann. Vor Beginn der Justierung gilt es noch, das Fernrohr mit der Kamera und der zusätzlichen Optik (Okular, Okularrevolver oder Zenitprisma) auszubalancieren. Danach ist der Fernrohrtubus in eine parallele Lage relativ zur Stundenachse zu bringen, d. h., man stellt den Indexstrich auf die Zahl 6 am Stundenteilkreis. Der Indexstrich für den Deklinationsteilkreis zeigt auf den Wert 90. Damit sich die so eingestellten Werte nicht verändern, ist die Klemmung in Stunde und Deklination anzuziehen. Jetzt sucht man mit bloßem Auge den Polarstern auf und dreht das Fernrohr mit der Montierung horizontal so lange um den Stativzapfen, bis die Stundenachse zunächst grob auf diesen Stern zeigt. Schließlich wird mit einem Okular, z. B. $f = 40$ mm durch langsames horizontales Bewegen des Fernrohrs auf den Polarstern eingestellt. Ist der Polarstern im Gesichtsfeld zu sehen, kann der Polkopf geklemmt und die Justierung damit abgeschlossen werden. Die Stundenachse zeigt für den obengenannten Zweck hinreichend genau zum Himmelsnordpol. Der Polarstern hat zum Himmelsnordpol eine Winkeldistanz von etwa 55 Bogenminuten. In Sternzeit gerechnet befindet er sich um 2^h südlich, um 8^h westlich, um 14^h nördlich und um 20^h östlich vom Himmelsnordpol. Somit ist es uns möglich, die Lage des Polarsterns im Okularsehfeld unter Berücksichtigung des seitenverkehrten und „auf dem Kopf" stehenden Bildes zu ermitteln. Er befindet sich also nicht in der Sehfeldmitte.

Mit der genannten parallaktischen Montierung und der beschriebenen Justiermethode kann man unter Verwendung der obengenannten Objektivbrennweiten und bei günstigen meteorologischen Voraussetzungen bis etwa 20 min belichten, ohne daß am Rand des Aufnahmefeldes bemerkenswerte Sternstrichspuren entstehen. Bei wesentlich längeren Belichtungszeiten (z. B. Aufnahmen mit einem Filter oder einer Filterkombination) macht sich der bei dem beschriebenen Justierverfahren noch vorhandene Aufstellungsfehler stärker bemerkbar. Der Leitstern wandert des öfteren vom Fadenkreuz nach

Süden oder Norden ab. Dieses Abwandern kann man natürlich mit der Feinbewegung in Deklination korrigieren. Trotzdem bewegen sich die Sterne während der langen Belichtungszeit (z. B. 2 Stunden) allmählich scheinbar um den Leitstern, so daß die entstehenden kreisbogenförmigen Sternstriche sich mit wachsendem Abstand zum Leitstern verlängern. Dieser noch vorhandene Aufstellungsfehler läßt sich mit der Justiermöglichkeit nach „Scheiner" berichtigen. Man benötigt dazu ein Fadenkreuzokular oder ein Okular mit einem Strichkreuzeinsatz. Das Fadenkreuzokular wird so ausgerichtet (in der Okularsteckhülse gedreht), bis ein im Süden befindlicher defokussierter (also unscharf eingestellter) äquatornaher Stern infolge der täglichen scheinbaren Bewegung des Sternenhimmels auf dem horizontalen Faden entlangläuft. Das Fernrohr wird bei dieser Einstellung nicht bewegt. Jetzt holt man den Stern mit Hilfe der Feinbewegung zurück und stellt ihn im defokussierten Zustand auf Fadenkreuzmitte ein. Dieser Stern ist nun zu verfolgen, indem die Feinbewegung betätigt oder, wenn vorhanden, der Nachführungsmotor eingeschaltet wird. Weicht der Stern während der Nachführung im Okularsehfeld des bildumkehrenden Fernrohrs allmählich nach oben (Richtung Süden) ab, so weicht die Meridianebene der Stundenachse der Montierung relativ zur Meridianebene des Beobachtungsortes nach Westen ab. In diesem Falle ist der Polkopf der parallaktischen Montierung um einen geringen Betrag in Azimut (horizontal) nach der Himmelsrichtung Osten zu drehen. Es wäre ein Zufall, fände man nach einmaliger Korrektur gleich den richtigen Betrag, so daß der Stern nicht mehr vom horizontalen Faden abweicht. Oft weicht dann der Stern im Okularsehfeld des bildumkehrenden Fernrohrs nach unten (Richtung Norden) ab. In diesem Fall hat die Meridianebene der Stundenachse relativ zur Meridianebene am Beobachtungsort eine Abweichung nach Osten. Der Polkopf ist um einen geringen Betrag nach der Himmelsrichtung Westen zu drehen. Dieses azimutale Einrichten der Meridianebene der Stundenachse wird so lange vorgenommen, bis der Stern etwa 15 ... 20 min lang ohne Abweichung auf dem horizontalen Faden verbleibt. Wer mit Objektiven langer Brennweiten bis etwa $f = 1000$ mm und einer elektromotorischen Nachführung arbeiten will, muß die Justiergenauigkeit steigern. Der Stern darf etwa 30 min lang keine Abweichung vom horizontalen Faden zeigen. Auch die Polhöheneinstellung ist präziser auszuführen. Die langbrennweitige Stellarfotografie wird seltener auf einem Dreibeinstativ durchgeführt. Hier zeichnet sich die Fernrohrsäule mit dem Glockenfuß aus. Eine Berichtigung der Polhöhe geschieht mit der im Glockenfuß nach Norden gerichteten Fußschraube. Durch Drehen dieser Schraube wird der Winkel zwischen der Stundenachse (auch Polachse genannt) und der Horizontebene verändert. Man sucht einen Stern am Ost- oder Westhimmel auf, der eine Höhe von 25 ... 30° haben sollte, und stellt ihn defokussiert

auf den in Ost-West-Richtung liegenden Faden des Fadenkreuzes ein. Durch ein „Hin- und Herbewegen" des Sterns mit Hilfe der Stundenfeinbewegung kann geprüft werden, ob sich der Stern auf dem Ost-West-Faden bewegt. Nun läßt man die Nachführung einige Minuten laufen. Bewegt sich der Stern am Osthimmel beim Beobachten im Okularbildfeld des bildumkehrenden Fernrohrs nach oben, so ist die Polhöhe zu gering eingestellt. Entfernt er sich dagegen nach unten, dann ist die Polhöhe zu groß, das heißt, die Stundenachse muß flacher eingestellt werden. Für den Westhimmel gilt das im umgekehrten Sinn. Die Polhöheneinstellung ist richtig, wenn der Stern auf dem Ost-West-Faden verbleibt. Das Fernrohr gilt damit für längere Belichtungszeiten (60 min, 120 min, usw.) und größere Ojektivbrennweiten als hinreichend genau justiert.

2.3.3.2. Kamerabefestigung

Für die Befestigung der Kamera gibt es eine sehr einfache Methode. Das Schiebegewicht auf der Deklinationsachse der Montierung bietet sich dafür an (Bild 2.14, 2.15). Als Material benötigt man für eine normale Kleinbild-Spiegelreflexkamera ein etwa 180 mm langes Stück Bandstahl von 30 mm Breite und 4 mm Stärke (die genaue Länge richtet sich nach dem jeweiligen Kameratyp und ist daher individuell zu ermitteln), weiterhin zwei Schrauben mit dem Gewinde M-5 und eine handelsübliche Fotoschraube. Den Bandstahl biegt man zu einem 90°-Winkel. Der kurze Schenkel des Winkels erhält diagonal zwei Bohrungen für die zwei M-5-Schrauben. In die Bohrung am langen Schenkel wird die Fotoschraube eingeführt. Es ist sehr empfehlenswert, den Abstand von

Bild 2.14. Kamerahalterung am Gegengewicht
1 – Sechskantschrauben M 5; 2 – Haltewinkel für die Kamera; 3 – Drahtauslöser; 4 – Normalobjektiv 1,8/50; 5 – Gegenlichtblende; 6 – Kleinbild-Spiegelreflexkamera; 7 – Fototaschenschraube; 8 – Gegengewicht des Fernrohrs; 9 – Parallaktische Montierung T

Bild 2.15. Möglichkeit zur Herstellung handnachgeführter Sternfeldaufnahmen
1 – Dreibeinstativ; 2 – Drahtauslöser; 3 – Gegengewicht; 4 – Gegenlichtblende; 5 – Kleinbild-Spiegelreflexkamera; 6 – Parallaktische
Montierung T; 7 – Schulfernrohr 63/840; 8 – 4fach Okularrevolver;
9 – Feinbewegung im Stundenwinkel

Schiebegewicht und Kamerahaltewinkel so zu bemes-
sen, daß die Fotoschraube nicht herausfallen kann.
Schließlich wird der Kamerahaltewinkel an die Außenseite des Schiebegewichts (vom Stundenachsgehäuse aus

gesehen) angeschraubt. Diese Art der Befestigung gestattet einen kleinen Schwenkbereich, ohne daß das
Fernrohr in den abgebildeten Himmelsausschnitt der Kamera gerät. Es ist natürlich auch möglich, den Bandstahl
u-förmig zu biegen und ihn mit drei M-5-Schrauben am
Schiebegewicht zu befestigen.

2.3.3.3. *Verfahren*

Nachdem man sich einen günstigen Beobachtungsplatz
ausgesucht hat, kann das Fernrohr aufgestellt, ausbalan-
ciert und nach der vorher beschriebenen Methode ju-

stiert werden. Es ist allerdings ratsam, vor dem Aufstellen den Boden auf seine Festigkeit hin zu überprüfen. Die Arbeit des Justierens wäre bei einer großen Nachgiebigkeit des Bodens umsonst. Vor dem Ausbalancieren müssen natürlich alle benötigten Instrumente und Geräte am Fernrohr bzw. an der Deklinationsachse der parallaktischen Montierung befestigt sein (Bilder 2.14, 2.15). Das sind:
- eine Kamerahalterung am Schiebegewicht oder am Fernrohr,
- die Kamera (z. B. Kleinbildkamera) mit einer Gegenlichtblende und arretierbarem Drahtauslöser,
- ein Fadenkreuzokular, z. B. mit f = 25 mm, 16 mm oder 12,5 mm,
- ein Zenitprisma oder besser ein Okularrevolver 4- bzw. 5fach.

Vor den Justierarbeiten ist beim Aufstellen des Fernrohrs außerdem auf eine günstige Position des Nachführokulars relativ zum Auge zu achten. Der Ort des Beobachtungsobjekts am Himmel ist bekannt. Das Fernrohr wird grob (vor der Justierung) auf dieses Objekt gerichtet. Man erhält somit die Stellung des Nachführokulars relativ zum Auge. Ist diese Lage ungünstig (zu hoch oder zu niedrig), dann kann sie durch Längenverstellung der Stativfüße entsprechend verändert werden.

Nicht zu unterschätzen ist die Lage der Griffe für die Feinbewegung in Stundenwinkel und Deklination relativ zur Hand des Beobachters. Sind sie zu hoch, so kann die nachführende Hand schnell ermüden, und die Belichtung muß vorzeitig abgebrochen werden. Auch hier hilft wieder die Längenverstellung der Stativfüße. Befindet sich das Aufnahmeobjektiv in der Zenitgegend, dann ist für die Nachführung ein Okularrevolver (4- oder 5fach) oder ein Zenitprisma von großem Vorteil. Mit diesem Fernrohrzubehör kann man sich eine bequeme Beobachtungslage verschaffen. Auch eine Sitzmöglichkeit ist sehr zu empfehlen (Bild 2.15).

Nach der Justierung drehen wir den Griff für die Feinbewegung in Stunde bis an den Anfang des Nachführbereichs, welcher bei der parallaktischen T-Montierung etwa 30 ... 35 min beträgt. Der Feinbewegungsbereich in Deklination wird durch das Drehen des Griffes so eingestellt, daß er in der Mitte dieses Bereichs steht. Jetzt kann ein heller Stern aufgesucht und im Okular eingestellt werden. Der Index für die Entfernung am Kameraobjektiv zeigt auf den Wert „∞" und die Belichtungszeit auf „B". Damit auch in den Randgebieten der Aufnahme die Verzeichnung der Sterne in erträglichen Bereichen bleibt, kann die Aufnahmeoptik um einen bis maximal zwei Blendenwerte abgeblendet werden. Nun richten wir die Kamera auf der Deklinationsachse so aus, daß der helle Stern in der Sehfeldmitte des Kamerasuchers zu sehen ist. Die Anordnung Fernrohr – Kamera ist somit hinreichend genau parallelisiert. Das Aufnahmeobjekt befindet sich am oder in der Nähe des Leitsterns. Schließlich defokussieren wir den Leitstern leicht

und stellen ihn auf die Fadenkreuzmitte ein. Der Drahtauslöser wird betätigt, und die Nachführung beginnt. Der Leitstern muß während der Nachführzeit auf der Fadenkreuzmitte bleiben. Mit einer genaugehenden Uhr halten wir die Zeitdauer der Belichtung fest. Nach diesem Verfahren der Sternfeldfotografie sind die Bilder 2.16, 2.17 hergestellt worden. Auch in der Schüler-Arbeitsgemeinschaft Astronomie lassen sich mit diesem Aufnahmeverfahren Erfolgserlebnisse in Gestalt selbst nachgeführter und entwickelter Sternfeldaufnahmen erzielen. Das Foto 2.18. des Sternbildes „Leier" wurde von einem Schüler der 10. Klasse mit Hilfe der Handnachführung aufgenommen. Während der 10 min Belichtungszeit ist keine Korrektur in Deklination erforderlich gewesen – ein Ergebnis exakter Justierung nach „Scheiner". Für die Justierung nach „Scheiner" benötigte der Schüler 15 min, obwohl er sie vor der Aufnahme zum ersten Mal praktisch ausgeführt hatte. Es ist also nicht so kompliziert, wie es im ersten Moment scheint.

Fassen wir das Beschriebene zusammen:

1. Festlegung des Aufnahmeobjekts und Aufnahmeorts;
2. Aufstellung des Fernrohrs;
3. Kontrolle der Polhöhe an der Polhöhenskala;
4. Befestigung der Zusatzeinrichtungen (Kamerahalterung, Kamera mit arretierbarem Drahtauslöser und Gegenlichtblende, Okularrevolver 4- bzw. 5fach oder Zenitprisma);
5. Fernrohr ausbalancieren;
6. Fernrohr lotrecht (nach der Dosenlibelle) aufstellen;
7. Fernrohr justieren (bis etwa 20 min Belichtungszeit und 50 ... 80 mm Brennweite des Kamera-Objektivs genügt die beschriebene Polarsternmethode für die erforderliche Genauigkeit);
8. Fernrohr und Kamera mit Hilfe eines hellen Sterns parallel einstellen;
9. Leitstern im Okularsehfeld einstellen;
10. Leitstern defokussieren und auf Fadenkreuzmitte einstellen;
11. Beginn der Nachführung und Betätigung des Drahtauslösers.

Sehr zu empfehlen für diese Arbeiten ist die Verwendung einer Taschenlampe, am besten mit Farbeinstellung.

2.3.3.4. Vergrößerung für die Nachführung

Welche Nachführvergrößerung wählen wir? Sie soll mindestens das Zehnfache der Kameraobjektivvergrößerung betragen. Rechnen wir unsere Kleinbildkamera mit einem Normalobjektiv von 50 mm Brennweite als eine einfache Vergrößerung, dann ist ein Okular mit einer Brennweite von $f_{Ok} = 25$ mm oder $f_{Ok} = 16$ mm in Verbindung mit einem Fernrohr (Leitfernrohr) ab etwa 540 mm Brennweite gut geeignet. Kleine Nachführungsfehler übertragen sich hier um so geringfügiger, je größer die Differenz zwischen der Brennweite des Kamera- und des Fernrohrobjektivs ist. Unser Leitfernrohr sollte also mindestens eine Brennweite $f_{Ob} = 250$ mm besitzen. Mit einem Okular von $f_{Ok} = 25$ mm erhalten wir dann nach der Formel

$$V = \frac{f_{Ob}}{f_{Ok}}$$

f_{Ob} Objektivbrennweite in mm
f_{Ok} Okularbrennweite in mm

die Vergrößerung des Leitrohres.

2.3.3.5. *Zur Fokussierung von Kleinbild- und Mittelformat-Kameras*

Das Ziel des hier behandelten Aufnahmebereichs ist eine scharfe Abbildung der Fixsterne auf dem Negativ. Das läßt sich in der Regel erreichen, indem der Entfer-

nungseinstellring auf die „∞"-Marke gedreht wird. Bei den meisten Kameras stimmt diese „∞"-Marke mit der optimalen Bildschärfe beim Aufnehmen sehr weit entfernter Objekte überein. Besser ist es jedoch, diese Einstellung zu überprüfen. Es reicht aber nicht, diese Kontrolle einfach mit dem Blick in den Sucher z. B. der Spiegelreflexkamera durchzuführen. Die Schärfeindikatoren, wie Meßkeile, Mikroprismenraster und das Mattscheibenringfeld sind für irdische Aufnahmeobjekte gedacht. Dagegen lassen sich die fast punktförmigen Sterne im Kamerasucher nur verhältnismäßig schlecht sehen.

Die Einstellung der optischen Schärfe des Kameraobjektivs können wir besser mit Hilfe von Sternstrichspuraufnahmen ermitteln. In die Kamera wird ein Film (z. B. mit einer Empfindlichkeit von 15 DIN) eingelegt. Auf dem Entfernungseinstellring bringen wir in kleinen Intervallen eine Strichmarkierung an. Es ist auch möglich, gegenüber der „∞"-Markierung einen schmalen Milli-

Bild 2.16. Handnachgeführte Sternfeldaufnahme (Sternbild Kassiopeia; links neben der Kassiopeia befinden sich die Sternhaufen h und χ) am 10. 1. 1983
Objektiv: 1,8/50, Belichtung: 18.00–18.10 Uhr MEZ, Blendenzahl: 4, 27-DIN-Film, Leitfernrohr: 63/840, Leitokular: orthoskopisches Okular $f = 25$ mm, Negativentwicklung: M-H 28, 1 + 4, 6 min bei 20 °C, Fotopapier: extra-hart, Aufnahme: Schüler U. Plichta (10. Klasse)

Bild 2.17. Handnachgeführte Sternfeldaufnahme (Sternbild Kassiopeia; links neben der Kassiopeia befinden sich die Sternhaufen h und χ) am 11. 9. 1974. Im Sternbild ist eine schwach leuchtende Satellitenspur erkennbar.
Objektiv: 2,8/50, Belichtungszeit: 35 min, Blendenzahl: 2,8, 27-DIN-Film, Leitfernrohr: 63/840, Leitokular orthoskopisches Okular $f = 25$ mm, Negativentwicklung: M-H 28, 1 + 4, 6 min bei 20 °C, Fotopapier: extra-hart
Durch Vergleichen der Bilder 2.16., 2.17. und 2.18. kann festgestellt werden, daß die Abbildungsfehler des Objektivs infolge des Abblendens auf die Blendenzahl 4 in Bild 2.16. reduziert wurden. Die Sterne erscheinen auch am Bildrand punktförmig.

meterpapierstreifen aufzukleben. Nun suchen wir im Bereich zwischen Zenit und Himmelsäquator in Meridiannähe einen hellen Stern, stellen die Kamera auf ihn ein und belichten etwa 5 min. Danach wird die Belichtung durch vorsichtiges Aufsetzen der Objektivkappe etwa 3 min unterbrochen, der Entfernungseinstellring auf die nächste Strichmarkierung eingestellt und wieder 5 min belichtet. Auf dem Negativ erhalten wir einzelne Strichspuren, welche mit einer etwa 12fach vergrößernden Lupe auf ihre Breite hin untersucht werden. Die schmalste Strichspur entspricht der optimalen Fokussierung und muß normalerweise mit der „∞"-Marke übereinstimmen. Damit infolge der Randverzeichnung (Abbildungsfehler des Objektivs) unsere Strichspuren nicht unscharf auf dem Negativ erscheinen, orientieren wir diese Fokussierungsarbeit auf den Bereich der Negativmitte. Der Fokus handelsüblicher relativ kurzbrennweitiger Wechselobjektive (Weitwinkel-, Normal- und Teleobjektive) muß nicht vor jeder Beobachtung ermittelt werden. Die Lage des Fokus verändert sich praktisch nicht. Eine einmalige Einstellung genügt.

2.3.3.6. Belichtungszeit

Im allgemeinen kann formuliert werden: Je länger wir belichten, desto lichtschwächere Sterne lassen sich auf der fotografischen Emulsion abbilden. Leider aber wird nicht nur die Strahlung der Sterne summiert, sondern auch die des Himmelshintergrunds. Wir haben also eine Belichtungszeit zu wählen, die das Himmelshintergrund-Leuchten auf dem Negativ noch nicht oder nur als minimalen Grauwert erfaßt. Eine zu lange Belichtungszeit führt im allgemeinen zum Verschleiern des Negativs. Schwach leuchtende Sterne und flächenhafte Gebilde (Nebel) gehen in diesem Schleier unter, und es kann kein astrofotografischer Größenklassengewinn erzielt werden. Besonders wenn sich das Beobachtungsinstrument

in oder am Rande einer Großstadt befindet, dann muß die Belichtungszeit kürzer gewählt werden. Ein günstiger Weg zum Ermitteln der geeigneten Belichtungszeit ist das Herstellen einiger Probeaufnahmen desselben Himmelsfeldes mit verschiedenen Belichtungszeiten. In der folgenden Tabelle sind einige Richtwerte für die Belichtung angegeben.

Tab. 4. Brennweitenabhängige Maximalbelichtung ohne störende Lichtschleier

Objektiv	Blende	Belichtungszeit (in Großstadtnähe)	Belichtungszeit (auf dem Land)	Film
1,4/50	1,4	etwa 1 min	etwa 3 min	27-DIN-Film
1,8/50	1,8	etwa 2 min	etwa 6 min	27-DIN-Film
1,8/50	4	etwa 10 min	etwa 30 min	27-DIN-Film
2,8/50	2,8	etwa 4 min	etwa 12 min	27-DIN-Film
2/58	4	etwa 10 min	etwa 30 min	27-DIN-Film
2,8/80	2,8	etwa 4 min	etwa 12 min	27-DIN-Film
4/200	4	etwa 10 min	etwa 30 min und länger	27-DIN-Film
5,6/500	5,6	etwa 30 min	etwa 60 min und länger	27-DIN-Film
5,6/1000	5,6	etwa 30 min	etwa 60 min und länger	27-DIN-Film

Besser ist der Einsatz eines Filters – z. B. des Lumicon H-alpha-Pass Filters – zusammen mit einer Spiegelreflexkamera und ihrem Normal- oder Teleobjektiv. In Verbindung mit einem hypersensibilisierten Kodak Technical Pan 2415 Schwarzweißfilm erhalten wir trotz des Streulichtes am Großstadthimmel ein kontrastreiches, scharfes Astrofoto. Besonders gut werden auch die Wasserstoffnebel, wie z. B. der Cirrus-Nebel oder Nordamerika-Nebel, auf dem Film abgebildet. Die Entwicklung des Filmmaterials erfolgt am besten bei 20°C in Kodak D 19-Entwickler.

Bild 2.18. Handnachgeführte Sternfeldaufnahme (Sternbild Leier) am 11. 9. 1982 Objektiv: 2,8/50, Belichtung: 21.30–21.40 Uhr MEZ, Blendenzahl: 2,8, 27-DIN-Film, Leitfernrohr: 63/840, Leitokular: orthoskopisches Okular $f = 25$ mm, Negativentwicklung: M-H 28, 1 + 4, 5 min bei 20 °C, Fotopapier: extra-hart, Aufnahme: Schüler M. Czech (10. Klasse) (†)

Beim Einsatz eines Filters sollte der Verlängerungsfaktor für die Belichtungszeit beachtet werden. Bezogen auf den Film TP 2415 beträgt er für Sterne 2- bis 3mal und für kosmische Nebel etwa 1,5mal. Das H-alpha-Pass Filter hat bei dem wichtigen Wasserstofflicht (H-alpha-Linie, 656 nm) eine Transmission (Durchlaßvermögen) von über 90%! In einem Belichtungsspielraum von etwa 15 bis 45 Minuten kann z. B. die Milchstraße hervorragend, also kontrastreich abgebildet werden.

2.3.4. Elektromotorisch nachgeführte Sternfeldaufnahmen

2.3.4.1. Allgemeines

Analog zu den handnachgeführten Sternfeldaufnahmen sind die Voraussetzungen bei einer elektrischen Nachführung der Kombination Leitrohr – Kamera annähernd die gleichen. Der große Vorteil besteht darin, daß der Elektromotor (größtenteils ein Synchron-Gleichstrom-Nebenschluß- oder Wechselstrommotor) die Nachführung im Stundenwinkel übernimmt. Das bedeutet eine Erleichterung während der Belichtungszeit. Hier besteht die Aufgabe hauptsächlich darin, die Kontrolle der Bewegung des Fernrohrs zu übernehmen und, wenn notwendig, Korrekturen auszuführen. Die parallaktischen Montierungen besitzen größtenteils für diese Korrektur im Stunden- und Deklinationswinkel Feinbewegungsmöglichkeiten. Eine optimale Lösung stellt die elektrische Korrektur dar, welche mit einem Korrekturschalter (Handschalter) ausgeführt wird. Dadurch ist es möglich, die Stundenbewegung um einen bestimmten Betrag zu beschleunigen oder zu verzögern.

Die elektromotorische Nachführung gestattet dem Anwender auch Aufnahmen mit Objektivbrennweiten von $f > 200$ mm. Punktförmige Sternabbildungen können mit großer Ausdauer und Geschicklichkeit bei 200 mm Objektivbrennweite der Kamera und mit Handnachführung noch erzielt werden. Aber diese Brennweite ist bei vielen Nutzern einer solchen Technik das Maximum des noch erfolgreich Anwendbaren. Auch die Belichtungszeit läßt sich mit dieser Antriebsart verlängern, ohne daß sich dadurch für den Fotografierenden eine zusätzlich starke physische Belastung ergibt. In Abhängigkeit von der Himmelshintergrund-Helligkeit ist eine Belichtungszeit von 220 min und darüber mit guten Ergebnissen möglich. Der Einsatz von Objektiven mit größeren Brennweiten und die Nutzung längerer Belichtungszeiten erfordern eine genaue Aufstellung des Fernrohrs. Das Anwenden der Scheiner-Methode bei den Justierarbeiten (s. Abschnitt 2.3.3.1.) ist eine Voraussetzung. Bei einem gut justierten Fernrohr sind während der Aufnahme keine oder nur wenige Korrekturen in Deklination erforderlich. Auch strichförmige Sternverzeichnungen werden verhindert. Ein schlecht aufgestelltes und ungenau justiertes Fernrohr erfordert in beiden Koordinaten mehrere Korrekturen in der Minute; langbelichtete, ausmeßbare Negative sind damit nicht realisierbar.

2.3.4.2. Instrumente

Elektromotorisch nachgeführte Sternfeldaufnahmen erfordern einen größeren gerätetechnischen und finanziellen Aufwand. Hat man als Amateur die Absicht, diese Art der Nachführung zu wählen, dann sollte dieses Vorhaben preislich genau durchdacht werden. Finanziell günstiger ist der Eigenbau einer parallaktischen Montierung mit elektrischem Antrieb. Dazu aber benötigt man unter anderem eine Drehmaschine oder die Verbindung zu einem Mechaniker mit geeignetem Maschinenpark.

Folgende Geräte werden gebraucht:
1. ein Säulenstativ oder stabiles Dreibeinstativ,
2. eine parallaktische Montierung mit Synchronantrieb und Feinbewegungen in Stunde und Deklination,
3. ein Leitfernrohr (Leitrohr), z. B. Refraktor 50/540, Refraktor 80/840, Refraktor 80/1200, Refraktor 100/1000,
4. ein Okular mit Strichkreuzeinsatz für die Nachführkontrolle. Zu empfehlen sind orthoskopische Steckokulare mit den Brennweiten von 25 mm, 16 mm oder 10 mm. Die Wahl der Okularbrennweite richtet sich nach der Brennweite von Kamera- und Leitrohrobjektiv. Je größer die Kamera-Objektivbrennweite, desto kleiner ist die Okularbrennweite zu wählen. Die Nachführvergrößerung wird also höher (s. Abschnitt 2.3.3.4.). Steht ein Fernrohr mit einer größeren Objektivbrennweite (z. B. $f = 1200$ mm) zur Verfügung, dann kann auch ein langbrennweitiges Okular, wie das orthoskopische Okular mit $f = 40$ mm (40-O), eingesetzt werden. Dieses Schraubokular ist mit einem Anschlußgewinde M 44 × 1 und einem in der Gesichtsfeldmitte ausgesparten Strichkreuz versehen. Es gibt auch die Möglichkeit, ein Fadenkreuz selbst herzustellen (s. Abschnitt 2.4.5.).
5. eventuell eine Dunkelfeldbeleuchtung, welche das Faden- oder Strichkreuz beleuchtet. Sie ist aber für die Sternfeldfotografie mit relativ kurzen Brennweiten zumeist nicht erforderlich.
6. Zenitprisma, Zenitspiegel oder 4- bzw. 5facher Okularrevolver. Diese Zusatzeinheiten dienen der bequemeren Nachführung des Fernrohrs im Bereich des Zenits.

Welche Kameratypen eignen sich?

Analog zu den handnachgeführten Sternfeldaufnahmen sind auch bei den elektromotorisch nachgeführten Sternfeldaufnahmen die Kleinbild-, Mittelformat- und (älteren) Großformatkameras einsetzbar. Viele Vorteile haben hier die modernen Spiegelreflexkameras unter anderem durch die Möglichkeit der Verwendung von Objektiven unterschiedlichster Brennweiten. Auch die bildaufhellende Fresnellinse erleichtert das Aufsuchen der Objekte am Himmel. Mit Hilfe des unkomplizierten Objektivwechsels bei der Spiegelreflexkamera können wir sehr schnell unterschiedliche Bildmaßstäbe erreichen.

Weitwinkelobjektive

Die Brennweiten dieser Objektive liegen bei Kleinbildkameras im Bereich kleiner als 50 mm. Bei den sogenannten Superweitwinkelobjektiven hat die Brennweite des Objektivs an der Kleinbildkamera mit dem Aufnahmeformat 24 mm × 36 mm nur noch einen Wert bis hinunter zu 20 mm (bei einem Bildwinkel von 93°). Diese extrem kurze Brennweite kann für die Abbildung der Milchstraße Verwendung finden. Auch in der Meteorfotografie wird sie z. T. eingesetzt. Dagegen ist sie für Sternfeldaufnahmen nicht zu empfehlen. Von vielen Amateuren sind schon gute Ergebnisse mit einem Objektiv von 35 mm Brennweite erzielt worden. Man kann es für einen weiten Bereich der Astrofotografie einsetzen (Sternwolken der Milchstraße, Strichspuraufnahmen, Sternbilder, Meteore, Satelliten, Kometen usw.). Für die Fotografie von Galaxien und galaktischen Nebeln ist ein Weitwinkelobjektiv nicht geeignet.

Bild 2.19. Milchstraße im Sternbild Schwan am 10. 7. 1983. Etwa 1 cm links von α Cyg am oberen Bildrand befindet sich der Nordamerika-Nebel (rechts im Bild eine Satellitenspur).
Objektiv: 1,8/50, Belichtung: 01.00–01.50 Uhr MEZ, Blendenzahl: 2,8, 27-DIN-Film, Leitfernrohr: 63/840, Leitokular: orthoskopisches Okular $f = 25$ mm, elektrische Nachführung, Negativentwicklung: M-H 28, 1 + 4, 5 min bei 21 °C, Fotopapier: extra-hart

Bild 2.20. Leuchtende und dunkle interstellare Materie am 15. 8. 1988 in der Nähe des hellen Sterns γ im Sternbild Schwan. Links neben dem Stern γ befindet sich der Nebelkomplex IC 1318. Im unteren Teil des Bildes ist etwas halbkreisförmig der Supernovaüberrest NGC 6888, eine gigantische Gasblase mit etwa 18′ scheinbarer Ausdehnung, zu sehen. Im rechten Bildteil hinterließen zwei Satelliten ihre Spuren.
Objektiv: Schmidt-Kamera 200/240/356, Belichtung: 23.21–00.59 Uhr MEZ (vor dem Film befand sich ein Rotfilter-hell, Nr. 901.), 27-DIN-Film, elektrische Nachführung, Negativentwicklung: M-H 28, 1 + 4, 6 min bei 20 °C, Fotopapier: extra-hart, Aufnahme: Wolfram Fischer, Sternwarte Sohland

Normalobjektive

Normalobjektive gehören zur Grundausstattung der im Handel angebotenen Kleinbildkameras und besitzen eine gute Abbildungsqualität. Sie haben meist Brennweiten von 50 mm. Bild 2.19, die Milchstraße im Sternbild „Schwan", ist ein Beispiel dafür. Von vielen Sternfreunden wegen der guten Abbildungseigenschaften bevorzugt wird das Objektiv Tessar 2,8/50. Nutzbar für einen großen Anwendungsbereich sind gut korrigierte lichtstarke Normalobjektive mit einer Blendenzahl von etwa 1,4 oder 1,8. Helle Kometenerscheinungen können mit wenigen Sekunden Belichtungszeit fotografisch festgehalten werden. Die modernen Mittelformatkameras werden mit einem Standardobjektiv um 80 mm Brennweite ausgerüstet. Ihr Bildwinkel von 45 . . . 47° gestattet ebenfalls einen weiten Anwendungsbereich in der Amateurastronomie.

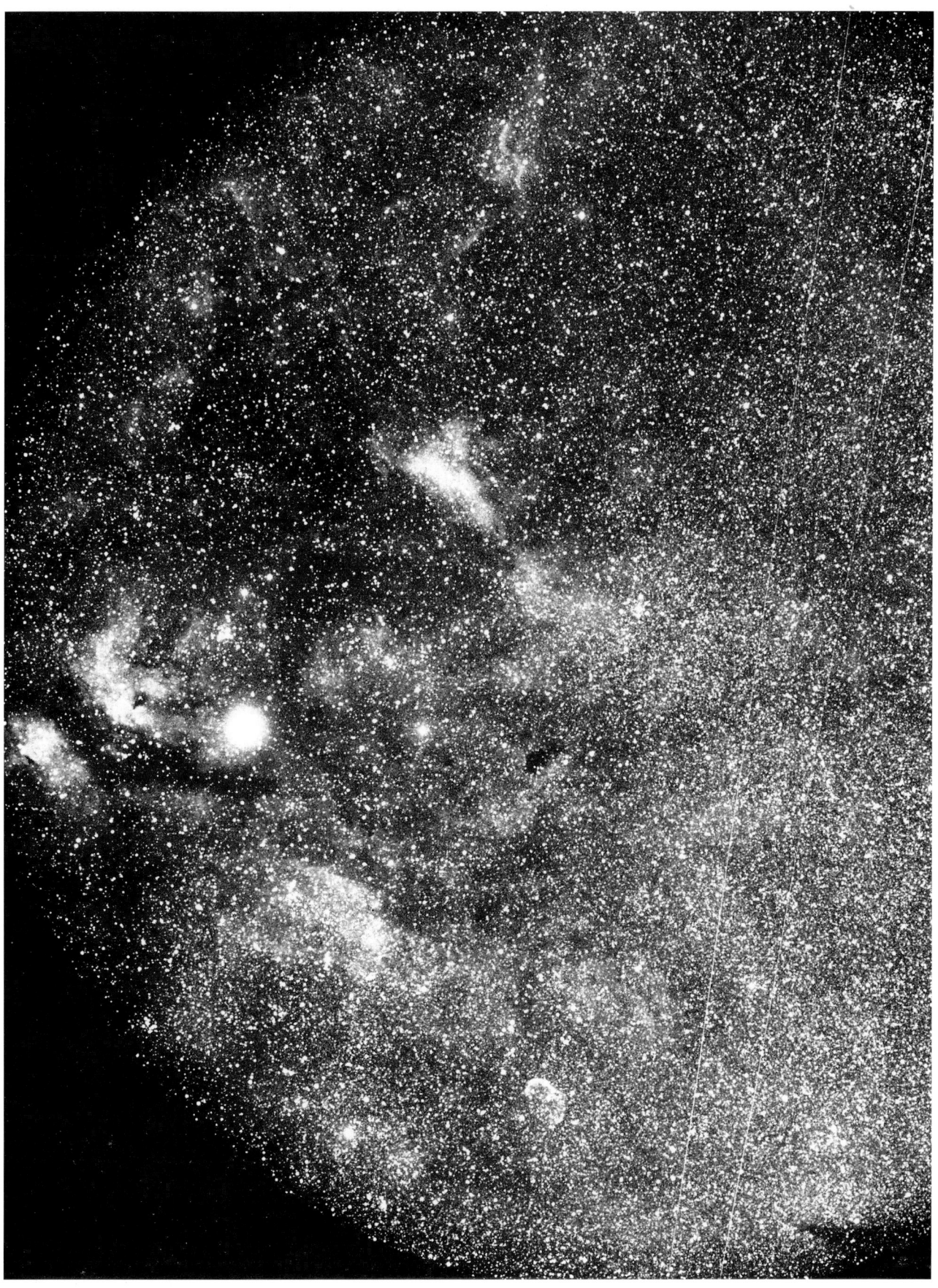

Teleobjektive mittellanger Brennweiten

Die Verwendung des Teleobjektivs setzt ein stabil aufgestelltes Fernrohr voraus. An die Nachführgenauigkeit wird infolge des größeren Abbildungsmaßstabs eine erhöhte Anforderung gestellt. Mittlere Teleobjektive haben eine Brennweite bis etwa 200 mm. Eine große Auswahl an Aufnahmeobjekten erreichen wir mit einer Objektivbrennweite von 135 mm. Auch die Objektivbrennweite von 180 mm ist für die Astrofotografie – besonders für Sternfeldaufnahmen in Verbindung mit größeren galaktischen Nebeln (Nordamerika-Nebel), Sternsystemen (M 31) und offenen Sternhaufen – geeignet (Bilder 2.21, 2.22).

Bild 2.21. Sternhaufen h und χ am 19. 11. 1981
Objektiv: 4/200, Belichtung: 22.30–23.15 Uhr MEZ, Blendenzahl: 4, 27-DIN-Film, Leitfernrohr: 80/1200, Leitokular: orthoskopisches Okular $f = 25$ mm, elektrische Nachführung, Negativentwicklung: Feinstkornentwicklung A 49, 14 min bei 22 °C, Fotopapier: extra-hart

Teleobjektive mit längeren Brennweiten

Analog zu den Teleobjektiven mittellanger Brennweiten sind besonders bei den noch längeren Brennweiten Stabilität der Montierung, Genauigkeit der Aufstellung (Justierung) und Nachführung des Fernrohrs Voraussetzung.

Infolge der hohen linearen Vergrößerung (bis 20fach gegenüber den Kleinbild-Normalobjektiven) und des großen Bildmaßstabs können wir mit diesen Objektiven Detailaufnahmen von hellen Galaxien, galaktischen Nebeln, Kometen und Sternhaufen herstellen (Bild 2.26). Für flächenhafte Aufnahmeobjekte wählen wir ein Teleobjektiv mit einem relativ großen Öffnungsverhältnis (kleine Blendenzahl). Sollen hauptsächlich Sterne möglichst punktförmig abgebildet werden, ist ein kleineres

Öffnungsverhältnis – 1 : 5,6 oder 1 : 8 – empfehlenswert (Objektiv etwas abblenden). Die Himmelsausschnitte in Abhängigkeit von Brennweite und Aufnahmeformat sind in Tabelle 3 aufgeführt. Eine effektive Teleobjektiv-Ausstattung hat der Amateur z. B. mit Objektiven folgender optischer Daten: 2,8/135 oder 2,8/180 und 4/300. Sie sind äußerst vielseitig für die Astrofotografie nutzbar.

2.3.4.2.1. Der Astrograph

Wer eine stabile parallaktische Montierung mit elektrischem Antrieb zur Verfügung hat, kann auch mit einem

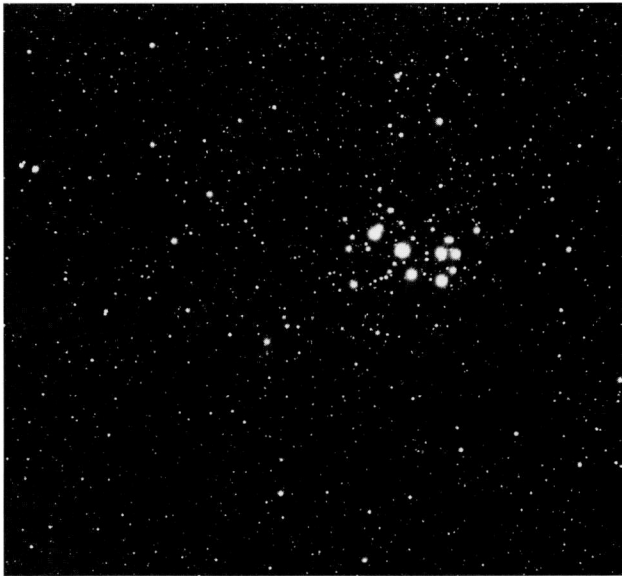

Bild 2.22. Plejaden (Siebengestirn) im Sternbild Stier am 19. 1. 1982
Objektiv: 2,8/180, Belichtung: 21.00–21.25 Uhr MEZ, Blendenzahl: 2,8, 27-DIN-Film, Leitfernrohr: 80/1200, Leitokular: orthoskopisches Okular $f = 10$ mm, elektrische Nachführung, Negativentwicklung: M-H 28, 1 + 4, 5 min bei 20 °C, Fotopapier: extra-hart

nur für astrofotografische Zwecke vorgesehenen Refraktor vorteilhaft arbeiten: der Astrokamera, auch Astrograph genannt. Besonders erwähnt sei der Kameratyp 56/250 (56 mm Öffnung, 250 mm Brennweite) von Carl Zeiss. Als Fotomaterial wird vorrangig die Astro-Platte eingesetzt. Das vierlinsige Tessar-Objektiv bildet ein Sternfeld von 20° × 27° auf einer 9 cm × 12 cm Fotoplatte ab. Bei einem Öffnungsverhältnis von 1 : 4,5 und geringer Himmelshintergrund-Helligkeit können auf Astro-Spezialplatten mit etwa einstündiger Belichtung Sterne bis zur 14. Größenklasse abgebildet werden. Die Befestigung der Amateur-Astrokamera ist an der Fernrohrwiege oder der Deklinationsachse möglich. Dabei muß darauf geachtet werden, daß das Aufnahmefeld der Kamera nicht vom Fernrohrtubus beeinflußt wird. Bei

Bild 2.23. Die Plejaden im Sternbild Stier am 20. 2. 1982
Objektiv: 2,8/80, Belichtung: 20.45–21.05 Uhr MEZ, Blendenzahl: 2,8, Tageslicht-Umkehrfarbfilm: UT 20, Filmformat 6 cm × 6 cm, Leitfernrohr: 80/1200, Leitokular: orthoskopisches Okular $f = 25$ mm mit Strichkreuzeinsatz (Carl Zeiss JENA), Handnachführung

Unten:
Bild 2.24. Sternbild Orion. Im Schwertgehänge befindet sich der rot leuchtende Orionnebel. Infolge der kurzen Aufnahmebrennweite ist er nur als unscharf begrenztes, sternförmiges Objekt sichtbar.
Objektiv: 2,8/80, Belichtungszeit: 30 min, Blendenzahl: 2,8, Tageslicht-Umkehrfarbfilm: UT 18, Filmformat 6 cm × 6 cm, Leitfernrohr: 63/840, Leitokular: orthoskopisches Okular $f = 25$ mm, mit Strichkreuzeinsatz (Carl Zeiss JENA), Handnachführung

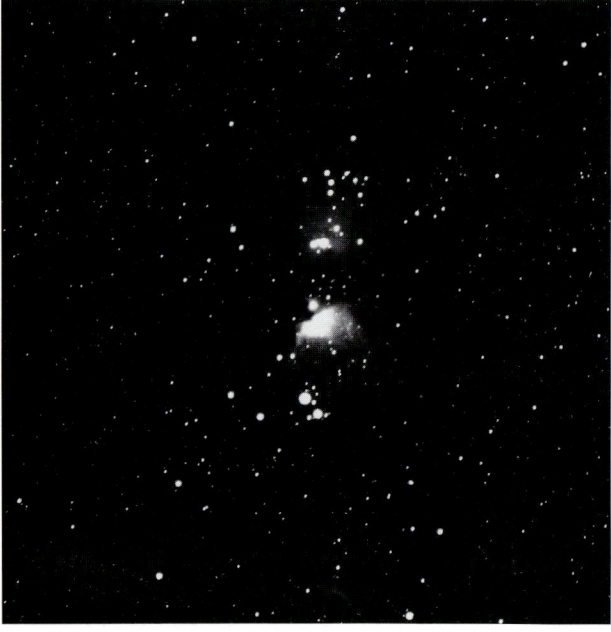

Bild 2.25 (oben). Sternbild Orion mit dem Orionnebel M 42
Objektiv: 5,6/500, Belichtung: 19.30–20.35 Uhr MEZ, Blendenzahl: 5,6, Tageslicht-Umkehrfarbfilm: UT 18, Filmformat
6 cm × 6 cm, Leitfernrohr: 130/1950, Leitokular: orthoskopisches
Okular f = 10 mm, elektrische Nachführung

Bild 2.26. Orionnebel im Sternbild Orion am 7. 1. 1983
Objektiv: 5,6/500, Belichtung: 23.30–00.30 Uhr MEZ, Blenden-
zahl: 5,6, 27-DIN-Film, Format 6 cm × 6 cm, Leitfernrohr: 130/
1950, Leitokular: orthoskopisches Okular f = 10 mm, elektrische
Nachführung, Negativentwicklung: M-H 28, 1 + 4, 5 min bei 20 °C,
Fotopapier: extra-hart

manchen parallaktischen Montierungen wird an Stelle
des Ausgleichgewichts einfach die Kamera befestigt
(Bild 2.27). Beide optischen Achsen – von Fernrohr und
Kamera – lassen sich parallel zueinander ausrichten. Damit auch spezielle physikalische Aufgaben in der Sternfeldfotografie gelöst werden können, gestattet die Astrokamera 56/250 vor der Plattenebene das Einsetzen von
Farbfiltern. Galaktische Nebel, wie der Nordamerika-

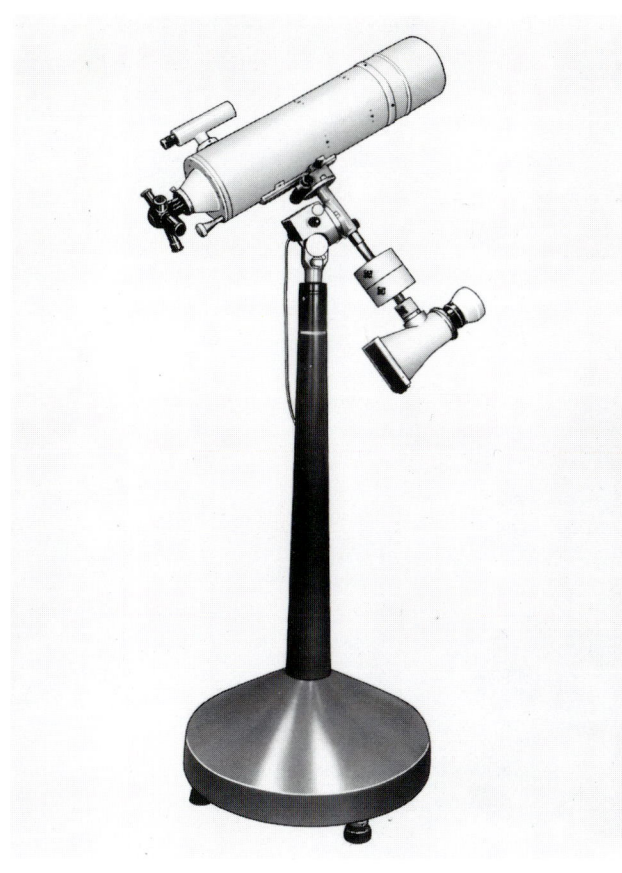

Bild 2.27. Amateur-Astrokamera am Meniskus-Cassegrain-Spiegelteleskop 150/2250 (Werkfoto: Carl Zeiss JENA GmbH)

Nebel, werden mit Hilfe eines Farbfilters (z. B. Gelb oder Rot) kontrastreicher abgebildet. Allerdings erfordert das eine längere Belichtungszeit (also Verlängerungsfaktor beachten). Das grobe Fokussieren wird durch Verwendung der mitgelieferten Mattscheibe vorgenommen. Es ist vorteilhaft, die Fokussierung an einem Stern etwa der Größenklasse $1^m,0–2^m,0$ in größerem Horizontabstand und in Meridiannähe durchzuführen. Dieser Stern wird mit einer Lupe (etwa 12fach) auf der Mattscheibe betrachtet und mit Hilfe des gerändelten Einstellrings an der Kamera scharf eingestellt. Die Feinfokussierung geschieht auf fotografischem Wege. Damit ist es möglich, die fotografisch hochkorrigierte Optik voll auszunutzen. Zu diesem Zweck werden einige Aufnahmen im Bereich des grob ermittelten Fokus hergestellt. Die Aufnahme mit den kleinsten Sternscheibchen belegt die jeweils genaueste Fokussierung. Die Feinfokussierung kann mit folgenden Arbeitsgängen erreicht werden (Bild 2.28):

1. Aufsuchen eines geeigneten Sterns im Sucher;
2. Einstellen des Sterns in den oberen Randbereich (südlicher Bereich) des Suchersehfeldes mit Hilfe der Deklinationsfeinbewegung;

Bild 2.28. Einstellring zum Fokussieren der Astrokamera; grober Fokussierwerte, z. B.: 7
erster Fokussierwert = 7,8, zweiter Fokussierwert = 7,6, ... neunter Fokussierwert = 6,2

Bild 2.29. Sternfeld im Sternbild Perseus am 29. 10. 1987
Objektiv: 4/200, Blendenzahl: 4, Belichtung: 21.39–22.02 Uhr MEZ, Negativ-Colorfilm: NC 21, elektrische Nachführung, Leitfernrohr: 80/1200 Leitokular: orthoskopisches Okular f = 10 mm, Fotopapier: PM 20

3. Einstellung des Sterns in die Mitte des oberen Bereichs der Kamera-Mattscheibe;

4. Bewegung des Sterns im Sucher mit Hilfe der Feinbewegung in Deklination in den unteren Randbereich des Suchersehfeldes;

5. Kontrolle der Lage des Sterns auf der Mattscheibe. (Die beiden Abstände des Sterns relativ zum Mattscheibenrand sollen annähernd gleich sein.);

6. Einstellung des ersten (von insgesamt neun) Fokussierwerten am gerändelten Einstellring der Kamera. (Der grobe Fokussierwert ist bereits mit Mattscheibe und Lupe ermittelt worden.);

7. Einschieben und Öffnen der Kassette mit Hilfe des Kassettenschiebers;

8. zweite Kontrolle der Lage des Sterns im Sucher;

9. Staubdeckel der Kamera vorsichtig abnehmen und etwa 13 s belichten;

10. Staubdeckel wieder vorsichtig auf die Taukappe aufsetzen;

11. Stern im Suchergesichtsfeld mit der Feinbewegung in Deklination um einen geschätzten Betrag nach oben (südlich) bewegen, so daß Platz für insgesamt 9 Belichtungen vorhanden ist;

12. neuen Fokussierwert einstellen;

13. Staubdeckel der Kamera abnehmen und etwa 13 s belichten;

14. Staubdeckel wieder auf die Taukappe aufsetzen.

Insgesamt werden nach dieser Methode neun Aufnahmen bei laufendem Antrieb der Stundenachse hergestellt. Wichtig ist das Notieren der einzelnen Fokussierwerte.

Anschließend entwickeln wir die Platte und bestimmen mit der Lupe den kleinsten Durchmesser der neun Sternscheibchen. Beispiel: Der genaue Fokus hat den Fokussierwert 6,9. Damit wir das Gewindespiel weitgehend reduzieren, wird der Wert 6,9 folgendermaßen eingestellt:

1. Zurückdrehen des Einstellrings auf den ersten Fokussierwert 7,8,

Bild 2.30. Die dreiteilige Höhle bei γ Aql im Sternbild Adler am 13. 8. 1966
Objektiv: 56/250, Belichtungszeit: 90 min, Platte: ZU 2, Fotopapier: extra-hart, Aufnahme: A. Ansorge, Bernstadt i. Sa.

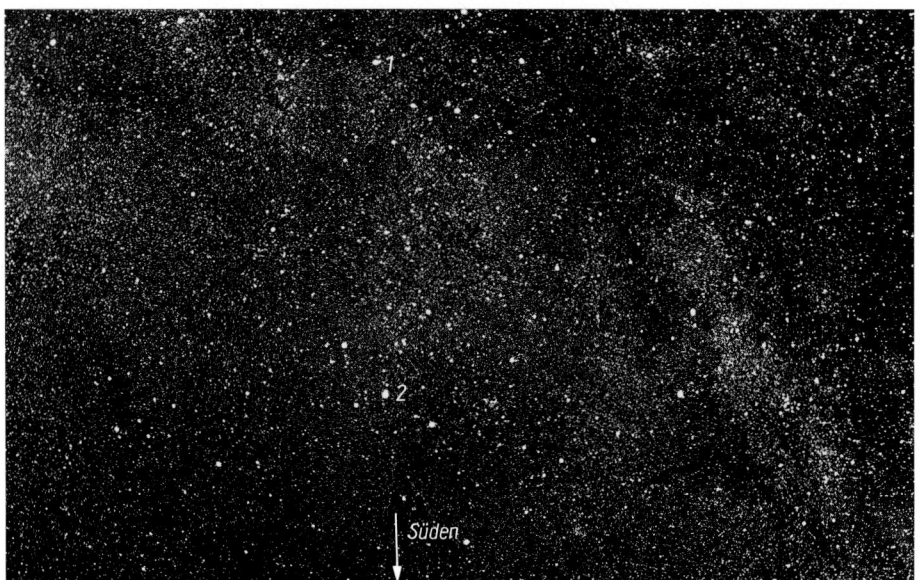

Bild 2.31. Milchstraße im Sternbild Eidechse und Kepheus mit dunklen Materiewolken am 1. 10. 1986
Objektiv: 56/250, Belichtung: 20.15–21.25 Uhr MEZ, Blendenzahl: 4,5, Platte: ZU 21, Format 9 cm × 12 cm, Leitfernrohr: 80/1200, Leitokular: orthoskopisches Okular f = 10 mm, elektrische Nachführung, Negativentwicklung: M-H 28, 1 + 5, 5 min bei 20 °C, Fotopapier: extra-hart, 1 δ Cep 2 α Lac (m$_v$ = 3^m,8)

2. Einstellung des genauen Fokus mit dem Fokussierwert 6,9.

Der Fokus bleibt relativ konstant, so daß er nicht vor jeder Aufnahme neu bestimmt werden muß. Je gründlicher das Fokussieren durchgeführt wird, desto besser sind die Voraussetzungen für eine große Reichweite der Kamera. Die Bilder 2.30, 2.31 entstanden mit der Amateur-Astrokamera 56/250 auf unsensibilisierten und panchromatischen Astro-Platten. Es ist selbstverständlich auch möglich, eine Amateur-Astrokamera selbst zu bauen. Diese Variante ist preisgünstiger, setzt jedoch handwerkliches Geschick oder die Mithilfe eines Tischlers oder Mechanikers voraus. Das wichtigste Bauteil ist das Objektiv. Je besser seine Korrektur, um so mehr Erfolg und Freude hat man bei der Arbeit mit der Kamera. Je geringer die Randverzeichnung der Optik, desto größer ist das auswertbare Sternfeld.

Wir wollen in einer relativ kurzen Belichtungszeit eine große Reichweite erzielen. Deshalb ist ein Objektiv mit großer Öffnung vorteilhaft. Damit der Bildmaßstab nicht zu klein ist, muß die Brennweite einen brauchbaren Wert haben; sie kann in einem Bereich von etwa 150 bis 500 mm liegen. Das Öffnungsverhältnis soll sich in einem Bereich von etwa 1:3,5 bis 1:7 befinden. In der folgenden Übersicht sind günstige Öffnungsverhältnisse in bezug auf die Abbildungsgüte und somit auch auf die Reichweite aufgeführt.

Tab. 5. Günstige Öffnungsverhältnisse

Günstiges Öffnungsverhältnis	Brennweite bis
1:3,5	135 mm
1:4,5	250 mm
1:5	400 mm
1:6 bis 1:7	500 mm

Gute Abbildungseigenschaften besitzen Anastigmate. Es sind Objektive, welche auch in größeren Abständen von der Bildmitte noch punktförmig zeichnen. Die folgende Übersicht zeigt eine Auswahl von geeigneten Objektiven:
- einfache Triplets (Dreilinser), preisgünstig auf Grund ihrer Einfachheit, z. B. Trioplan 4,5/360 (Bild 2.32)
- verbesserte Triplets: Tessartyp, z. B. 1:4,5/210, 1:3,5/250, 1:4,5/360, 1:4,5/250, 1:4,5/180, 1:3,5/250, 1:3,5/150, 1:4,5/300

Mit etwas Glück können diese Objektive in Geschäften oder Firmen, die mit gebrauchten optischen Geräten handeln, erworben werden. Das gleiche gilt auch für die älteren Projektionsobjektive, z. B. das Diaplan 1:3,5/140.

Das Bild 2.33 wurde mit dem extrem lichtstarken Projektionsobjektiv Kinon 1:2,1/200 aufgenommen. Dieses Objektiv (Bild 2.35) ist von mir mit einer Fokussiermöglichkeit versehen worden. Natürlich gibt es für die Konstruktion einer Astrokamera viele Lösungsvarianten.

Bild 2.32. Cirrus-Nebel im Sternbild Schwan am 1. 9. 1962
Objektiv: 80/360, Belichtungszeit: 120 min, Platte: Astro-Spezial, Aufnahme: Alfred Ansorge, Bernstadt i. Sa.

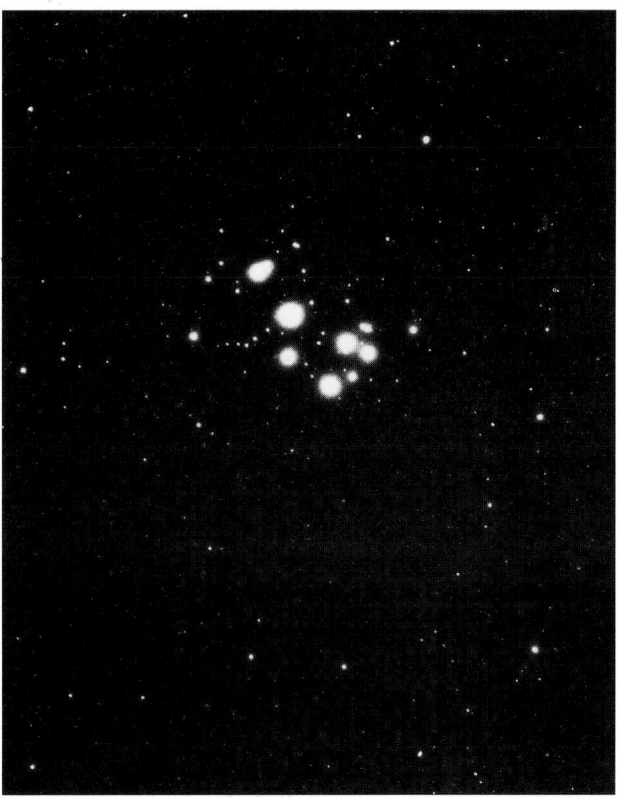

Bild 2.33. Plejaden im Sternbild Stier am 28. 2. 1978
Objektiv: 100/210 (Projektionsobjektiv), Belichtungszeit: 3 min, 27-DIN-Film, Leitfernrohr: 63/840, Leitokular: orthoskopisches Okular $f = 25$ mm, elektrische Nachführung, Negativentwicklung: E 102, 1 + 6, 4 min bei 23 °C

Bild 2.36 zeigt eine einfache Variante.

Das Gehäuse der Astrokamera kann aus Holz oder einer Holz-Metallkombination hergestellt werden. Die Möglichkeit der Fokussierung muß gewährleistet sein. Sie

Bild 2.34. Offener Sternhaufen Praesepe im Sternbild Krebs am 21. 2. 1982
Objektiv: 5,6/500, Belichtung: 21.55–22.30 Uhr MEZ, Blendenzahl: 5,6, Tageslicht-Umkehrfarbfilm UT 18, Format 6 cm × 6 cm, Leitfernrohr: 130/1950, Leitokular: Okular-Schraubenmikrometer mit Dunkelfeldbeleuchtung, elektrische Nachführung

Bild 2.35. Projektionsobjektiv 100/210 am Cassegrain 200/1000/3000 (Eigenbau)
1 – Newton-Fokus; 2 – Cassegrain 200/1000/3000; 3 – Kleinbild-Spiegelreflexkamera; 4 – Projektionsobjektiv 100/210

kann durch das einfache Gleiten des Objektivs in der Führung oder mit Hilfe eines Gewindes bewerkstelligt werden. Auf eine genaue Bauausführung ist zu achten (z. B. Parallelität von Objektiv und Kassette). Damit ein Beschlagen des Objektivs verhindert wird, erhält die Aufnahmeoptik eine Taukappe, welche aus Metall oder Kunststoff bestehen kann.

Bild 2.37. Kassettenhalterung an einer Astrokamera (Eigenbau)
1 – schwenkbarer Deckel; 2 – Kassettenführung; 3 – Kassette

In Bild 2.37 ist eine weitere einfache Konstruktionslösung für die Kassettenhalterung ersichtlich. Es besteht auch die Möglichkeit, Filter in den Strahlengang zu bringen. In eine separate Halterung wird das Filter vor die Astro-Platte eingesetzt und mit einer Arretiervorrichtung festgehalten (Bild 2.38).

2.3.4.2.2. Das Schmidt-System

Neben den schon besprochenen Aufnahmeoptiken können für die Sternfeldfotografie auch Spiegelteleskope eingesetzt werden. Das brauchbare Bildfeld ist aber infolge der Abbildungsfehler relativ klein; die Sterne weit außerhalb der Bildfeldmitte werden nicht mehr punkt-

Bild 2.36. Einfache Konstruktionsvariante für eine Astrokamera
1 – Objektiv; 2 – Taukappe; 3 – Arretierschraube; 4 – Arretierungsstift; 5 – Arretierung für die Kassette; 6 – Kassetteneinschub; 7 – Kassettenführung; 8 – Kassette; 9 – Führungshülse für das Objektiv; 10 – Objektiv in Fassung

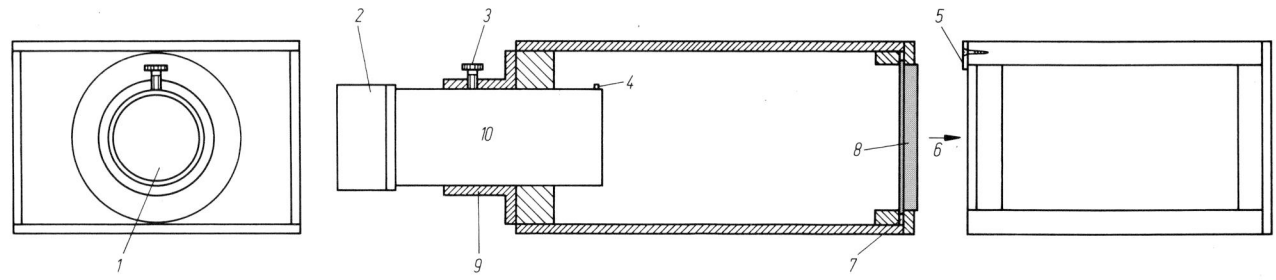

Bild 2.38. Konstruktionslösung
für die Filterhaltung in einer
Astrokamera
1 – Filter; 2 – Kassettenführung;
3 – Arretierungshebel für Filter;
4 – Aussparung für Arretierungshebel; 5 – Seitenverkleidung;
6 – Kasseteneinschub; 7 – Arretierung für die Kassette

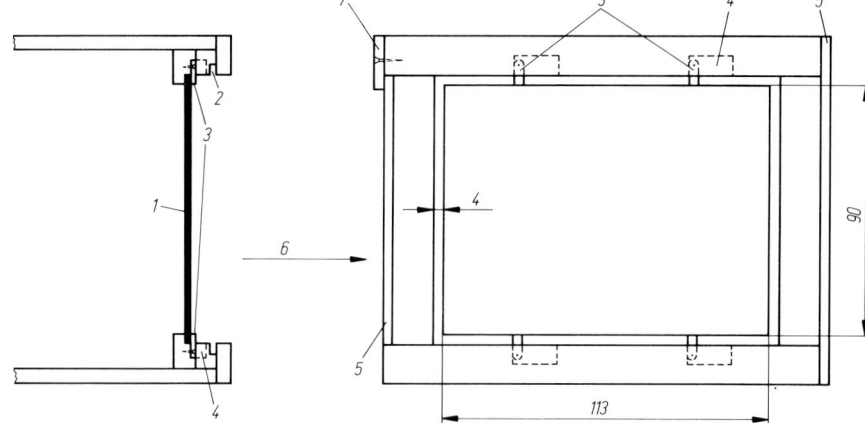

förmig abgebildet. Es handelt sich hier meist um die sogenannte Komaerscheinung. Der Optiker Bernhard
Schmidt hat 1930 ein Spiegelteleskop entwickelt, das den
genannten Nachteil nicht hat. Es besteht aus einer kompliziert geschliffenen Glas-Korrektionsplatte, der Film-
oder Plattenhalterung und dem sphärischen Hohlspiegel
(Bild 2.39). Die Abbildungsfehler der Korrektionsplatte
sind den Abbildungsfehlern des Kugelspiegels entgegen-
gerichtet. Dadurch ist es möglich, die Sterne auf einem
großen Bildfeld punktförmig abzubilden. Dieses
Schmidt-System, auch Schmidt-Kamera genannt, ist
sehr gut für die Stern-, Nebel-, Kometen- und Galaxien-
fotografie geeignet. Aufgrund des großen Öffnungsver-

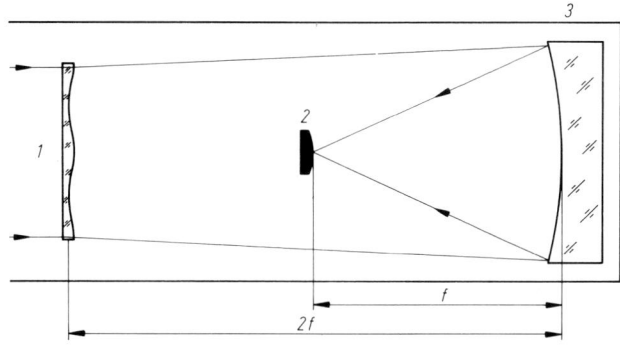

Bild 2.39. Strahlengang in der Schmidt-Kamera
1 – Korrektionsplatte; 2 – Film- oder Plattenhalterung; 3 – sphäri-
scher Hohlspiegel; f – Brennweite des Hohlspiegels

hältnisses (1:1,8, 1:2, 1:3 usw.) können mit kurzen Belichtungszeiten große astronomische Reichweiten erzielt
werden. Die Anschaffung einer Schmidt-Kamera lohnt
sich aber nur dann, wenn der Himmel über dem Standort der Kamera wenig Streulicht aufweist. Das große
Öffnungsverhältnis erhöht auch die Gefahr der frühzeiti-
gen Verschleierung der Emulsion. Außer der guten örtli-
chen atmosphärischen Voraussetzung für den Einsatz eines Schmidt-Systems müssen bei der Anschaffung der

Optik auch die technologischen Probleme, der Abbildungsmaßstab und die Befestigung an der Montierung
mitberücksichtigt werden. Der Amateur sollte vor dem
Kauf der Optik die wichtigsten Arbeitsgänge und den
Materialbedarf wenigstens grob einschätzen und beurtei-
len können, ob fremde Hilfe (z. B. Tischler, Schlosser,
Feinmechaniker) benötigt wird. Empfehlenswert ist es
hier, sich in einer Sternwarte beraten zu lassen. Das
Schmidt-System hat aber auch Nachteile. Das Bild entsteht nicht in einer Ebene, sondern auf einer Kalotte
(Kugelabschnitt), die von einem Dreher hergestellt werden muß. Der Rohrkörper einer Schmidt-Kamera fällt
relativ lang aus, weil sich die Korrektionsplatte im dop-
pelten Brennpunktabstand vor dem Kugelspiegel befindet. Außerdem ist es nicht möglich, visuell zu beobachten. Das Schmidt-System ist nur für fotografische Arbeiten gedacht. Das Fotomaterial (in der Amateurastronomie meist Planfilm) muß speziell für die Kalotte zurecht-
geschnitten oder gestanzt werden (Bild 2.40). Der Stahlstempel der Stanzvorrichtung wird einige Zentimeter angehoben und anschließend losgelassen. Dadurch erhalten wir ein gleichmäßig ausgestanztes Filmplättchen.
Der Durchmesser des Stahlstempels richtet sich nach
dem Durchmesser der Kalotte.
Auf Grund der großen Lichtstärke kann auch mit Color-
Material gearbeitet werden. Der Schwarzschildeffekt (s.
Abschnitt 9.3.) äußert sich bei den zumeist relativ kurzen Belichtungszeiten kaum störend. In der Amateurastronomie findet hauptsächlich das Schwarzweiß-Material Anwendung. Die im Handel angebotenen Schwarz-
weiß-Negativfilme, bis zu den höchstempfindlichen Materialien, können in der Schmidt-Kamera eingesetzt werden. Mit hochempfindlichem Schwarzweiß-Material ist
eine relativ große Reichweite bei kurzen Belichtungszeiten (wenige Minuten) verbunden. Dadurch besteht die
Möglichkeit der Belichtung während einer größeren Wol-
kenlücke. Die Nachvergrößerung darf aber aufgrund der
gröberen Körnung des Negativmaterials (im Unterschied zu den geringer empfindlichen Filmen) nicht zu
hoch gewählt werden.

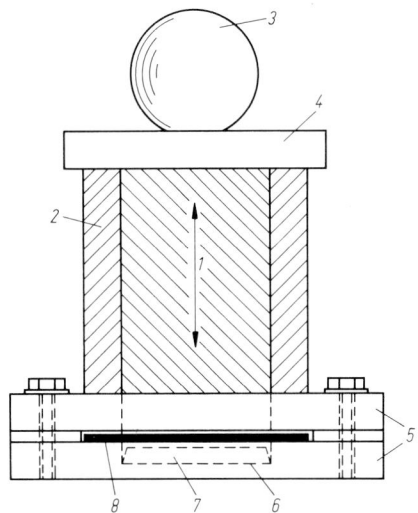

Bild 2.40. Stanzvorrichtung für Filme nach einer Konstruktion von Herbert Niemz
1 – Stahlstempel; 2 – Stempelführung; 3 – Stempelgriff; 4 – Stempeldeckplatte; 5 – quadratische Stahlplatten; 6 – Schneide, 7 – 4 bis 5 mm tiefe Aussparung; 8 – Plan- oder Rollfilm. Der Durchmesser des Stahlstempels ist abhängig vom Kalottendurchmesser der Kamera

Bild 2.41. Der Nordamerika-Nebel im Sternbild Schwan am 18. 10. 1982
Objektiv: Schmidt-Kamera 200/250/375, Belichtung: 21.40–22.00 Uhr MEZ, Blendenzahl: 1,9, 27-DIN-Film, Leitfernrohr: 110/1600, Leitokular: orthoskopisches Okular $f = 10$ mm, elektrische Nachführung, Negativentwicklung: M-H 28, 1 + 4, 5 min bei 20 °C, Fotopapier: extra-hart

Die Bilder 2.41, 2.42 wurden mit einer Schmidt-Kamera 200/250/375 (Eigenbau) der Sternwarte Bautzen auf Planfilm NP 27 hergestellt.

2.3.4.3. Kamerabefestigung

Nicht nur die Montierung des Fernrohrs muß stabil sein, sondern auch die Kamerabefestigung. Sie darf – besonders bei langen Belichtungszeiten – nicht nachgeben. Die Palette der Befestigungsmöglichkeiten ist groß.
In den folgenden Abschnitten werden einige davon erläutert:
1. Kleinbildkamera mit Weitwinkel-, Normal- und leichtem Teleobjektiv: Diese relativ leichte Kamera können wir am Gegengewicht der Deklinationsachse mit Hilfe eines Haltewinkels aus Bandstahl befestigen

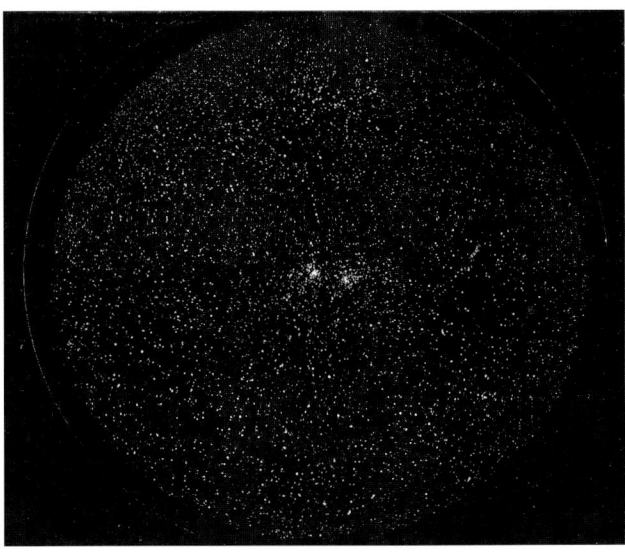

Bild 2.42. Sternhaufen h und χ im Sternbild Perseus am 18. 10. 1982
Objektiv: Schmidt-Kamera 200/250/375, Belichtung: 22.30–22.50 Uhr MEZ, Blendenzahl: 1,9, 27-DIN-Film, Leitfernrohr: 110/1600, Leitokular: orthoskopisches Okular $f = 10$ mm, elektrische Nachführung, Negativentwicklung: M-H 28, 1 + 4, 5 min bei 20 °C, Fotopapier: extra-hart

(s. Abschnitt 2.3.3.2.). Bild 2.43 zeigt eine weitere Befestigungsmöglichkeit am Ende der Deklinationsachse einer Ib-Montierung, welche in ein Fotogewinde ausläuft. Es ist natürlich auch möglich, die Kleinbildkamera am Fernrohrkörper mit Hilfe einer 2teiligen Rohrschelle aus Bandstahl zu befestigen (Bild 2.44).
Um den Lack des Rohrkörpers zu schonen, empfiehlt es sich, die Innenfläche der Rohrschelle mit einem dünnen weichen Material, z. B. Filz, zu versehen. Bild 2.45 zeigt, wie die Kamerahalterung am Fernrohrkörper mit zwei Schrauben befestigt wird. Voraussetzung ist eine ausreichend starke Rohrwandung.

Die Kamerabefestigungen (Bilder 2.44 ... 2.46) sind so auszuführen, daß das Fernrohr nicht ins Bildfeld der Kamera gerät.

2. Teleobjektive mittellanger und langer Brennweiten: Die größere Masse dieser Objektive setzt eine stabilere Montage voraus. Eine Befestigungsmöglichkeit besteht an der Fernrohrwiege (Bild 2.46). Diese im Bild 2.46 gezeigte Befestigungsvariante hat einige Vorteile:

   – schnelle Montage des Bandstahls mit dem Objektiv an den angeschweißten Zwischenstücken;
   – das Objektiv kann auf dem Bandstahl versetzt werden (zusätzliche Bohrungen s. Bild 2.46);
   – es läßt sich im Hoch- und Querformat arbeiten;
   – die Objektivbefestigung befindet sich im Bereich der verlängert gedachten Deklinationsachse.

Bild 2.43. Befestigungsmöglichkeit einer Kleinbildkamera an der Gegengewichtsseite der Deklinationsachse einer parallaktischen Montierung Ib

Die Stärke des Bandstahls richtet sich nach der Teleobjektivmasse und der Länge der Fernrohrwiege. Teleobjektive mit Brennweiten bis etwa 300 mm können noch mit einer Fotoschraube am Bandstahl angeschraubt werden. Bei Objektiven größerer Brennweiten bis etwa 500 mm sind noch zusätzliche Schraubenverbindungen zwischen dem Bandstahl und dem Teleobjektiv erforderlich. Sie verhindern ein seitliches Wegdrehen um die Fotoschraube während der Belichtungszeit. Bild 2.47 zeigt die astrofotografische Anlage der Sternwarte Bautzen am Refraktor 130/1950. Die azimutale Kamerahalterung schafft einen bestimmten Schwenkbereich in zwei Achsen. Die Spiegelreflexkamera und das Teleobjektiv 5,6/500 sind jeweils an einem Stahlwinkel mit einer Fototaschenschraube (bei der Spiegelreflexkamera) und einer

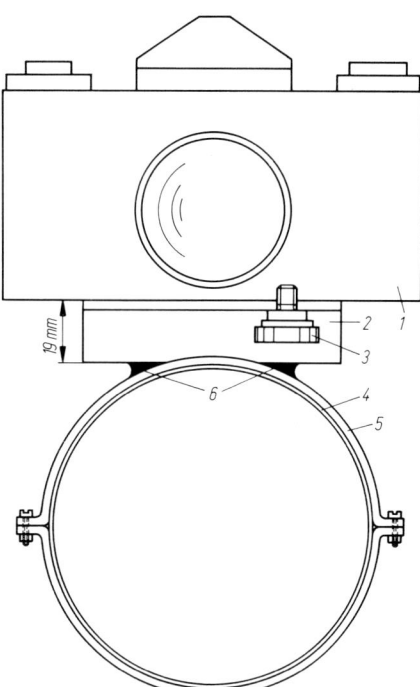

Bild 2.44. Eine 2teilige Rohrschelle als Befestigungsvariante einer Kleinbild- oder Mittelformatkamera am Fernrohr
1 – Kamera; 2 – Winkelstahl 30 mm × 19 mm (auf 19 mm reduziert); 3 – Foto-Reduzierschraube; 4 – Tubus des Fernrohrs; 5 – Rohrschelle aus Bandstahl; 6 – Schweißstellen

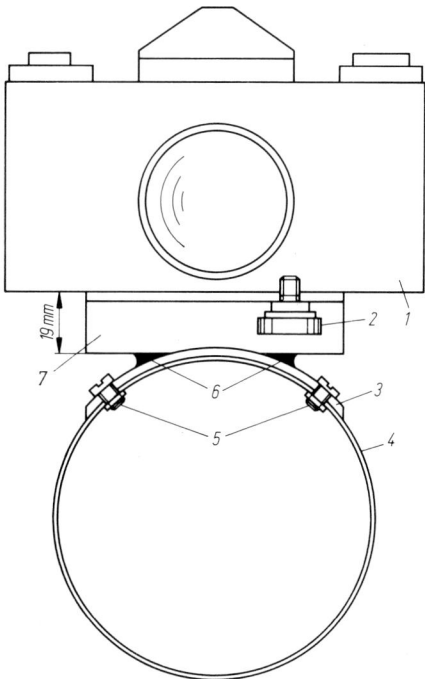

Bild 2.45. Kamerahalterung an der Fernrohrwandung
1 – Kamera; 2 – Foto-Reduzierschraube; 3 – Bandstahl, 3 mm stark, ca. 20–30 mm breit;
4 – Tubus; 5 – Schrauben M 5;
6 – Schweißstellen; 7 – Winkelstahl 30 mm × 19 mm (auf 19 mm reduziert)

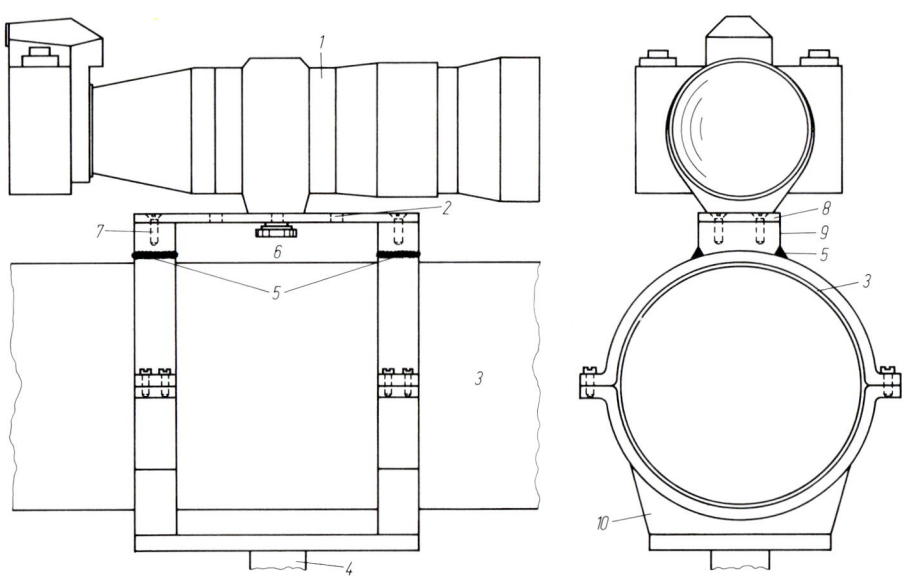

Bild 2.46. Befestigung eines Teleobjektivs an der Fernrohr-wiege
1 – Teleobjektiv, z. B. 4/300;
2 – zusätzliche Bohrung für die Fotoschraube; 3 – Tubus;
4 – Deklinationsachse;
5 – Schweißstellen; 6 – Foto-schraube; 7 – Senkkopfschraube M 6; 8 – Bandstahl; 9 – Zwischen-stück; 10 – Fernrohrwiege

Bild 2.47 (unten). Die Astrofoto-grafische Anlage der Sternwarte „Johannes Franz" in Bautzen. Von oben nach unten: Amateur-Astrokamera 71/250, Astroka-mera 60/270, Refraktor 63/840 (leicht verdeckt) Amateur-Astro-kamera 56/250, Kometensucher 110/750 und Teleobjektiv 5,6/500 mit KB-Kamera.

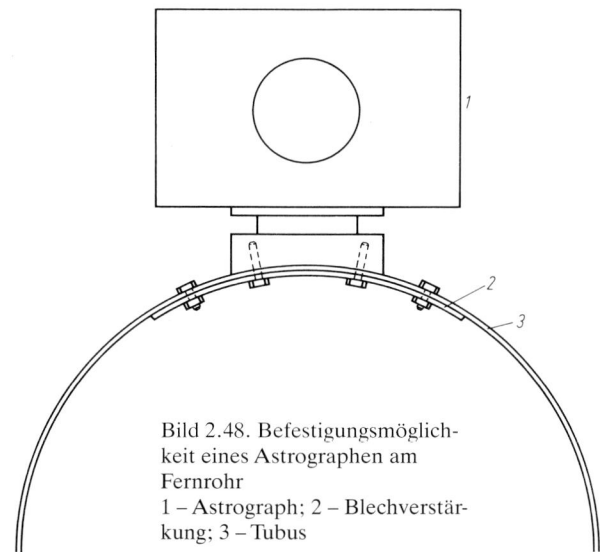

Bild 2.48. Befestigungsmöglichkeit eines Astrographen am Fernrohr
1 – Astrograph; 2 – Blechverstärkung; 3 – Tubus

Reduzierschraube mit vier zusätzlichen M-5-Senkkopfschrauben (am Objektiv 5,6/500) befestigt.

3. Astrograph: Bild 2.47 zeigt eine azimutale Astrographenhalterung, die an der Fernrohrwiege montiert wurde. Besonders Masse und Volumen des Astrographen sind vor und bei der Befestigung zu berücksichtigen. Bei einer geringen Masse kann der Astrograph unmittelbar am Fernrohrkörper montiert werden (Bilder 2.35, 2.48). Eine Voraussetzung ist, daß das Rohrblech des Fernrohrkörpers genügend Stärke bzw. Stabilität hat und eine zusätzliche Blechverstärkung an der Innenseite des Fernrohrkörpers angebracht wird. Der Astrograph kann auch an der Gegengewichtsseite der Deklinationsachse befestigt werden.

Die in diesem Rahmen aufgeführten Befestigungsmöglichkeiten sind allgemeine Vorschläge. Für den speziellen Fall gilt es, im Zusammenwirken bestimmter Faktoren wie Kameragröße, Kameramasse, Tubusdurchmesser bzw. Blechstärke, maschinelle und materielle Voraussetzungen und desgleichen, die günstigste Befestigungsvariante individuell zu wählen.

2.3.4.4. Justierung des Fernrohrs, Vergrößerung für die Nachführung, Belichtungszeit

Diese Fragen sind zumeist analog zu den handnachgeführten Sternfeldaufnahmen zu betrachten und werden in den Abschnitten 2.3.3.1., 2.3.3.4. und 2.3.3.6. beschrieben.

2.3.4.5. Aufnahmematerial

Ein handelsüblicher Schwarzweißfilm besteht im wesentlichen aus zwei Teilen: der Emulsion und der Unterlage. Bild 2.49 zeigt den Aufbau eines Schwarzweißfilms.

Zur Verhinderung von Lichthöfen wird die Schicht oder Unterlage eingefärbt. Auch die Farb-Rückschicht und Farbstoff-Zwischenschicht beseitigen den Lichthof fast vollständig. Durch Zusatz von Farbstoffen kann die Emulsion für verschiedene spektrale Bereiche sensibilisiert werden. In der Amateur- und Schulastronomie wird zumeist handelsübliches Filmmaterial für die Fotografie von Sternfeldern und Nebeln verwendet. Dies gilt sowohl für Strichspur- als auch für nachgeführte Aufnahmen. Welcher Film ist nun in seinen technischen Daten für die gegebenen optisch-meteorologischen Bedingungen der günstigste? Zur Beantwortung sind zunächst solch wichtige technische Daten zu besprechen wie Lichtempfindlichkeit, Sensibilisierung, Auflösungsvermögen, Körnigkeit und Gradation. Die Lichtempfindlichkeit wird entweder als DIN-Zahl (z. B. in Deutschland), ASA- (USA) oder ISO-Wert angegeben. Filme bis etwa 16 DIN nennt man heute gering-, bis etwa 23 DIN

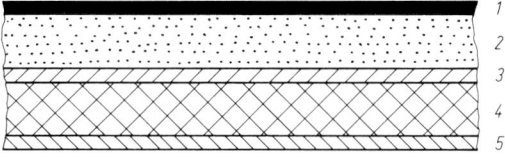

Bild 2.49. Aufbau eines Schwarzweißfilms
1 – Schutzschicht; 2 – lichtempfindliche Schicht bzw. Emulsion (in Gelatine gebundenes Silberhalogenid, größtenteils Silberbromid); 3 – z. T. Farbstoff-Zwischenschicht; 4 – Unterlage (Kunststoffe, Acetylcellulose); 5 – Farbrückschicht

mittel- und bis etwa 33 DIN hochempfindlich. 3 DIN mehr bedeuten Verdoppelung, 3 DIN weniger Halbierung der Lichtempfindlichkeit. Verdoppelt oder halbiert man den ASA-Wert, so erhält man einen um 3 DIN höheren bzw. geringeren Empfindlichkeitswert, z. B. 15 DIN = 25 ASA, 18 DIN = 50 ASA und 21 DIN = 100 ASA usw. Reines Silberhalogenid in der lichtempfindlichen Schicht ist unempfindlich gegenüber grünem, gelbem und rotem Licht. Durch Einsatz z. B. von bestimmten Farbstoffen (Sensibilisatoren) kann das Silberhalogenid auch für den grünen und roten Spektralbereich empfindlich gemacht (sensibilisiert) werden. Wir unterscheiden orthochromatisches Aufnahmematerial, das außer der blauen Eigenempfindlichkeit auch das grüne Spektralgebiet erfaßt, und panchromatisches Aufnahmematerial mit einer Empfindlichkeit vom Violett über Blau und Gelb bis Rot. Superpanchromatische Filme sind für alle aufgeführten Farben, besonders aber für Rot, empfindlich. Die panchromatisch sensibilisierten Filme haben neben der noch etwas zu hohen Empfindlichkeit des Bromsilbers für violette und blaue Strahlen eine ausgeglichene Farbempfindlichkeit für den gelben, grünen und roten Anteil des elektromagnetischen Spektrums.

Weitere Entscheidungsmerkmale sind das Auflösungsvermögen und die Körnigkeit. Das Auflösungsvermögen wird in Linien/mm angegeben und ist kennzeichnend für die Fähigkeit einer Emulsion, eng benachbarte Bildpunkte des Aufnahmeobjekts getrennt abzubilden (z. B. die beiden Komponenten eines Doppelsterns). Dieses Trennvermögen ist unter anderem abhängig von der Körnigkeit der Emulsion. Je größer das Korn, um so geringer das Auflösungsvermögen bzw. desto höher die Empfindlichkeit. Das Auflösungsvermögen hat in Abhängigkeit von der Korngröße eine bestimmte untere Grenze in der Abbildung feinster Details. Eine annähernd gleichmäßige Verteilung der Silberhalogenidkristalle in der Gelatine der Emulsion ergibt eine hohe Auflösung. Bei der Auswertung einer Sternfeldaufnahme kann man feststellen, daß besonders helle Sterne mit einem relativ großen Scheibchendurchmesser abgebildet werden. Dieser große Wert ist unter anderem vom Diffusionslichthof der fotografischen Schicht abhängig (Bild 2.50.a). Ein Teil

Auf Bild 2.52 ist die Schwärzungskurve einer hypothetischen Emulsion ersichtlich. Eine solche Emulsion ist bis heute (1993) noch nicht herstellbar. Die Körner sind gleich groß und haben auch die gleiche Empfindlichkeit. Bestrahlt man diese Emulsion mit einer Lichtmenge, welche kleiner ist als der sogenannte Schwellenwert der Schicht, dann entsteht noch keine Schwärzung. Bei geringer Überschreitung des Schwellenwertes reagieren jedoch bereits sämtliche Körner, und die Schwärzungskurve verläuft senkrecht. Die Gradation hat den höchsten Wert erreicht.

Bei panchromatisch sensibilisierten Schwarzweißfilmen mittlerer Empfindlichkeit werden auch kontrastreiche Objekte, z. B. Sonne und Mond, gut abgebildet. Helle und dunkle Gebiete des Aufnahmeobjekts ergeben genügende Schwärzungen. Diese Filme besitzen eine normale Gradation. Mit Hilfe der Gradationsangabe kann also festgestellt werden, wie die Emulsion die Kontraste

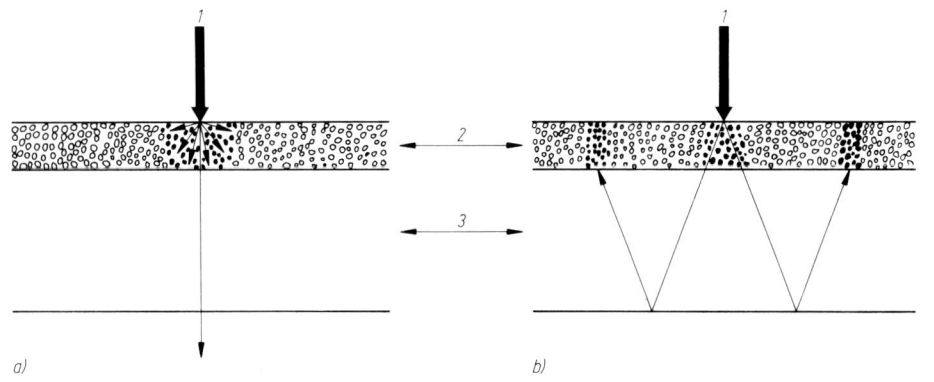

Bild 2.50.a Entstehung des Diffusionslichthofs

Bild 2.50.b Entstehung des Reflexionslichthofs
1 – Strahlung; 2 – Schicht; 3 – Schichtträger

der einfallenden Strahlung wird schon unmittelbar neben dem Bildpunkt (z. B. Stern) diffus gestreut, und es entsteht um diesen Stern eine diffuse Schwärzung. Der größere Sternscheibchendurchmesser hat also keine Beziehung zum wahren Sterndurchmesser.

Der Reflexionslichthof (Bild 2.50.b) entsteht durch die reflektierte Strahlung an der Rückseite des Schichtträgers. Je stärker der Schichtträger ist, desto größer wird der Lichthofdurchmesser. (Fotopapiere haben keinen Reflexionslichthof. Die Strahlung wird unmittelbar unter der lichtempfindlichen Schicht reflektiert.) Handelsübliche Filme sind mit einem Lichthofschutz versehen. Lichthöfe können besonders bei Überbelichtungen auftreten. Die Gradation γ gibt den Kontrast der betreffenden Emulsion an. Hochempfindliche Filme und Platten haben eine relativ grobe Körnung, obwohl dazwischen auch Körner kleineren Durchmessers sind. Eine solche Emulsion arbeitet verhältnismäßig flach, besitzt somit eine flache Gradation oder Steigung der Schwärzungskurve (Bild 2.51, Kurve 2). Geringempfindliche Emulsionsschichten haben im allgemeinen einen steileren Verlauf der Schwärzung (Bild 2.51, Kurve 1). Die lichtempfindliche Schicht (Kurve 1) arbeitet härter im Vergleich zur höherempfindlichen Emulsion (Kurve 2).

des Objekts wiedergibt, sie vergrößerungsfähig und kopierfähig aufzeichnet. Außerdem hat auch die Art der Entwicklung des Aufnahmematerials Einfluß auf die Gradation.

Welches Filmmaterial können wir für elektromotorisch nachgeführte Sternfeldaufnahmen einsetzen?

Bei der Beachtung der aufgeführten Parameter handelsüblicher Aufnahmematerialien möchte ich von der Vielzahl an Filmsorten einige besonders empfehlen. Sehr gute fotografische Ergebnisse bezüglich des Kontrastes, der Körnigkeit (etwa so feinkörnig wie Dokumentenfilm), der Empfindlichkeit (Grundempfindlichkeit ≈ 22° DIN) erhalten wir mit dem panchromatischen Schwarzweiß-Negativfilm Kodak Technical Pan 2415 oder kurz: TP 2415. Er kann als Kleinbildfilm mit 36 Aufnahmen (TP 2415 135-36), und als Meterware im Kleinbildformat 24 mm × 36 mm käuflich erworben werden. Für Sternfreunde, die mit Plan- oder Rollfilm arbeiten wollen, steht der Kodak TP 4415 (10,2 cm × 12,7 cm) bzw. TP 6415 Rollfilm zur Verfügung. Im allgemeinen besteht der Wunsch nach einer großen fotografischen Reichweite bei relativ kurzer Belichtungszeit. Er geht mit dem Einsetzen eines hypersensibilisierten TP 2415 bei einer gleichzeitigen Kontraststeigerung in Erfüllung. Hypersensibili-

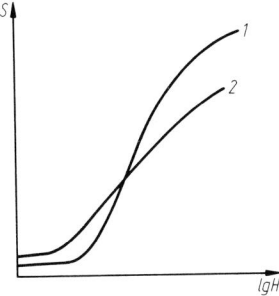

Bild 2.51. Schwärzungskurven verschiedener Emulsionen S Schwärzung H Belichtung (H = Lichtintensität $I \cdot$ Belichtungszeit t)

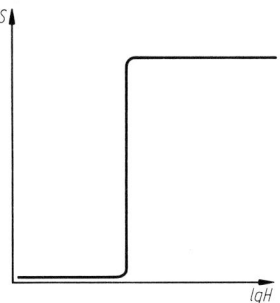

Bild 2.52. Schwärzungskurve einer hypothetischen Emulsion mit Körnern gleicher Empfindlichkeit S Schwärzung H Belichtung

sieren bedeutet Empfindlichkeitssteigerung, die besonders während längerer Belichtungszeiten von großem zeitlichen Vorteil ist. Durchschnittlich steigt die Empfindlichkeit bei einem hypersensibilisierten Film TP 2415 um das 4–10fache. Einige Filme werden sogar bis etwa 30fach empfindlicher. Im Ergebnis dessen werden auf einer Sternfeldaufnahme wesentlich mehr Sterne, aber auch nebelförmige Erscheinungen wie z. B. Wasserstoffnebel, kontrastreich und mit einem hohen Auflösungsvermögen abgebildet, denn dieser gehyperte Film besitzt eine große Rotempfindlichkeit (rote H-alpha-Linie) und ein geringes Schwarzschildverhalten. Letzteres bedeutet, daß die Belichtungzeit bezüglich einer großen fotografischen Reichweite kürzer als bei „normalen" Filmen gewählt werden kann. Ein Optimum an Reichweite und Kontrast (selbst über dem Großstadthimmel) ergibt eine Kombination des hypersensibilisierten TP 2415 mit einem Nebelfilter (z. B. Lumicon H-alpha-Pass-Filter) und einer lichtstarken Aufnahmeoptik (z. B. Normalobjektiv 1,8/50 oder Teleobjektiv 2,8/200). Für Sternfeldaufnahmen sind u. a. auch noch erwähnenswert die Schwarzweißfilme Kodak T-Max P 3200 Professional, Ilford XP1 400, Ilford HP 5 und Orwopan 400.

Erfolgreich in der Sternfeldfotografie werden auch Farbdia- und Farbnegativfilme verwendet. Das Farbfoto besitzt gegenüber dem Schwarzweißbild einen größeren Informationsinhalt. Auch die Ästhetik einer Farbaufnahme spielt beim Amateur eine wichtige Rolle. Im allgemeinen erfreut man sich an einer Farbaufnahme wesentlich mehr als an einem Schwarzweißfoto. Erstaunlich ist immer wieder die Farbenpracht des Sternenhimmels auf dem Foto. Es ist nicht einfach, unter den vielen handelsüblichen Farbfilmen die richtigen zu finden. Eine Auswahl zeigt die folgende Übersicht:

– Fujichrome P 1600 D (Farbdiafilm, Grundempfindlichkeit: 27 DIN)
– Scotch CS 1000 (Farbdiafilm, geringes Schwarzschildverhalten, Grundempfindlichkeit: 31 DIN)
– Agfachrome 1000 RS (Farbdiafilm, Grundempfindlichkeit: 31 DIN)
– Konica SR-G 3200 (Farbnegativfilm mit 36 DIN Grundempfindlichkeit. Infolge der hohen Empfindlichkeit ist das Korn gröber.)
– Konica SR 1600 (Farbnegativfilm, 33 DIN Grundempfindlichkeit)

– Orwo CNG 400 (Farbnegativfilm mit 27 DIN Grundempfindlichkeit)

Natürlich besteht auch die Möglichkeit, Farbfilme in der Empfindlichkeit zu steigern. Gute fotografische Ergebnisse wurden u. a. mit folgenden hypersensibilisierten Farbfilmen erreicht:

– Konica SR-G 3200
– Fujichrome 400
– Fujichrome 100
– Fujichrome 1600
– Ektar 100
– Ektar 1000
– Agfachrome 1000
– Scotch 1000

Näheres zur Hypersensibilisierung ist im Abschnitt 12.4. ersichtlich.

Die Entwicklung von Farbumkehrfilmen kann einem Dienstleistungsbetrieb in Auftrag gegeben werden. Dagegen ist es ratsam, die Farbnegativfilme in unserem Fall selbst zu entwickeln, denn ein Dienstleistungsbetrieb kann im allgemeinen nicht auf spezielle Bearbeitungswünsche des fotografierenden Sternfreundes eingehen. Allerdings sind Entwicklungsprozeß und gerätetechnischer Aufwand umfangreicher als bei der Schwarzweiß-Entwicklung, was aber den begeisterten Astrofotografen nicht stören dürfte. Die Bearbeitung der Bilder 2.27, 6.16, 6.18, 6.20 und 6.27 erfolgte in meinem Amateur-Fotolabor.

Für die Aufnahme von Sternstrichspuren sind hoch- und mittelempfindliche Schwarzweiß- und Colorfilme zu empfehlen, wobei man für Aufnahmen in ländlichen Gegenden wegen der zumeist geringeren Himmelshintergrund-Helligkeit hochempfindliche Filme bevorzugt.

Ferner werden in der Astrofotografie auch hart arbeitende Filme (fototechnische Filme) für Kopierzwecke und Kontraststeigerungen eingesetzt.

2.4. Fokalaufnahmen

Fokalaufnahmen zählen zweifellos zu den interessantesten Bereichen der Stellarfotografie. Die lange Brennweite der Aufnahmeoptik, ab etwa 500 mm, hat einen großen Abbildungsmaßstab zur Folge. Dadurch werden verhältnismäßig kleine Beobachtungsobjekte wie Nebel, Kugelsternhaufen, Galaxien, offene Sternhaufen und Kometen relativ groß auf dem Negativ abgebildet; das Detail in den Beobachtungsobjekten tritt besser hervor. Selbst mit größeren Fernrohren ist es nicht möglich, eine solche kontrastreiche Abbildung der fernen nebelförmigen Objekte, wie sie die Fokalfotografie ermöglicht, visuell wahrzunehmen. Die genannten Vorteile sind aber fotografisch nur dann erfolgreich nutzbar, wenn die folgenden Hinweise beachtet werden. Diese Art der Stellarfotografie stellt an die Montierung und Nachführung des Fernrohrs sowie an die Justierung größte Anforderungen.

2.4.1. Wahl des Aufnahmeinstruments

Bisher haben wir bei den nachgeführten Sternfeldaufnahmen eine separate Kamera eingesetzt. Das Fernrohr diente lediglich als Leitrohr. Bei der Fokalfotografie wird das Fernrohr selbst zum Aufnahmeinstrument. Die Kamera, zumeist eine Kleinbild- oder Mittelformatkamera, ist mit einem Zwischenring (Bild 2.53) am Okularauszug des Aufnahmeinstruments angebracht. Einzelheiten über den Zwischenring sind aus Abschnitt 5.2.1. ersichtlich.

Welche Fernrohre können eingesetzt werden? Prinzipiell sind unter anderem alle Schul- und Amateurfernrohre für diese Art der Stellarfotografie geeignet. Die Wahl des Fernrohrs richtet sich in hohem Maße nach dem Aufnahmeobjekt. Soll ein offener Sternhaufen, z. B. h und χ im Sternbild Perseus, fotografiert werden, dann ist eine

große freie Öffnung des Fernrohrs vorteilhaft. Aber auch kleinere Fernrohre bilden Sterne bzw. galaktische Sternhaufen kontrastreich auf dem Negativ ab. Wir haben bei der Wahl des Aufnahmeinstruments unter anderem zwischen sternförmigen (also punktförmig erscheinenden) und flächenhaften Objekten zu unterscheiden. Galaktische Nebel, Kometen und Galaxien benötigen ein lichtstarkes Fernrohr, d. h. das Öffnungsverhältnis D (Objektivdurchmesser): f (Brennweite) soll in einem Bereich von etwa 1:5 bis 1:7 liegen. Kleinere Öffnungsverhältnisse erfordern extrem lange Belichtungszeiten, die infolge des Schwarzschildeffekts (s. Abschitt 9.3.) keine nennenswerten Reichweitenvergrößerungen ergeben. Außerdem wird das Problem der elektrischen Nachführung bei langen Brennweiten und Belichtungszeiten immer größer. Dagegen können mit Öffnungsverhältnissen von 1:10 bis etwa 1:15 stellare (also sternförmige) Objekte mit vertretbaren Belichtungszeiten ebenfalls in der Stadt aufgenommen werden. Auch Newton-Spiegelteleskope sind in der Amateurastronomie erfolgreich nutz-

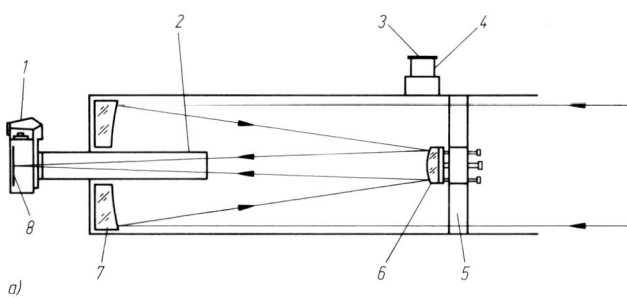

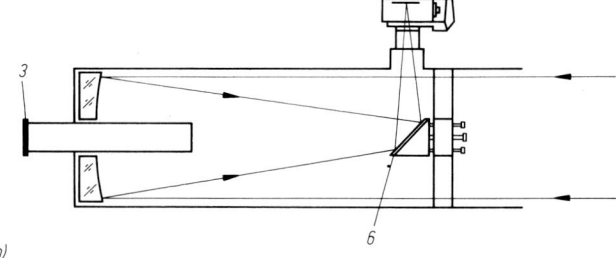

Bild 2.54.
a) Fotografie im Cassegrain-Fokus
b) Fotografie im Newton-Fokus
1 – Kamera; 2 – Blendrohr; 3 – Staubdeckel; 4 – Okularauszug für den Newton-Fokus; 5 – Haltekreuz für den Fangspiegel; 6 – Fangspiegel; 7 – Hauptspiegel; 8 – Bildebene

Bild 2.53. Zwischenringe für die Befestigung einer Kleinbild- oder Mittelformatkamera am Okularauszug des Fernrohrs
Bild a:
1 – Außengewinde M 44 × 1; 2 – Zwischenring (Carl Zeiss JENA) zur Befestigung der Kamera; 3 – Außengewinde M 42 × 1 (Fotogewinde für Praktica)
Bild b:
4 – Zwischenring (Eigenbau) zur Befestigung der Pentacon six; 5 – Klemmbajonett; 6 – Außengewinde M 44 × 1

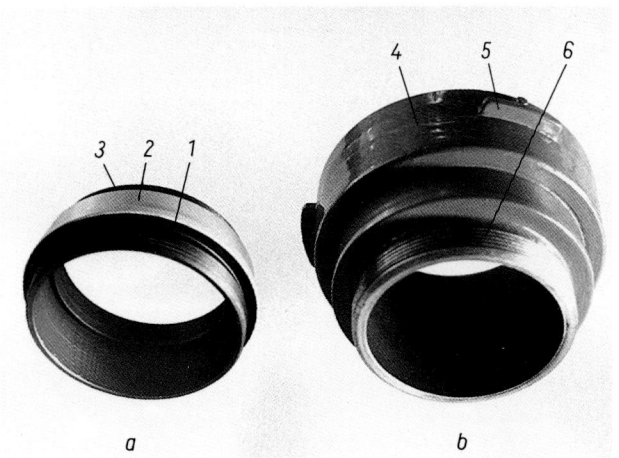

bar. Mit Öffnungsverhältnissen von 1:5 bis 1:6 ergeben sie ein lichtstarkes Aufnahmeinstrument sowohl für stellare als auch für flächenhafte Aufnahmeobjekte. Abbildungsfehler, wie die chromatische Aberration oder Farbabweichung, entfallen bei den Spiegelteleskopen. Filter sind also im allgemeinen hier nicht notwendig. Spiegelteleskope nach Cassegrain sowie das Meniskus-Cassegrain-Spiegelteleskop 150/900/2250 „Meniscas" lassen sich für die Fokalfotografie ebenfalls gut nutzen. Diese Fernrohrtypen haben aber im allgemeinen relativ kleine Öffnungsverhältnisse im Bereich von 1:15 bis 1:18. Mit verhältnismäßig geringem Aufwand kann man aber ein wesentlich größeres Öffnungsverhältnis erhalten. Der konvexhyperbolisch geschliffene Gegenspiegel beim Cassegrain-Teleskop wird gegen einen planen Gegenspiegel ausgetauscht. Der plane ovale Gegenspiegel muß optisch einwandfrei und oberflächenbelegt sein. Die Belichtung erfolgt somit im Primärfokus des Cassegrain-Hauptspiegels. $D : f$ liegt jetzt in einem Bereich von etwa 1:5 bis 1:6. Das Cassegrain-Spiegelteleskop ist dadurch zum Newton-Spiegelteleskop geworden. Das Okular bzw. die Kamera befinden sich seitlich am Tubus (Bild 2.54).

Die Bilder 2.55 und 2.56 sind im Newton-Fokus hergestellt worden. Vor der Belichtung wird die nicht benutzte Öffnung am Okularausgang zum Vermeiden von Fremdlicht mit einem Staubdeckel oder Stöpsel versehen.

Eine Verkürzung der Objektivbrennweite von beispielsweise 50–60% erreichen wir auch mit handelsüblichen Shapley-Linsen (Telekompressoren), so daß die Belichtungszeit auf etwa ein Viertel reduziert wird. Diese Linsen realisieren größere gut korrigierte Aufnahmefelder und werden bevorzugt im Bereich des Okularauszuges

Tab. 6. Auswahl fokalfotografietauglicher Fernrohre

Fernrohr D mm	f mm	Objektivart	Öffnungsverhältnis D : f	Aufnahmeobjekt (z. B. galaktische Sternhaufen, Kugelsternhaufen)	Aufnahmeobjekt (z. B. Gas- und Staubnebel, Kometen, Galaxien)
50	540	Achromat	1:10,8	x	–
63	840	Achromat	1:13,3	x	–
80	500	Achromat	1:6,25	x	x
80	840	AS	1:10,5	x	–
80	1200	AS	1:15	x	–
100	1000	AS	1:10	x	–
		Spiegelsystem nach Newton	1:5, 1:6	x	x
		Spiegelsystem nach Cassegrain	1:6:18	x	
			1:5:15[1])	x	(mit planem Gegenspiegel)
150	2250	Meniskus-Cassegrain	1:15	x	–
180	1800	Maksutow-Spiegelteleskop	1:10	x	–
200	760	Flat-Field-Camera	1:4,0	x	x
200	520	Flat-Field-Camera	1:2,7	x	x
300	940	Flat-Field-Camera	1:3,2	x	x
102	920	ED Apochromat (Meade)	1:9	x	x
152	1370	ED Apochromat (Meade)	1:9	x	x
203	1280	Schmidt-Cassegrain (Meade)	1:6,3	x	x
254	1600	Schmidt-Cassegrain (Meade)	1:6,3	x	x
150	750	Newton-Teleskop (Vixen)	1:5	x	x
200	1000	Newton-Teleskop R-200S (Vixen)	1:5	x	x
200	800	Newton-Teleskop (Vixen)	1:4	x	x
102	1000	Fraunhofer (Vixen)	1:9,8	x	x
102	900	Fluorit-Apochromate (Vixen)	1:8,8	x	x
280	2800	Schmidt-Cassegrain (Celestron CG-11)	1:10	x	x
125	1250	Schmidt-Cassegrain (Celestron C5)	1:10	x	x

[1]) 1:5:15 bedeutet: 1:5 entspricht dem primären und 1:15 dem sekundären Öffnungsverhältnis. Das primäre D:f ergibt sich aus dem Objektivdurchmesser und der unveränderten Objektivbrennweite (z. B. mit einem planen Gegenspiegel). Der konvexhyperbolisch geschliffene Cassegrain-Gegenspiegel verlängert die Objektivbrennweite. Es entsteht die Äquivalentbrennweite mit dem sekundären $D:f_\text{Ä}$ von 1:15 und somit ein größerer Abbildungsmaßstab.

x = empfehlenswert
– = nicht empfehlenswert

Bild 2.55. Orionnebel M 42 am 7. 1. 1983
Objektiv: 200/1000 (zum Newton-System umgerüstetes Cassegrain-Spiegelteleskop), Belichtung: 23.30–00.30 Uhr MEZ, Blendenzahl: 5, 27-DIN-Film, Leitfernrohr: 130/1950, Leitokular: orthoskopisches Okular $f = 10$ mm, elektrische Nachführung, Negativentwicklung: M-H 28, 1 + 4, 5 min bei 20 °C, Fotopapier: normal, weiß, glänzend

Bild 2.56. Hantelnebel M 27 am 31. 7. 1983
Objektiv: 200/1000 (zum Newton-System umgerüstetes Cassegrain-Spiegelteleskop), Belichtung: 22.15–23.20 Uhr MEZ, Blendenzahl: 5, 27-DIN-Film, Leitfernrohr: 130/1950, Leitokular: orthoskopisches Okular $f = 10$ mm, elektrische Nachführung, Negativentwicklung: M-H 28, 1 + 4, 7 min bei 21 °C, Fotopapier: normal, weiß, glänzend

an Schmidt-Cassegrain-Teleskopen oder auch in Off-Axis-Nachführsystemen (Lumicon) eingebaut (näheres dazu vom Hersteller).

Schließlich wären noch sehr zu empfehlen die sogenannten Flat-Field-Cameras (FFC). Es sind hochkorrigierte Aufnahmesysteme in Schmidtspiegel-Qualität und großen Öffnungsverhältnissen von z. B. 1:2,7 bis 1:4. Die Brennweiten bewegen sich in einem Bereich von 500 bis 940 mm. An diese FFC-Kameras sind bequem Kleinbildkameras, aber auch größere Filmformate anschließbar. Somit werden diese Teleskope bevorzugt für Fokalfotos bzw. Deep-Sky-Aufnahmen eingesetzt. Das Spiegelsystem ist auch in der visuellen Beobachtung, beispielsweise die FFC 4,0/760, verwendbar.

In der Tabelle auf Seite 43 ist eine Auswahl über die für die Fokalfotografie nutzbaren Fernrohre gegeben. Die Einsatzmöglichkeit ist nicht eng begrenzt, sondern überlappt sich von einem zum anderen Öffnungsverhältnis.

2.4.2. Montage von Leit- und Aufnahmefernrohr

Die Befestigung des Aufnahmefernrohrs kann auf verschiedene Weise erfolgen. Wichtig ist, daß sich während der Belichtungszeit die Anordnung Leit- und Aufnahmefernrohr nicht verändert (Sternstrichspuren). Die jeweils günstigste Variante gilt es in diesem Falle selbst zu finden. Das Aufnahmefernrohr kann z. B. an der Deklinationsachse befestigt werden. Besser ist die Montage am Leitrohr. Damit verringert sich die Gefahr gegenseitigen Durchbiegens der Fernrohre wesentlich. Sollte es doch eine minimale Durchbiegung geben, dann wirkt sie sich an beiden Fernrohren relativ zur Emulsion annähernd gleich aus. Eine Befestigungsmöglichkeit des Leitfernrohrs am Aufnahmefernrohr zeigt Bild 2.57. Mit Hilfe dieser Halterung entstanden die Bilder 2.58, 2.59, 2.60 und 2.61. Die Halterung besteht zumeist aus Aluminium (Gewichtsreduzierung!) und bietet unter anderem folgende Vorteile:

– Verstellmöglichkeit des Leit- oder Aufnahmefernrohrs (für Leitsterneinstellung),
– kurze Montagezeit infolge der Prismenführung,
– Befestigungsmöglichkeit verschiedener Amateurfernrohre mit Prismenleiste in Abhängigkeit von der Stabilität der Aufnahmevorrichtung.

Die Anordnung Aufnahme- und Leitfernrohr kann von Fall zu Fall unterschiedlich sein und hängt unter anderem von der jeweiligen instrumentellen Ausstattung ab. Hat man ein Spiegelteleskop nach Newton, so ist dieses Instrument meist das Aufnahmeinstrument, das heißt, das Leitfernrohr wird als sekundäres Fernrohr am Spiegelteleskop befestigt.

Das Leit- und Aufnahmefernrohr kann auch mit zwei Halteringen befestigt werden (Bild 2.64). Diese Montage gestattet ebenfalls ein minimales Schwenken relativ zum Leit- oder Aufnahmefernrohr. Die Dimensionierung der Befestigungsmöglichkeiten richtet sich im

Bild 2.57. Befestigungsmöglichkeit des Leitfernrohrs am Aufnahmefernrohr. Voraussetzung
ist eine genügend starke Rohrwandung des Aufnahmefern-
rohrs.
1 – Leitfernrohr; 2 – Klemmschraube; 3 – Prismenleiste;
4 – Druckschraube; 5 – Zug-
schraube; 6 – Aufnahmefernrohr;
7 – Klemmvorrichtung;
8 – Deklinationsachse;
9 – Kamera

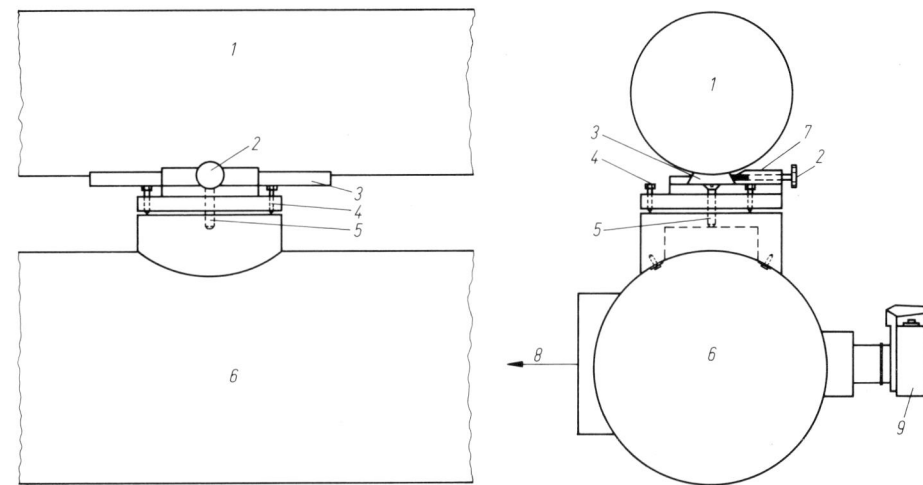

Bild 2.58 (oben). Kugelsternhaufen M 13 am 9. 8. 1985
Objektiv: 110/750, Belichtung: 22.15–22.45 Uhr MEZ, Blendenzahl: 6,8, 27-DIN-Film, Leitfernrohr: 130/1950, Leitokular: orthoskopisches Okular $f = 10$ mm, elektrische Nachführung, Negativentwicklung: Feinstkornentwickler A 49, 16 min bei 20 °C, Fotopapier: normal, weiß, glänzend

Bild 2.59 (rechts oben). Kugelsternhaufen M 13 am 3. 8. 1985
Objektiv: 110/750 mit Brennweitenverlängerung durch Konverter
2fach, Belichtung: 21.25–22.00 Uhr MEZ, Blendenzahl: 13,6, 27-
DIN-Film, Leitfernrohr: 130/1950, Leitokular: orthoskopisches
Okular $f = 10$ mm, elektrische Nachführung, Negativentwicklung:
Feinstkornentwickler A 49, 16 min bei 20 °C, Fotopapier: normal,
weiß, glänzend. Der Mond befand sich während der Belichtung
etwa 20° über dem Horizont und ergab infolge des relativ kleinen
Öffnungsverhältnisses von 1:13,6 keine störende Schwärzung der
Emulsion.

Bild 2.60 (rechts). Sternhaufen h und χ am 10. 10. 1986
Objektiv: 110/750, Belichtung: 23.00–24.00 Uhr MEZ, weitere
Daten siehe Bild 2.58.

Bild 2.61. Ringnebel M 57 im Sternbild Leier am 7. 11. 1982 Objektiv: 110/750, Belichtung: 19.00–19.45 Uhr MEZ, Blendenzahl: 6,8, 27-DIN-Film, Leitfernrohr: 130/1950, Leitokular: orthoskopisches Okular $f = 10\,mm$, elektrische Nachführung, Negativentwicklung: M-H 28, 1 + 5, 7 min bei 20 °C, Fotopapier: extra-hart

wesentlichen nach der Masse des zu montierenden Fernrohrs. Es gilt darauf zu achten, daß die Befestigung der Prismenleiste an den Rohrmontierungen in Höhe der Deklinationsachse nicht überbeansprucht wird (Durchbiege-Erscheinungen). Bei den verschiedenen Kombinationsmöglichkeiten von Aufnahme- und Leitfernrohr sind verschiedene Rohrlängen und damit unterschiedliche Massen vorhanden. Bei Kombination eines Refrak-

tors 110/1600 mit einem Newton-Spiegelteleskop 135/780 wäre es infolge der Stabilitätsprobleme günstiger, die Fernrohrwiege am wesentlich längeren Leitrohr zu befestigen. Im Einzelfall gilt es also individuell zu entscheiden. Die Befestigung der Kamera am Aufnahmefernrohr erfolgt mit einem selbst hergestellten oder im Fachhandel angebotenen Zwischenring. Mehr darüber im Abschnitt 5.2.1.

Bild 2.62. Galaxie M 33 am 12. 11. 1985 Objektiv: 4/300, Belichtung: 20.15–21.30 Uhr MEZ, Blendenzahl: 4, Platte: ZU 21, Leitfernrohr: 80/1200, Leitokular: orthoskopisches Okular $f = 10\,mm$, elektrische Nachführung, Negativentwicklung: M-H 28, 1 + 5, 7 min bei 20 °C, Fotopapier: extra-hart

Bild 2.63. Galaxie M 51 am 25. 5. 1992, Instrument: Kometensucher 110/750, fokal, Belichtung: 23.20–00.12 Uhr MEZ, Film: TP 2415 hypersensibilisiert, Nachführung: mit Leitfernrohr und nichtbeleuchtetem Fadenkreuz im Okular 12,5–O, Negativentwicklung: E 102, 1 + 7, 6 min bei 22 °C, Fotopapier: normal, weiß

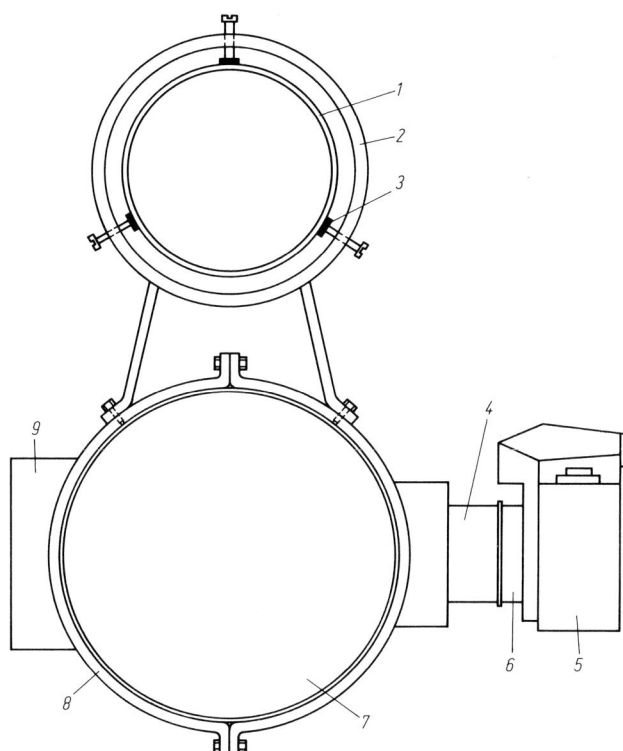

Bild 2.64. Halteringe – als Befestigungsmöglichkeit des Leitfernrohrs mit dem Aufnahmefernrohr
1 – Leitfernrohr (z. B. 80/840; 80/1200; 100/1000; 110/1650); 2 – Ringhalterung; 3 – Druckplättchen; 4 – Okularauszug; 5 – Kamera; 6 – Zwischenring; 7 – Aufnahmefernrohr (z. B. Newton 135/780); 8 – Ringhalterung; 9 – Fernrohrwiege

2.4.3. Aufsuchen eines Leitsterns

Infolge der langen Leitrohrbrennweite und des daraus resultierenden kleinen Sehfeldes erweist sich das Aufsuchen eines Leitsterns am Aufnahmeobjekt oder in seiner nächsten Umgebung oft als schwierig. Für das Suchen des Leitsterns ist es vorteilhaft, wenn das Leitrohr relativ zum Aufnahmefernrohr bis etwa 3° verstellbar montiert wird. Dadurch besteht größere Wahrscheinlichkeit, einen ausreichend hellen Leitstern zu finden. In der Regel befinden sich die optischen Achsen des Leit- und Aufnahmefernrohrs parallel zueinander. Daraus folgt, besonders bei der Fokalfotografie, daß man sich zumeist mit einem verhältnismäßig schwach leuchtenden Leitstern in der nächsten Umgebung des Aufnahmeobjekts begnügen muß. Das Abbild dieses Leitsterns wird mit Hilfe der Feinbewegung in die Fadenkreuzmitte gebracht, das heißt, das Aufnahmeobjekt befindet sich danach im allgemeinen nicht mehr in der Bildfeldmitte der Kamera. In extremen Fällen gelangt es bis an den Bildfeldrand oder sogar darüber hinaus. Mit Hilfe des verstellbaren Leitrohrs läßt sich dieses Problem indes zumeist lösen: Wir bringen dazu das Aufnahmeobjekt in die Mitte des Kamerasucher-Bildfeldes und verändern

danach die Lage des Leitrohrs, bis sich das Abbild des Leitsterns auf dem Fadenkreuz befindet.

Der wissenschaftlichen Astrofotografie stehen für die Leitsternsuche Okularkreuzschlitten zur Verfügung. Der Beobachter kann mit dessen Hilfe das vom Objektiv erzeugte Strahlenbündel „abtasten" und sich einen ausreichend hellen Leitstern suchen. Die Herstellung eines Okularkreuzschlittens ist jedoch wegen der Prismenführungen unter amateurmäßigen Bedingungen recht schwierig.

Zur besseren Leitsternsuche und Nachführung des Fernrohres sind für die Amateur-Astrofotografen preisgünstige Zusatzgeräte entwickelt worden, die an Reflektoren und Refraktoren befestigt werden können. U. a. wäre das Fernrohrzubehör mit der Bezeichnung Lumicon „Easy Guider" zu nennen. Unser Ziel ist das „Abtasten" eines möglichst großen Himmelsgebietes nach einem helleren, also leicht nachführbaren Leitstern. Dies kann ohne Leitfernrohr mit dem erwähnten Fernrohrzubehör am Aufnahmefernrohr geschehen. Dabei wird mit Hilfe eines Prismas ein kleiner Teil des außeraxialen Strahlenbündels seitlich in ein beleuchtetes Fadenkreuzokular geleitet. Das Aufsuchen des Leitsterns bzw. Abtasten des Himmelsgebietes geschieht nun mit zwei Verstellmöglichkeiten am Easy Guider. Die eine Möglichkeit besteht in der Drehung des Guiders um 360° und die andere in einem Verschieben des Okularhalters. Somit ist der Sternfreund in der Lage, ein größeres Gebiet des Himmels bezüglich eines helleren, also gut nachführbaren Leitsterns zu überblicken. Die Nachführung des Aufnahmefernrohrs nach einem auf diese Art und Weise aufgefundenen Leitstern nennt man die außeraxiale Nachführung oder kurz Off-Axis.

Für die gute Plazierung des Aufnahmeobjektes auf dem Film sorgt außerdem eine 360°-Drehung der Kamera um die optische Achse des Fernrohrobjektives, ohne daß die Positionierung des Leitsternes verändert wird.

Schließlich soll noch die Möglichkeit der Leitsternsuche mit einem Zeiss-4fach-Okularrevolver beschrieben werden. Er liefert ein seitenrichtiges und aufrechtes Bild.

Bei der Leitsternsuche kann folgendermaßen verfahren werden:

1. Parallelisierung des Aufnahme- und Leitfernrohrs mit Hilfe von einem oder, wenn vorhanden, zwei Fadenkreuzokularen oder Strichkreuzeinsätzen mittels eines hellen Sterns;
2. Befestigung der Kamera am Aufnahmefernrohr;
3. Bestückung des Leitrohrs mit einem Okularrevolver 4fach und folgenden, besonders zu empfehlenden Okularen: Huygens-Okular $f = 40\,\text{mm}$ oder orthoskopisches Okular $f = 40\,\text{mm}$ (mit unterbrochenem Strichkreuz), orthoskopische Okulare $f = 12{,}5\,\text{mm}$, $f = 10\,\text{mm}$ oder $f = 6\,\text{mm}$. Diese Okularbestückung kann zum Beispiel bei der Kombination Leitfernrohr 80/1200 und Aufnahmefernrohr 80/500 sehr zweckmäßig genutzt werden;

4. Einschalten der elektrischen Nachführung;
5. Einstellung des Aufnahmeobjekts mit einem langbrennweitigen Okular (z. B. $f = 40$ mm);
6. Aufsuchen eines ausreichend hellen Sterns im Sehfeld des langbrennweitigen Okulars und Bewegung seines Abbildes auf Sehfeldmitte oder beim orthoskopischen Schraubokular $f = 40$ mm auf Strichkreuzmitte: Mit Hilfe einer Dreheinrichtung kann der Okularrevolver 4fach im Positionswinkel beliebig um die optische Achse bewegt werden. Eine weitere Dreheinrichtung gestattet die schnelle Bewegung verschiedener Okulare in das Strahlenbündel des Objektivs. Werden nun diese zwei Drehbewegungen kombiniert, so ist es möglich, das Sehfeld des Leitrohrobjektivs „abzutasten". Das dabei mitunter sternlos erscheinende Gebiet im Sehfeld stört nicht. Es entsteht durch das sehfeldbegrenzende Gehäuse des Okularrevolvers. Mit diesen Drehbewegungen stellt man auf verschieden orientierten Kreisbögen den Leitstern auf den Fadenkreuzmittelpunkt ein;
7. Einschalten der Hellfeldbeleuchtung (dunkles Fadenkreuz vor erhelltem Feldhintergrund, s. Abschnitt 2.4.5.);
8. Drehen eines kurzbrennweitigen Okulars (z. B. $f = 10$ mm) in den Strahlengang des Objektivs. Dieses Fadenkreuzokular wird, genauso wie das langbrennweitige Okular, in die gleiche Lage relativ zum Leitstern gedreht, das heißt, um einen bestimmten Betrag relativ zum Einrastmechanismus des Revolvers versetzt. Ist der Leitstern noch nicht genau im Fadenkreuzmittelpunkt, führt man während des visuellen Beobachtens die kombinierten Drehbewegungen so lange aus, bis der fokussierte Leitstern auf der Fadenkreuz- oder Strichkreuzmitte leuchtet. Wenn der Abstand Leitstern – Fadenkreuzmittelpunkt kleiner als eine Bogenminute ist, kann auch mit den Feinbewegungen im Stundenwinkel und der Deklination ausgeglichen werden. Das Aufnahmeobjekt befindet sich um diesen geringen Betrag versetzt außerhalb der Bildfeldmitte der Kamera. In den meisten Fällen stört das nicht.

2.4.4. Nachführung

Die langen Objektivbrennweiten und teilweise großen Belichtungszeiten stellen an die Präzision der Nachführung größte Anforderungen. Die richtige Nachführung verlangt bestimmte Mindestanforderungen wie:
– stabile Montierung;
– stabiles Säulenstativ; der Säulendurchmesser ist abhängig von der zu tragenden Masse (Montierung und Instrumente) sowie von der Länge der Säule;
– elektrische Nachführung (Handnachführung ist nicht mehr möglich);
– ab etwa $f = 500$ mm einen Synchronmotor, wenn möglich mit Frequenzwandler;

– Feinkorrektur in Stunde und Deklination;
– genaue Justierung des Fernrohrs nach der Methode von Scheiner;
– Nachführkontrolle;
– stabile Befestigung des Aufnahme- und Leitfernrohrs;
– stabiles Dreibeinstativ.

Eine Grundvoraussetzung ist die schon besprochene genaue Justierung des Fernrohrs (s. Abschnitt 2.3.3.1.), das heißt, ein in Meridiannähe eingestellter Stern muß etwa 30 min lang ohne Abweichung auf dem Fadenkreuzmittelpunkt bleiben. In der Praxis ist dieser Wert nur mit viel Geduld und Mühe erreichbar. Unter amateurmäßigen Bedingungen ist schon viel erreicht, wenn der Stern innerhalb von etwa 30 min nicht vom horizontalen Faden nach oben oder unten abweicht. Damit ist das Fernrohr hinreichend genau justiert, und man kann auch mit längeren Belichtungszeiten (zum Beispiel über 30 min) arbeiten. Es hat also keinen Sinn, wenn der Leitstern durch viele Korrekturen in Deklination immer wieder auf den horizontalen Faden während der Belichtungszeit zurückgeführt werden muß. Das Aufnahmeergebnis wäre eine scheinbare Drehung der Sterne um den Leitstern im Kamerasehfeld, obwohl die Nachführung in Stunde den Anforderungen entsprach. Selbst eine gut vorbereitete Langzeitbelichtung könnte demnach eine große Enttäuschung hervorrufen. Je öfter eine Korrektur in Deklination erfolgen muß, desto länger werden die Kreisbogenstriche der Sterne. Dies macht sich infolge des großen Abbildungsmaßstabs besonders negativ in der Fokalfotografie, aber auch bei kurzen Aufnahmebrennweiten bemerkbar. Kurze Aufnahmebrennweiten haben ausgedehnte Sternfelder und dadurch große Winkelabstände in bezug zum Leitstern zur Folge. Das bedeutet, daß die Strichspuren der Sterne mit größten Winkelabständen zum Leitstern die längsten sind. Besonders bei langen Belichtungszeiten kann sich ein weiterer Abbildungsfehler auf dem Negativ zeigen: Ist die Anordnung Aufnahmefernrohr – Leitfernrohr instabil, so äußert sich das in einer Verlagerung des Punkt-Schärfezentrums. Der Leitstern bildet dann nicht mehr das Zentrum der Schärfe. Dieses Nachgeben von Aufnahme- und Leitfernrohr kann sich bis zu senkrechten Sternstrichen relativ zum Punkt-Schärfezentrum auswirken. Die Nachführung in Stunde geschieht unter Amateurbedingungen meist mit Schritt- oder Synchronmotoren. Diese Motoren führen das Fernrohr verhältnismäßig genau in Stunde nach. Sollten minimale Abweichungen im Stundenwinkel entstehen, so können sie mit der Feinbewegung ausgeglichen werden. Bewegt sich der Leitstern während der Belichtung des öfteren um einen größeren Betrag vom Fadenkreuzmittelpunkt nach rechts oder links auf dem horizontalen Faden, dann entstehen auf dem Negativ annähernd gleichlange Strichspuren. Wie groß darf die Abweichung vom Fadenkreuzmittelpunkt werden, ohne daß Strichspuren auf dem Film entstehen? Mit Hilfe folgender Beziehung läßt sich dieser Betrag berechnen:

$$\Delta_s = \frac{115'}{f_\mathrm{A}}$$

Δ_s Abweichung des Sterns vom Fadenkreuzmittelpunkt
in Bogenminuten

f_A Aufnahmebrennweite in mm

Bei 50 mm Aufnahmebrennweite ergibt sich umgerechnet auf Bogensekunden ein Δs von 138″, bei 200 mm 35″, bei 500 mm 14″, bei 1000 mm 7″ und schließlich bei 2000 mm 3,5″. Der Leitstern kann sich also um $\Delta s/2$ in alle Richtungen, vom Fadenkreuzmittelpunkt aus gesehen, bewegen, ohne daß eine Strichspur entsteht. Die Länge der Abweichung im Okularsehfeld ist abhängig von der Nachführvergrößerung. Je stärker die Vergrößerung, desto besser kann man die Abweichung wahrnehmen. Stellen wir einen Stern bei ausgeschaltetem Antrieb auf den horizontalen Faden ein, dann legt er in einer Zeitsekunde 15 Bogensekunden zurück. Wir erhal-

geringer der Deklinationswert des Leitsterns ist, desto größer die Ortsveränderung. Bei einer Zenitdistanz von 50° entspricht das einer mittleren Refraktion von 1′11,5″.

2.4.5. Kontrollmöglichkeiten der Nachführung

Keine Nachführung arbeitet über einen längeren Zeitraum hundertprozentig genau. Die Abweichungen gilt es visuell zu erkennen und entsprechend zu korrigieren. Nachfolgend die wichtigsten Kontrollmöglichkeiten in der Amateurastrofotografie: Das Leitfernrohr wird zu diesem Zweck häufig genutzt, denn damit kann visuell die Nachführgenauigkeit kontrolliert werden. Die Abweichung eines Sterns wird mit Hilfe eines Faden- oder Strichkreuzes im Okular erkannt. Ist es möglich, mit einem langbrennweitigen Objektiv (z. B. dem AS 130/1950) zu arbeiten, dann kann auch ein orthoskopisches Schraubokular $f = 40$ mm mit unterbrochenem Strichkreuz als Kontrollokular eingesetzt werden. Die Aufnah-

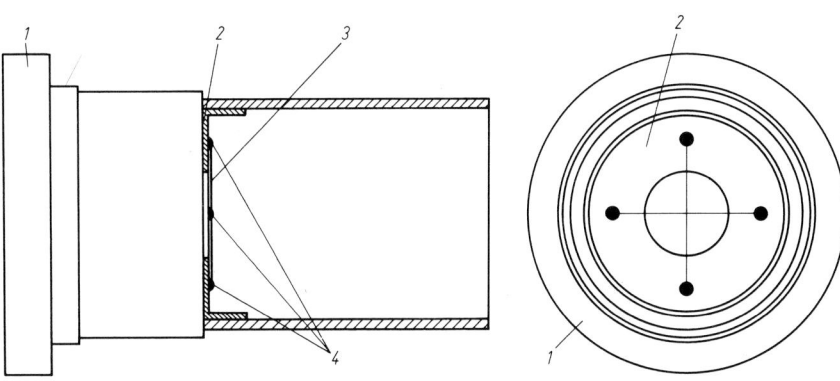

Bild 2.65. Möglichkeit einer Fadenkreuzkonstruktion auf der Sehfeldblende eines orthoskopischen Okulars mit 10 mm Brennweite
1 – Augenmuschel; 2 – Sehfeldblende; 3 – Fadenkreuz (zwei Kopfhaare); 4 – Klebstofftröpfchen

ten somit einen Richtwert für die Länge der Abweichung vom Fadenkreuzmittelpunkt. Mit den Fäden des Okularschraubenmikrometers läßt sich dieser Wert fixieren. Aufnahmebrennweiten ab etwa 1 m erfordern für eine gute Nachführung Leitrohr-Objektivdurchmesser von mindestens 110 mm (z. B. die Objektive 110/1600, 130/1950 und größere bzw. Spiegelsysteme, wie 125/1250, 280/2800). Es werden mittlere bis starke Vergrößerungen mit Okularbrennweiten von etwa 16 mm bis 6 mm benötigt. Die erfolgreiche Nutzung solcher Leitfernrohr-Dimensionierung und die daraus resultierenden Vergrößerungen setzen gute atmosphärische Bedingungen voraus. Windgeschwindigkeit und Szintillation dürfen nur geringe Werte aufweisen. Es hat wenig Sinn, eine Belichtung durchzuführen, wenn das Leitsternabbild sich ständig sprunghaft vom Fadenkreuzmittelpunkt entfernt oder um ihn pendelt. Bei größeren Abweichungen wird es immer komplizierter, den mittleren Ort des Leitsterns ausfindig zu machen. Arbeiten wir mit Brennweiten ab etwa 700 mm, so ist auch wegen der Refraktion die Korrektur in Deklination notwendig. Der Stern wird infolge der Refraktion ungleichmäßig scheinbar angehoben. Je

mebrennweite soll aber in diesem Fall den Wert von 700 mm nicht übersteigen. Das Strichkreuz im Steckokular ist infolge der geringen Strichdicke nicht sonderlich gut vor dem Sternenhintergrund zu erkennen. Die Hellfeldbeleuchtung hilft auch nicht immer. Ein Fadenkreuz mit einem größeren Fadendurchmesser von etwa 0,04 mm (etwa die Größe eines Haardurchmessers) kann weiterhelfen und ohne besonderen Aufwand selbst hergestellt werden. Lösungsmöglichkeiten gibt es viele. Bild 2.65 zeigt eine von mir hergestellte Fadenkreuzkonstruktion: Ein Fadenkreuz wurde bereits 1975 in einem orthoskopischen Steckokular $f = 10$ mm an der Sehfeldblende angeklebt. Infolge der starken Vergrößerung des Okulars 10-O werden die beiden Fadenkreuzfäden mit einem relativ großen Durchmesser im Okularsehfeld abgebildet. Ein ausreichend heller, defokussierter Leitstern ist sehr gut hinter dem dunklen Fadenkreuzmittelpunkt zu erkennen. Oft ist aber neben dem Aufnahmeobjekt kein genügend heller Stern zum Defokussieren vorhanden. Die Nachführkontrolle wird in diesem Fall mit einem fokussierten Leitstern und einer Hellfeldbeleuchtung (dunkles Fadenkreuz vor hellem Hintergrund)

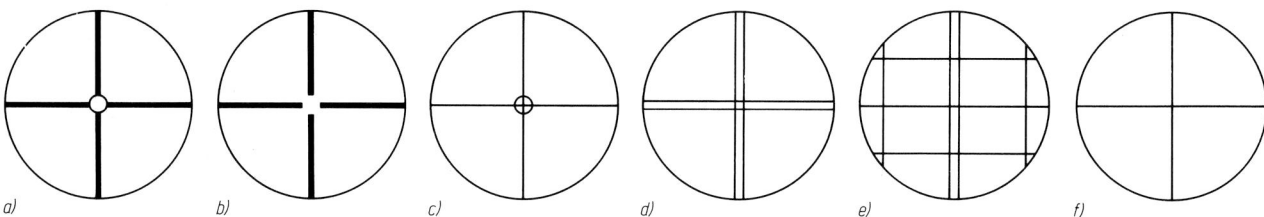

Bild 2.66. Faden- und Strichkreuzvarianten für die Kontrolle der Nachführung in der Schul- und Amateurastronomie
a – defokussierter Stern; b – fokussierter Stern; c – defokussierter Stern; d – Doppelfadenkreuz; e – Okularschraubenmikrometer; f – fokussierte Sterne

durchgeführt. Ohne Feldbeleuchtung würde das Fadenkreuz nahezu unsichtbar bleiben. Die Konstruktion einer Hellfeldbeleuchtung ist mit geringem Aufwand verbunden. Vor dem Objektiv befestigen wir dazu in der Taukappe des Leitrohrs ein Glühlämpchen, das mit einem Potentiometer in Reihe geschaltet wird. Als Energiequelle kann eine Batterie oder transformierter Netzstrom dienen. Für das Erkennen des fokussierten Leitsterns in Verbindung mit dem Fadenkreuz erweist es sich erfahrungsgemäß als vorteilhaft, wenn das Glühlämpchen rot leuchtet. Nach seiner Verwendung für den hier genannten Zweck entfernt man im allgemeinen die Hellfeldbeleuchtung wieder. Bild 2.66 zeigt verschiedene Faden- und Strichkreuz-Konstruktionen für die Amateurastronomie.

A Unterbrochenes Strichkreuz mit defokussiertem Leitstern:

Eine Hellfeldbeleuchtung ist empfehlenswert. Das Strichkreuz ist in der Sternfeld- und Fokalfotografie einsetzbar. Der Stern wird so weit defokussiert, bis die Begrenzung der Sternscheibe die vier Strichkreuzbalken scheinbar berührt.

B Unterbrochenes Strichkreuz mit fokussiertem Leitstern:

Eine Hellfeldbeleuchtung ist hier erforderlich. Die Methode ist für die Sternfeld- und Fokalfotografie nutzbar.

C Strichkreuzeinsatz oder Haarfadenkreuz vor einem defokussierten Leitstern:

Das Haarfadenkreuz ist im Vergleich zum Strichkreuz deutlicher vor dem defokussierten Leitstern zu erkennen. Eine Hellfeldbeleuchtung wird nicht benötigt. Diese Methode empfiehlt sich bei helleren Sternen. Alle nachgeführten Stellaraufnahmen in diesem Buch habe ich mit Hilfe eines solchen selbstgebauten Haarfadenkreuzes hergestellt.

D Doppelhaarfadenkreuz vor fokussiertem Leitstern:
Sein Abbild wird während der Belichtung mit Hilfe einer Hellfeldbeleuchtung in der Mitte des ausgesparten Quadrats gehalten. Hellfeldbeleuchtung ist dabei erforderlich.

E Fadenkreuz im Sehfeld des Okularschraubenmikrometers:

Hier können wir mit fokussiertem oder defokussiertem Leitstern arbeiten. Die senkrechten Fäden sind verstellbar gelagert, so daß der Bereich der maximal zulässigen Abweichung einstellbar ist.

F Okularsehfeld mit Strichkreuz:

Hinter den beiden Strichen befindet sich je ein fokussierter Leitstern. Der Abstand eines Leitsterns von den Strichen des Kreuzes wird sofort in Rektaszension oder Deklination erkannt.

Vor der Belichtung ist eine Orientierung des Faden- oder Strichkreuzes nach dem Stundenwinkel zu empfehlen. Wir drehen das Fadenkreuzokular in der Okularsteckhülse bzw. dem Okularrevolver so lange bei ausgeschaltetem Antrieb, bis der Stern sich parallel zum Stundenwinkelfaden bewegt. Im Ergebnis dessen läßt sich die Notwendigkeit einer Korrektur im Stundenwinkel oder Deklination leicht erkennen und das folgende richtige Korrigieren durchführen. Vor der Belichtung empfiehlt sich ein Probekorrigieren in Stunde und Deklination mit Hilfe der Feinbewegungen. Dadurch bekommen wir einen Überblick über die Auswirkungen der Korrektur-Drehbewegungen im Sehfeld des Okulars. Drehbewegungen in die falsche Richtung oder falscher Knopfdruck bei Handschaltern für Feinkorrektur lassen sich damit verhindern. Häufige Fehlkorrekturen haben ovale oder strichförmige Sternabbildungen in der Aufnahme zur Folge. Besonders bei längerem Belichten und damit verbundener visueller Kontrolle treten Ermüdungserscheinungen des Auges stärker auf. Es ist darum günstig, den Leitstern nicht ununterbrochen betrachten zu müssen. Während des Belichtens gilt es darum, das Auge nach Möglichkeit öfter kurzzeitig zu entlasten. Je größer die Ganggenauigkeit des Motors und die Justiergenauigkeit des Fernrohrs, desto länger können die Entlastungspausen des Auges sein.

Eine ungünstige Körperhaltung während des Belichtens kann ebenfalls die Kontrolle der Nachführgenauigkeit beeinträchtigen. Dadurch kommt es zu Schmerzen, z. B. des Rückens, und die ganze Angelegenheit kann zur Qual werden. Eine bequeme Körperlage relativ zum Kontrollokular und den Feinbewegungseinrichtungen ist immer vorteilhafter. Das läßt sich mit Hilfe eines Zenitspiegels, Zenitprismas, Okularrevolvers 4fach oder eines Okularrevolvers 5fach erreichen. Durch die Ablenkung des Sternlichts um 90° schauen wir bequem seitlich in das Kontrollokular hinein. Während der Beobachtung im Zenit-Bereich ist dies bei einem Refraktor als Leitfernrohr übrigens gar nicht anders möglich.

Eine weitere Kontrollmöglichkeit der Nachführung, die immer mehr an Bedeutung gewinnt, ist die außeraxiale mit einem Guider. Dieser Off-Axis oder Easy Guider befindet sich im Bereich des Okularauszuges am Aufnahmefernrohr (s. Abschnitt 2.4.3.). Durch den seitlichen Einblick in ein beleuchtetes Fadenkreuzokular kann der Leitstern während der Belichtungszeit bequem auf Position gehalten werden. Der zusätzliche Einbau einer Barlowlinse zwischen dem Nachführokular und Auslenkprisma realisiert eine höhere Nachführvergrößerung und somit bessere Nachführgenauigkeit. Sämtliche Korrekturen der Leitsternposition während der Belichtung wirken sich unmittelbar, also nicht erst über das Leitfernrohr mit dessen Halterung, auf den Film in der Kamera aus. Die Folge ist eine geringere Wahrscheinlichkeit der schlechten Nachführung. Im Angebot sind auch Okulare mit beweglichem Fadenkreuz (z. B. von Meade). Dieses wird im Sehfeld mit zwei mikrometrischen Schrauben bezüglich der Lage verändert, so daß die Leitsternpositionierung dadurch wesentlich vereinfacht wird. Zur besseren Erkennbarkeit des Doppelfadenkreuzes werden die Okulare ($f = 9$ mm und $f = 12$ mm) entweder mit einer angeflanschten Batterie oder einem Anschlußkabel geliefert.

Alle aufgeführten Kontrollmöglichkeiten der Nachführung gestatten die scharfe (vor allem bei schwach leuchtenden Leitsternen) und unscharfe (vor allem bei helleren, gut sichtbaren Leitsternen) Einstellung im Nachführokular.

2.4.6. Vergrößerung für die Nachführung

Es ist anzustreben, daß die Brennweite des Leitfernrohrs mindestens genau so groß ist wie die der Aufnahmeoptik. Je größer die Brennweite des Leitrohrs relativ zum Aufnahmefernrohr, um so besser können Notwendigkeiten der Korrektur in der Nachführung erkannt werden. Welche Vergrößerung ist zu wählen?

Erinnern wir uns noch einmal an die Formel für die Vergrößerung: $V = f_{Ob}/f_{Ok}$. Eine Faustregel besagt, daß die Vergrößerung mindestens den Betrag der Aufnahmebrennweite in cm haben soll. Mit einem Leitfernrohr 80/1200 und einem orthoskopischen Okular $f = 10$ mm erhalten wir eine günstige Vergrößerung für Aufnahmebrennweiten im Bereich von etwa 500 bis 800 mm. Größere Aufnahmebrennweiten im Bereich von 1000 mm und darüber führt man am besten mit Vergrößerungen von etwa 160fach und darüber nach (Beispiel: 80/1200 und 6-O Okular). Eine hohe Vergrößerung setzt ruhige Atmosphäre voraus, das heißt, die Szintillation muß gering sein. Das Beugungsscheibchen des Leitsterns muß einen der Vergrößerung und Öffnung des Leitrohrs entsprechenden Betrag haben. Es darf während der Belichtungszeit nicht anormal stark hinter dem Fadenkreuz „tanzen". Dies würde zu Fehlkorrekturen führen und dem Beobachter die Kontrolle erschweren.

2.4.7. Fokussieren

Fotografieren wir mit handelsüblichen Objektiven, so genügt eine einmalige Fokussierung der Optik. Den Fokus kann man als stabil betrachten. Bei Fernrohren dagegen ist es vorteilhaft, wenn der Fokus vor jeder Beobachtung neu ermittelt wird. Viele Amateure arbeiten mit Spiegelreflexkameras. Es bietet sich demnach eine direkte Fokussierung mit Hilfe des Sucherbildfeldes an. Die Kamera befindet sich dabei mittels eines Zwischenrings am Okularauszug des Fernrohrs (s. Abschnitt 5.2.1.).

Moderne Spiegelreflexkameras besitzen Schärfeindikatoren wie Mikroprismenraster, Meßkeil oder das Mattscheibenringfeld. Ein ausreichend heller Stern wird in das Mattscheibenringfeld bewegt und mit dem Okularauszug fokussiert. Das Scharfstellen mit den Meßkeilen oder dem Mikroprismenraster ist dagegen schlecht möglich. Sie sind für terrestrische Objekte gedacht. Wir haben bei der Fokussierung mit einem Meßkeil oder Klarfleck im Gegensatz zu einer Mattscheibe keine Bezugsebene. Das Bild wird größtenteils unscharf eingestellt. Eine Markierung im Klarfleck (Kreuz) in Verbindung mit einer Hellfeldbeleuchtung erleichtert dagegen das Fokussieren an stellaren Objekten. Die Markierung hebt sich dabei deutlich vom Himmelshintergrund ab.

Manche Spiegelreflexkamera gestattet neben dem Auswechseln der Suchereinsätze auch das Wechseln der Bildfeldlinsen. Eine Lupe und eine mattierte Bildfeldlinse im Lichtschacht bzw. die bildaufhellende Fresnellinse erleichtern das Fokussieren an stellaren und flächenhaften Objekten. Es kann aber auch bei geöffneter Kamerarückwand in der Filmebene fokussiert werden. Wir benötigen dazu eine feinkörnige Mattscheibe, die mit einem Glasschneider auf die Größe der Kamera-Filmbühne zugeschnitten wird. Die Mattscheibe kann aber auch durch eine unbelichtete Fotoplatte, die nur fixiert wurde, ersetzt werden. In die Emulsion der Fotoplatte ritzt man mit einer Rasierklinge Linien oder ein Strichkreuz. (Die Fokussierung geschieht analog zur anschließend beschriebenen Klarglasscheibe.) Eine etwa 6 ... 12fache Lupe, welche auf das Mattscheibenkorn scharf eingestellt ist, kleben wir auf die Mattscheibe. Der Vorgang des Fokussierens ist einfach. Die Mattscheibe drücken wir in Verbindung mit der Lupe leicht an die Kamera-Filmbühne, suchen uns einen ausreichend hellen Stern und fokussieren ihn durch das Bewegen des Okularauszugs oder Drehen der Einstellfassung.

An Stelle der Mattscheibe kann auch eine Klarglasscheibe eingesetzt werden, die in der Mitte mit einem Strichkreuz oder einer Linie versehen wird. Diese Markierungen bilden die Bezugsebene während der Fokussierung. Sie sind aber relativ schwer vor dem dunklen Himmelshintergrund zu erkennen. In diesem Fall hilft uns wieder eine Hellfeldbeleuchtung, welche für diesen Zweck provisorisch mit einer Flachbatterie und einem klaren oder roten Lämpchen hergestellt werden kann. (Ein Potentiometer ist nicht unbedingt erforderlich.) Der Fokus ist eingestellt, wenn der Stern mit der Markierung gleichzeitig scharf zu sehen ist. Bei geringer Bewegung des Kopfes darf sich die Lage des Sterns relativ zum Strichkreuz nicht verändern. Nur dann ist Parallaxenfreiheit gegeben. Die Klarglasmethode kann bei geringer Luftunruhe Verwendung finden. Bei starker Szintillation erschwert uns das scheinbare Hin- und Hertanzen des Sterns die Fokussierung. Exakter ist die fotografische Methode der Fokussierung. Wir belichten dazu mit einer Klein- oder Mittelformatkamera eine Aufnahmereihe und verstellen im vermeintlichen Fokusbereich von Bild

Stahlblech, einer Messerschneide oder aus einer Rasierklinge bestehen. Als Rohrmaterial sind Aluminium, Eisen, PVC oder Novotex geeignet. Im Foto-Fachhandel werden verschieden lange Fotozwischenringe aus Metall (für Nahaufnahmen), die bereits mit dem entsprechenden Fotogewinde versehen sind, angeboten. Einen ausreichend langen Fotozwischenring drehen bzw. sägen und feilen wir nur noch auf die benötigte Distanzgröße. Die beiden Bauteile, Adapterring und Schneide, können danach durch festhaftenden Kleber miteinander verbunden werden. Damit keine Reflexionslichter entstehen, werden Adapterring und Schneide innen mit Wandtafelfarbe geschwärzt. Der Fokus wird nun folgendermaßen

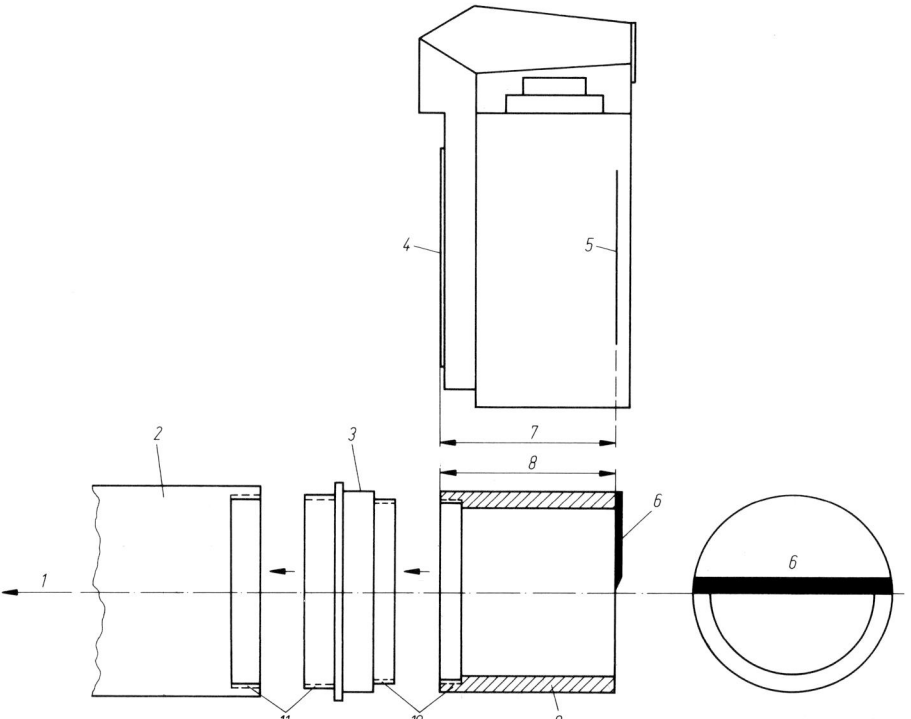

Bild 2.67. Adapterring zur Bestimmung des exakten Fokus nach Foucault
1 – Objektiv; 2 – Zwischenstutzen oder Okularauszug; 3 – Zeiss-Zwischenring; 4 – Objektivanschlagring mit Fotogewinde M 42 × 1; 5 – Filmebene; 6 – Schneide; 7 – Distanz; 8 – Ringlänge = Distanz; 9 – Adapterring; 10 – Gewinde M 42 × 1; 11 – Gewinde M 44 × 1

zu Bild den Okularauszug um etwa 0,2 mm. Die Fokustiefe bei Öffnungsverhältnissen von 1:10 bis 1:15 liegt im Bereich von 0,2 bis 0,3 mm. Diese fotografische Fokussierung ist besonders für stellare Objekte geeignet.
Die beschriebenen Methoden eignen sich zum Fokussieren von flächenhaften und sternförmigen Objekten und ergeben eine ausreichend genaue Einstellung des Brennpunkts von etwa ± 0,2 mm.
Werden hochauflösende Emulsionen und Objektive eingesetzt, dann ist der Optiktest des Franzosen Foucault zu empfehlen. Diese Methode garantiert den exakten Fokus. Wir benötigen dazu einen Adapterring, der auf einer Seite ein Foto-Innengewinde und auf der gegenüberliegenden Seite eine scharfe Schneide besitzt. Die Länge des Adapterrings ist gleich der Distanz zwischen der Außenseite des Objektivanschlagrings und der Filmebene (Bild 2.67). Mit einem Meßschieber läßt sich die Distanz messen. Die Schneide kann aus scharf gefaßtem

ermittelt: Wir suchen uns zunächst einen hellen Stern im Such- oder Leitfernrohr und bringen ihn mit den Feinbewegungen angenähert in die Sehfeldmitte. Jetzt schauen wir an der Schneide vorbei in Richtung zum Objektiv, welches vom Stern voll ausgeleuchtet erscheint. Mit dem Auge ist dabei so nahe wie möglich an die Schneide heranzugehen (Bild 2.68.a). Durch Betätigen der Feinbewegung in Stunde oder Deklination bewegt sich die Schneide langsam auf das Strahlenbündel des Sterns zu. Es entsteht auf dem ausgeleuchteten Objektiv ein Schatten. Bewegt er sich in die gleiche Richtung wie die Schneide, so befindet sie sich innerhalb des Fokus (Bild 2.68.b). Wir verstellen nun den Okularauszug um einen geschätzten Betrag, drehen die Feinbewegung wieder zurück und wiederholen den Vorgang. Bewegt sich jetzt der Schatten relativ zur Schneide in die entgegengesetzte Richtung, dann befindet sich die Schneide außerhalb des Fokus (Bild 2.68.c).

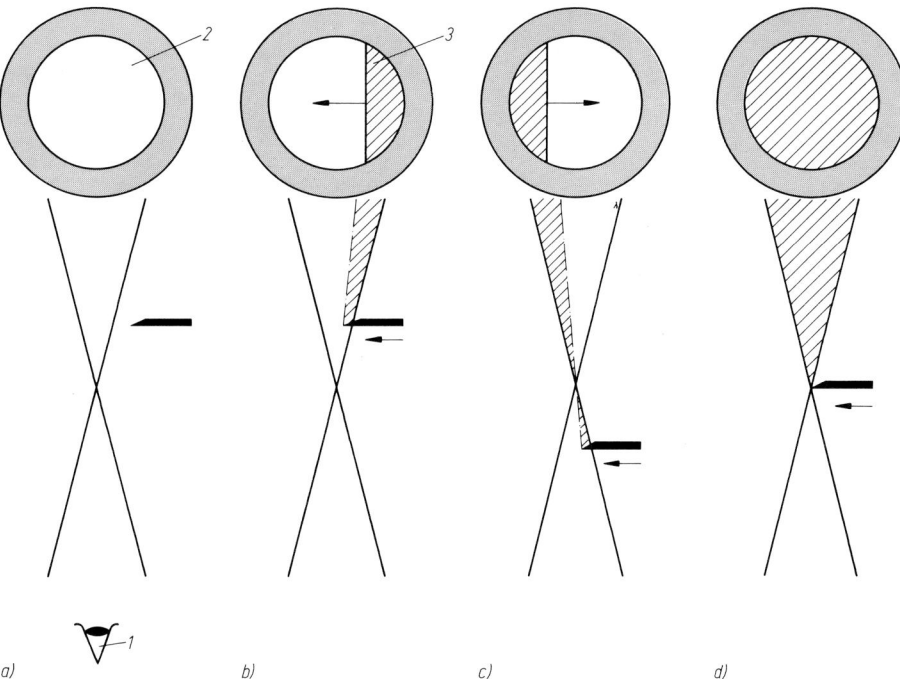

Bild 2.68. a, b, c, d. Prinzip zur Bestimmung des exakten Fokus nach Foucault
1 – Auge; 2 – vom Stern ausgeleuchtetes Objektiv; 3 – Schatten

Durch ein weiteres Verstellen des Okularauszugs nähern wir uns weiter dem Brennpunkt. Dies äußert sich in einer schnelleren Bewegung des Schattens. Der exakte Fokus ist eingestellt, wenn der Schatten blitzartig das ausgeleuchtete Objektiv überstreicht (Bild 2.68.d). Die Genauigkeit der Fokussierung ist abhängig vom Aufnahmematerial und Öffnungsverhältnis des Objektivs.

Der Durchmesser des Sternscheibchens geht aus folgender Beziehung hervor:

$$d_{St} = s_F \cdot \frac{1}{N}$$

d_{St} Durchmesser des Sternscheibchens;
s_F Abstand vom exakten Fokus;
$\frac{1}{N}$ Öffnungsverhältnis;
N Öffnungs- oder Blendenzahl

Durch Formelumstellung erhält man den Abstand zum exakten Fokus mit:

$$s_F = d_{St} \cdot N$$

Hochauflösende Filme erreichen ein Auflösungsvermögen um 170 Linien/mm oder 0,0059 mm und darüber. Setzen wir diesen Wert in die obige Formel ein, dann erhalten wir als zulässigen Abstand zum exakten Fokus den Wert ± 0,035 mm bei einer Öffnungszahl der Aufnahmeoptik von 6.

Hochempfindliche Filme haben ein Auflösungsvermögen um 63 Linien/mm oder 0,03 mm, d. h. es können 63 Linien pro Millimeter noch getrennt wahrgenommen

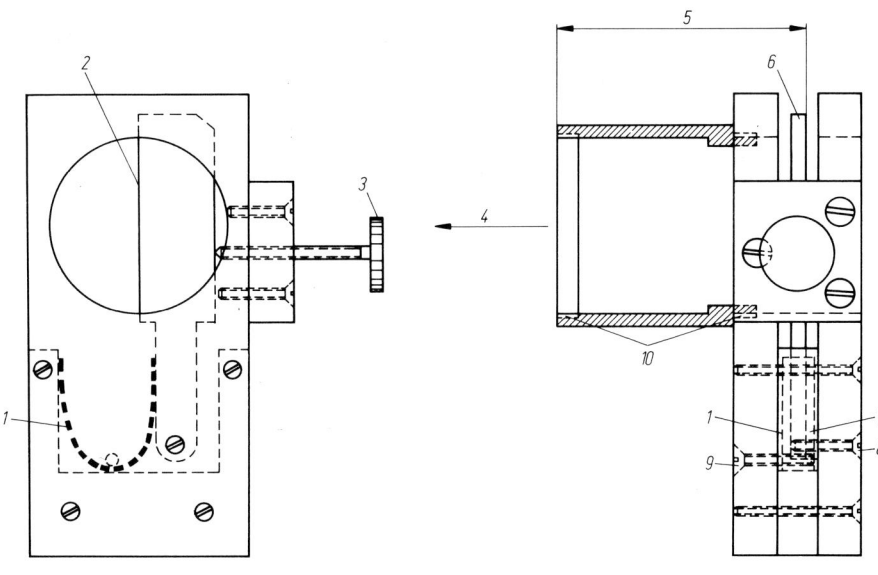

Bild 2.69. Adapterring mit bewegbarer Schneide zur Bestimmung des exakten Fokus nach Foucault (Konstruktion: Herbert Niemz)
1 – Feder; 2 – Schneidenkante; 3 – Stellschraube; 4 – Richtung Objektiv; 5 – Distanz; 6 – Schneide; 7 – Distanzscheibe; 8 – Schraube für die Schneidenhalterung; 9 – Schraube für die Federhalterung; 10 – Fotogewinde M 42 × 1

werden. Der zulässige Abstand zum exakten Fokus soll den Wert ± 0,1 mm bei einer Öffnungszahl von 6 nicht überschreiten. Dieser Betrag ist mit der Methode von Foucault gut erreichbar. Es können Fokussierungsgenauigkeiten von 0,05 mm und darunter bei geringen Luftunruhen und mittleren Öffnungsverhältnissen erreicht werden. Wenn sich die Schneide im exakten Fokus befindet, wird der Adapterring gegen die Kamera ausgetauscht. Die Filmebene befindet sich im exakten Fokus. Bild 2.69 zeigt eine Konstruktionslösung für die Schneidehalterung, welche es ermöglicht, die Schneide mit einer Schraube zu bewegen. Diese Bewegung relativ zum Adaptergehäuse und zum ausgeleuchteten Objektiv ist gut erkennbar. Die Schneidehalterung verlangt etwas mehr Aufwand, der durch eine Erleichterung der Fokussierung wieder ausgeglichen wird. Die Originalkonstruktion von Herbert Niemz, Sternwarte Bautzen, ist von mir in modifizierter Form wiedergegeben. Sind während der Fokussierung störende Fremd- oder Reflexlichter vorhanden, dann hilft immer noch die altbewährte Methode mit dem schwarzen Tuch über dem Kopf und der Kamera. Nach relativ kurzer Adaptionszeit der Augen erblicken wir ein kontrastreiches Bild im Sucher.

3. Spektralfotografie

Die Spektralfotografie befaßt sich mit astrophysikalischen Problemen. Himmelskörper werden dabei auf ihre chemische Zusammensetzung hin untersucht. Der Astronom erhält einen Einblick in die Elementehäufigkeit der Sternatmosphären. In der wissenschaftlichen Astronomie werden diese Daten mit Hilfe großer Spektrographen in Verbindung mit Großteleskopen fotografisch gewonnen.

Aber auch in der Amateurastronomie können mit relativ bescheidenen Ausrüstungen Spektralaufnahmen hergestellt werden. Im Vergleich zu nachgeführten Sternfeldaufnahmen sind Spektralaufnahmen leichter zu gewinnen.

Mit einem Prisma können wir das Licht eines Sterns in die einzelnen Farben zerlegen. Jede Farbe in dem erzeugten Spektrum entspricht einer bestimmten Frequenz und Wellenlänge.

3.1. Objektiv-Prismenspektrograph

Welche Prismen sind besonders für die Spektralfotografie in der Amateurastronomie geeignet? Schon mit einem Reflexionsprisma aus Kronglas (z. B. ein ausgebautes Zenitprisma) können Absorptionsspektren gewonnen werden (Bilder 3.1.a. ... f.).

Dieses Prisma befestigen wir so vor dem Objektiv, daß die parallel zur optischen Achse in das Objektiv einfallenden Strahlen das Prisma in minimaler Ablenkung, d. h. parallel zur Grundfläche AB, durchlaufen. Der Eintrittswinkel β ist gleich dem Austrittswinkel β′ (Bild 3.2). Die optimale Dispersion ist somit vorhanden. Im spitzwinkligen Teil ABD ist das Prisma für unser Spektrum optisch unwirksam, das heißt, die Strahlen durchlaufen nicht das Objektiv. Bei der Herstellung eines Objektivprismas muß der Winkel zwischen der Prismenseite BC und der abschließenden Ebene BE des Objektivs bekannt sein. Er läßt sich berechnen mit der Beziehung:

$$\sin \alpha = \sin \frac{\gamma}{2} \cdot n$$

γ brechender Winkel von 45°
n Brechungsindex

Der Brechungsindex für Kronglas bei violettem Licht beträgt 1,52 und für Flintglas bei blauem Licht 1,64. Das Ergebnis der Rechnung ist ein Winkel α von 35,6°. Nach dem Einstellen eines Leitsterns gleich Aufnahmestern stellen wir fest, daß dieser Stern im Kamerasucher nicht

zu sehen ist, das heißt, die optische Achse der Kamera muß um einen bestimmten Winkelbetrag gegen die optische Achse des Leitrohrs geneigt sein. Mit der Formel

Bild 3.1. a ... f. Absorptionsspektren, gewonnen mit einem Objektivprismenspektrographen
Prisma: ausgebautes Zeiss-Zenitprisma, Objektiv: 4/200, Kamera: Kleinbild-Spiegelreflexkamera, Blendenzahl: 4, 27-DIN-Film, Leitfernrohr: 130/1950 (als Leitfernrohr ist auch ein Schulfernrohr 63/840 einsetzbar), Leitokular: orthoskopisches Okular $f = 25$ mm, Negativentwicklung: M-H 28, 1 + 5, 6 min bei 20 °C, Fotopapier: normal, weiß, glänzend

Bild	Stern	Spektrum	Visuelle Größe	Datum	Zeit MEZ	Belichtungszeit in s
3.1.a	η UMa	B 3	1^m87	5.4.1983	20.40	60
3.1.b	β UMa	A 0	2^m44	5.4.1983	21.10	120
3.1.c	δ UMa	A 2	3^m44	5.4.1983	21.20	180
3.1.d	δ Leo	A 3	2^m58	5.4.1983	21.40	180
3.1.e	α CMi	F 5	0^m37	12.3.1983	20.30	60
3.1.f	α UMa	K 0	1^m80	5.4.1983	20.55	60

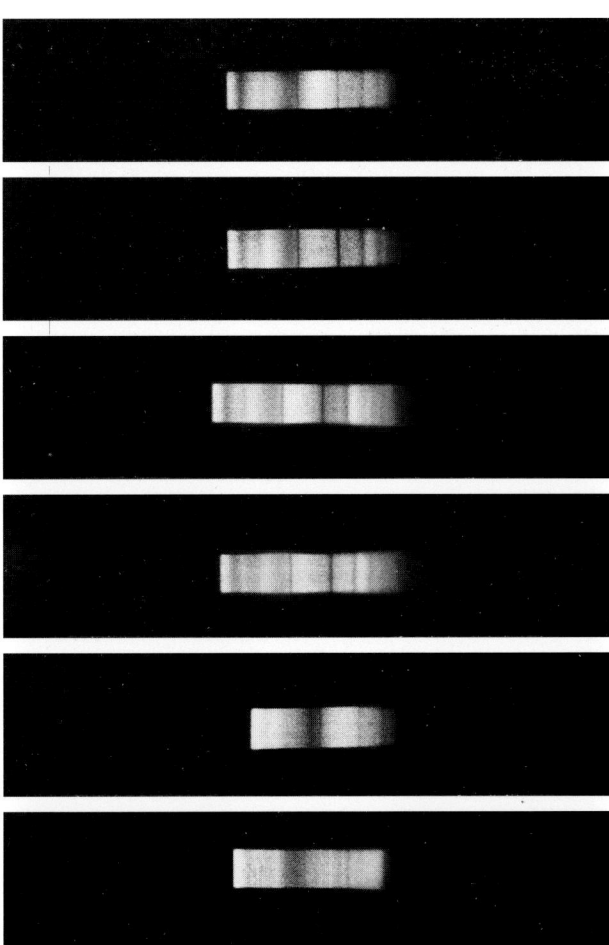

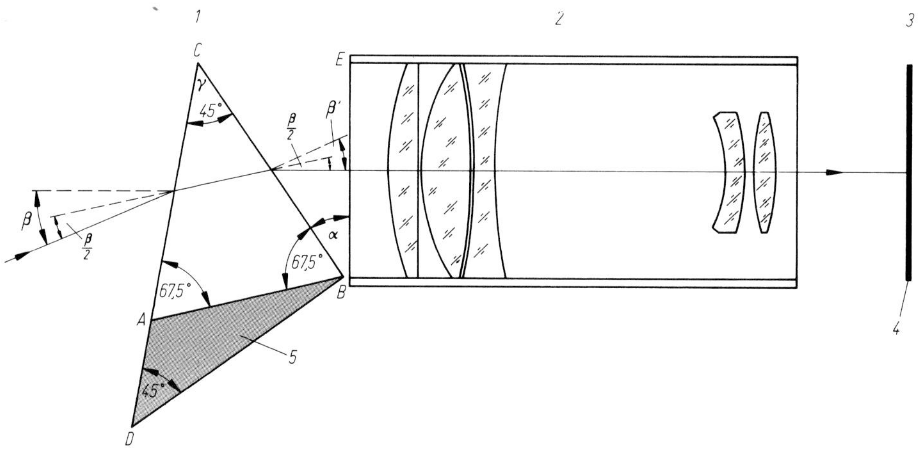

$$\beta = 2\alpha - \gamma$$

Bild 3.2. Strahlengang und Neigung in einem Objektivprisma
1 – Prisma; 2 – Objektiv; 3 – Kamera; 4 – Film oder Platte; 5 – optisch unwirksames Prismenteil

erhalten wir einen Wert von 26,2°, der die gesamte Lichtablenkung angibt.

Infolge der großen Entfernung der Himmelskörper treten die Lichtstrahlen nahezu parallel in das Prisma ein. Unser Spektrograph benötigt dadurch keine Kollimatorlinse. Die Entstehung des Spektrums ist in Bild 3.3 an einem Reflexionsprisma (Zenitprisma) ersichtlich. Das Objektivprisma gestattet ein gleichzeitiges Spektrographieren der helleren Sterne, die vom Teleobjektiv erfaßt werden. Das beschriebene Kronglasprisma ist als sogenanntes Zenitprisma erwerbbar. Die Dispersion ist aber relativ gering, so daß nur verhältnismäßig wenig Absorptionslinien abgebildet werden. Trotzdem ist es besonders für die Schulastronomie zu empfehlen. Eine größere Dispersion besitzt das stärker dispergierende Flintglasprisma. Ebenso sind Prismen aus Quarzglas mittlerer Dispersion und hoher UV-Durchlässigkeit sehr gut geeignet. Die Länge des Spektrums auf dem Negativ ist abhängig von der Brennweite des Objektivs, des Spektraltyps und der Dispersion des Prismas.

Die Größe des Prismas muß mit dem Durchmesser des Objektivs abgestimmt werden. Damit kein Licht verschenkt wird, soll die Länge der Kanten etwa dem

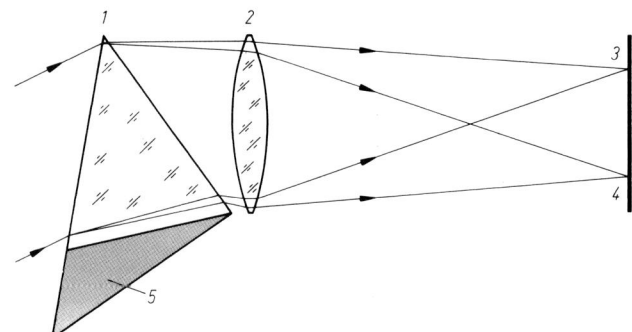

Bild 3.3. Entstehung des Spektrums in einem Objektivprismenspektrographen
1 – Prisma; 2 – Objektiv; 3 – Rot; 4 – Violett; 5 – optisch unwirksames Prismenteil

Durchmesser des Objektivs entsprechen. Die Spektren der Bilder 3.1.a ... f wurden mit dem Teleobjektiv Orestegor 4/200 in Verbindung mit einem Reflexionsprisma von 40 mm Kantenlänge (ausgebautes Zenitprisma) aufgenommen. Die Herstellung der Prismenhalterung ist mit geringem materiellen Aufwand realisierbar. Bild 3.4 zeigt eine vom Autor ausgeführte Konstruktion.

Die Hauptbestandteile der Prismenhalterung sind ein

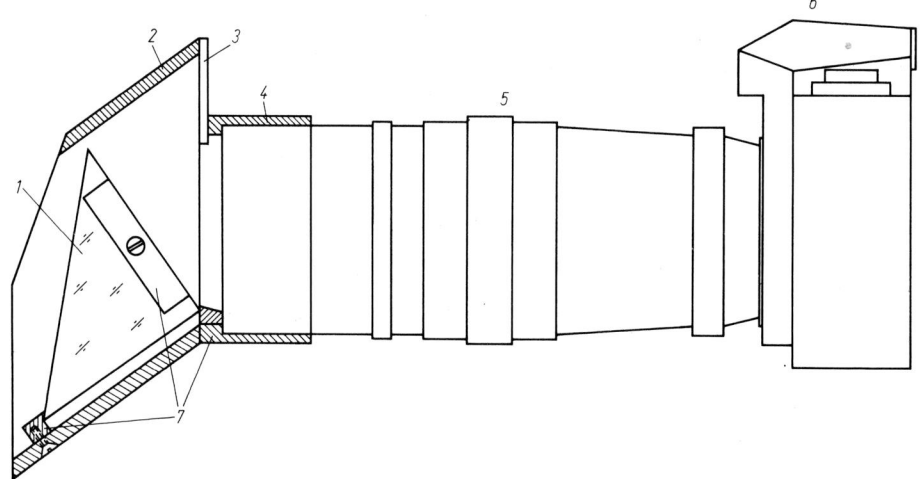

Bild 3.4. Objektivprismenhalterung
1 – Prisma; 2 – Gehäuse aus Rohrmaterial; 3 – aufgeklebte Kappe; 4 – Adapterring; 5 – Teleobjektiv: Orestegor 4/200; 6 – Kleinbildkamera; 7 – Arretierungsteile

Adapterring, der aus Novotex gedreht wurde, und das Gehäuse für das Prisma. Das Rohrmaterial des Gehäuses ist ebenfalls aus Novotex und wurde an beiden Enden schräg abgesägt. Die geforderte Winkelgenauigkeit erhält man durch nachträgliches Feilen, Schleifen und Schaben. Beide Teile sind mit Epoxidharz-Klebstoff miteinander verbunden und innen mit Wandtafelfarbe geschwärzt (Streulichtreduzierung). Im Gehäuse befinden sich noch zusätzliche Arretierungsteile, welche eine unerwünschte Lageveränderung des Prismas im Rohrkörper verhindern. Natürlich können auch andere leichte Materialien, wie Aluminium, Holz oder PVC, verwendet werden. Die Montage einer Objektivprismenanlage ist auf verschiedene Weise möglich. Eine Variante zeigt Bild 3.5 am Schulfernrohr 63/840 Telementor. Der Vorteil besteht in der kurzen Montage- und Justierzeit am Gegengewicht der parallaktischen Montierung T. Die Kamera wird durch eine Fotoreduzierschraube oder Fototaschenschraube mit dem Stahlwinkel (5-mm-Bandstahl) verbunden. Bei diesem Objektiv der Brennweite von 200 mm ist die Befestigung direkt an der Kamera noch möglich, ohne daß sich Durchbiegeerscheinungen zeigen.

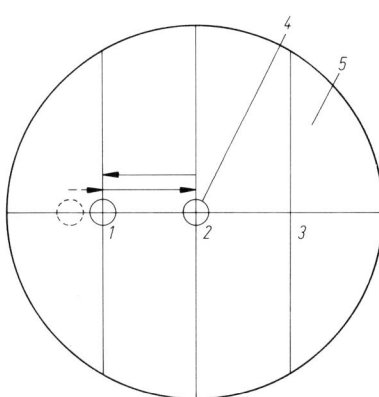

Bild 3.6. Verbreitern des fadenförmigen Spektrums durch Hin- und Herbewegung des defokussierten Sterns in Rektaszension. 1 bis 3 – in Nordsüd-Richtung orientierte Fäden im Kontrollokular; 4 – defokussierter Stern; 5 – Sehfeld des Okulars

Bild 3.5. Befestigung der Objektivprismenanlage am Gegengewicht der parallaktischen Montierung T
1 – Kleinbild-Spiegelreflexkamera; 2 – Drahtauslöser; 3 – Teleobjektiv 4/200; 4 – Objektivprisma; 5 – Schulfernrohr 63/840; 6 – parallaktische Montierung T; 7 – Gegengewicht; 8 – Kamera-Haltewinkel; 9 – Fototaschenschraube

Die Herstellung der Aufnahme geschieht folgendermaßen:
Nachdem das Teleobjektiv auf die Markierung „∞" und auf den kleinsten Blendenwert eingestellt wurde, können wir im Leitfernrohr das Aufnahmeobjekt einstellen, das heißt, der Stern wird im defokussierten Zustand auf den horizontalen Faden des Fadenkreuzes bewegt. Für die Beobachtungslage ist es von großem Vorteil, wenn das Fadenkreuzokular mit einem Zenitprisma oder einem Okularrevolver 4- bzw. 5fach gekoppelt wird. Das Kontrollokular kann mit einem einfachen Strich- oder Fadenkreuz versehen werden. Wesentlich besser, wie wir noch sehen werden, ist ein Fadenkreuz mit zwei oder drei senkrechten Fäden oder ein Okularschraubenmikrometer (Bild 3.6). Das Bild des eingestellten Sterns wird sich zunächst erst einmal von den Fäden des Fadenkreuzes fortbewegen, das heißt, wir drehen das Kontrollokular so lange in der Okularsteckhülse, bis die Lage des horizontalen Fadens mit der Bewegungsrichtung des Sterns übereinstimmt. Als Kontrollokular eignen sich besonders orthoskopische Steckokulare von 25, 16, 12,5 und 10 mm Brennweite. Jeder Spektrograph erzeugt ein fadenförmiges Spektrum, welches nachträglich „auseinandergezogen" werden muß. In unserem Fall geschieht dies mit der täglichen scheinbaren Bewegung des Sternhimmels, der Feinbewegung und dem Kontrollokular. Bevor die Belichtung beginnt, kontrollieren wir die Lage des fadenförmigen Spektrums im Kamerasucher. Durch Verstellen des Gegengewichts bzw. der Kamera auf dem Haltewinkel gelangt das Spektrum in die Mitte des Kamerasuchers. Danach erfolgt die Orientierung des Spektrums nach dem Stundenwinkel, das heißt, wir drehen den Adapterring mit dem Prismengehäuse um einen bestimmten Betrag um die optische Achse des Teleobjektivs. Wenn sich beim Betätigen der Feinbewegung im Stundenwinkel das Spektrum senkrecht zur Dispersionsrichtung bewegt, ist unser Objektivprisma richtig orien-

tiert (Bild 3.7). Eine entsprechende Markierung auf dem Teleobjektiv und dem Adapterring erleichtert die Orientierung des Prismas für weitere Aufnahmen. Die Belichtung wird folgendermaßen durchgeführt:

Wir bewegen das Bild des Leitsterns (und damit zugleich des Aufnahmeobjekts) auf dem waagerechten Faden in die Nähe des ersten Fadenkreuzschnittpunkts, etwa 1 bis 2 Sternscheibchendurchmesser entfernt (Bild 3.6). Infolge der täglichen scheinbaren Bewegung nähert sich das Bild des defokussierten Sterns dem ersten Fadenkreuzschnittpunkt. Die Belichtung beginnt, wenn es sich im ersten Schnittpunkt befindet. Wir lassen es nun bis zum zweiten Schnittpunkt laufen. Die Distanz der beiden Fadenkreuzschnittpunkte ergibt die Breite des Spektrums.

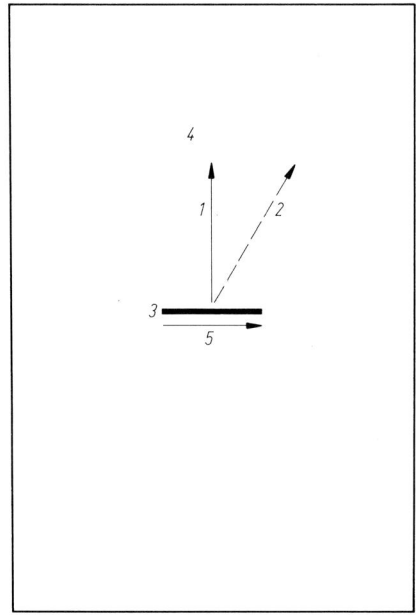

Bild 3.7. Orientierung des fadenförmigen Spektrums im Kamerasucher nach dem Stundenwinkel
1 – richtige Bewegung des Spektrums im Stundenwinkel;
2 – falsche Bewegung des Spektrums; 3 – fadenförmiges Spektrum;
4 – Sehfeld des Kamerasuchers; 5 – Dispersionsrichtung

Je größer die Distanz, desto breiter das Spektrum. Bei hellen Sternen, z. B. der Wega, genügt im allgemeinen die einmalige Bewegung vom ersten zum zweiten oder dritten Schnittpunkt. Schwach leuchtende Sterne erfordern eine mehrmalige Hin- und Herbewegung des Leitsternbildes. Die Rückführung kann mit der Feinbewegung geschehen. Es ist auch möglich, mit einem kurzbrennweitigen Okular (z. B. $f = 10$ mm) und nur einem waagerechten Faden zu arbeiten. Das Bild des Sterns bewegt sich dann von der einen Seite der Sehfeldbegrenzung zur anderen.

Die Belichtungszeit ist durch Versuchsaufnahmen zu ermitteln. Je kleiner die Distanz gewählt wird, desto größer ist die Reichweite bei gleicher Belichtungszeit. Lassen wir eine Zeitdistanz von 20 s von einem Stern fünfmal durchlaufen, so ergibt das bei gleicher Bewegungsgeschwindigkeit eine Gesamtbelichtungszeit von 100 s. Entspricht eine Zeitdistanz 50 s, dann beträgt die Gesamtbelichtung 250 s. Mit der 2,5fachen Mehrbelichtung erzielen wir aber keine größere Reichweite, sondern nur ein breiteres Spektrum. Es ist besonders bei schwach leuchtenden Sternen nicht empfehlenswert, ein übertrieben breites Spektrum herzustellen, da mit einer extrem langen Belichtungszeit und einem stärker hervortretenden Himmelshintergrund in Form von Schleierbildung gerechnet werden muß. Schwache Spektren weisen dann wenig Kontrast auf und können unbrauchbar werden. Die Breite des Spektrums auf dem Negativ soll so gewählt werden, daß die Linien gut erkennbar sind, d. h. etwa zwischen 0,5 mm und 1 mm. Die dazugehörige Länge der Distanz zwischen zwei Fadenkreuzschnittpunkten in Abhängigkeit von der Leitfernrohr-Optik ermittelt man am besten durch Versuche selbst. Bei der Betrachtung der Spektren auf den Bildern 3.1.a … f können wir feststellen, daß im langwelligen Teil wenig Linien im Vergleich zum kurzwelligen Teil vorhanden sind. Langwellige Strahlung ist energieärmer als kurzwellige. Das Prisma hat die Eigenschaft, die langwellige rote Strahlung schwächer zu brechen. Stärker gebrochen wird der kurzwellige blaue Anteil. Die Dispersion ist im blauen Bereich des Spektrums größer. Das Auflösungsvermögen nimmt von Rot nach Blau zu. Je älter die Sterne, desto kühler sind sie im allgemeinen. Das äußert sich auch in ihrer Strahlung. Bei Sternen der frühen Spektralklassen O-B-A liegt der Wellenlängenbereich der maximalen Ausstrahlung im kurzwelligen Bereich. Sterne der späten Spektralklassen K-M und die Nebenfolgen strahlen maximal im langwelligen Bereich. Diese unterschiedlichen Strahlungsmaxima in Abhängigkeit vom Spektraltyp äußern sich in ungleich langen Spektren bei annähernd gleich hellen Sternen. Die Absorptionslinien der frühen A-Sterne, Balmerlinien des neutralen Wasserstoffs, sind in den Spektren kontrastreich zu erkennen. Zwischen dem langwelligen Bereich (linkes Gebiet auf den Spektralaufnahmen) und dem mittleren Abschnitt kann man in einem Wellenlängenbereich von etwa 490 bis 555 mm ein relativ breites dunkles Gebiet erkennen. Für diesen grünen Bereich des Spektrums ist das panchromatische und superpanchromatische Filmmaterial weniger empfindlich. Dies äußert sich im Spektrogramm der Emulsion in einer sogenannten Grünlücke.

3.1.1. Die Dispersion des Objektiv-Prismenspektrographen

Die Dispersion (lat. Zerstreuung) in nm/mm oder Å/mm können wir mit der Dispersionskurve grafisch ermitteln. Die Grundlage bildet eine etwa 4 … 14fach vergrößerte Kopie des Spektrums eines frühen A-Sterns mit scharfen

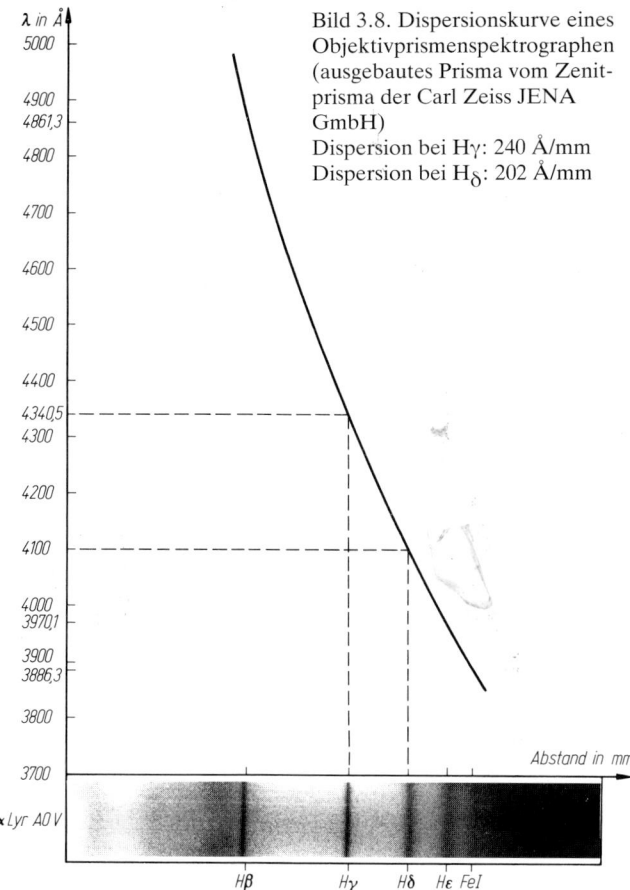

Bild 3.8. Dispersionskurve eines Objektivprismenspektrographen (ausgebautes Prisma vom Zenitprisma der Carl Zeiss JENA GmbH)
Dispersion bei Hγ: 240 Å/mm
Dispersion bei Hδ: 202 Å/mm

der Abszisse entsprechen 1 mm auf dem Negativ. Der Objektiv-Prismenspektrograph, mit dem die Bilder 3.1.a ... f hergestellt wurden, hat bei Hγ eine Dispersion von 240 Å/mm und bei Hδ von 202 Å/mm.

3.2. Spaltloser Prismenspektrograph

In der Astronomie für wissenschaftliche Forschungen sind die Spektrographen mit einem schmalen Spalt in der Brennebene des Fernrohrs ausgestattet. Dieser verhindert das „Verschmieren" des Spektrums. Unter amateurgemäßen Arbeitsbedingungen ist ein Spalt nicht unbedingt erforderlich. Bild 3.9 zeigt das optische Prinzip eines spaltlosen Prismenspektrographen in Verbindung mit dem Fernrohr. Die optische Anordnung in Bild 3.9 ergibt insgesamt aufgrund der plankonkaven Kollimatorlinse nach dem Brennpunkt eine kurze Baulänge. Der Kollimator parallelisiert das vom Fernrohrobjektiv erzeugte Lichtbündel, das anschließend vom Prisma nach Wellenlängen zerlegt wird. Das Kameraobjektiv sammelt das vom Prisma unterschiedlich gebrochene Licht auf dem Film. Mit einem austauschbaren Kameraobjektiv ist es möglich, unterschiedlich lange Spektren zu erzeugen. Optimal ist eine komplette klein- oder mittelformatige Kamera mit Wechselobjektiven. Der Spektrograph kann an einen Refraktor oder Reflektor montiert werden. Gute Ergebnisse sind besonders mit lichtstarken Newtonteleskopen gewonnen worden.

Spaltlose Spektrographen haben den Vorteil großer Reichweite. Spektren heller Sterne sind bereits visuell erkennbar. Spektrographen in Verbindung mit einem Fernrohrobjektiv reagieren im Vergleich zu den Objektiv-Prismenspektrographen wegen der größeren Brennweite empfindlicher auf Luftunruhe. Die Verbreiterung des fadenförmigen Spektrums geschieht mit der bereits beschriebenen Methode.

Unser Prismenspektrograph kann auch mit einer bikon-

Spektrallinien. Dieses Spektrum wird an die Abszissenachse eines Koordinatensystems angelegt. Auf der Ordinatenachse sind die Wellenlängen abgetragen. Die Wellenlängen der Spektrallinien können in einem Spektraltabellenbuch aufgesucht werden. Für jede Spektrallinie erhalten wir einen Punkt im Koordinatensystem. Durch Verbindung der einzelnen Punkte miteinander entsteht die Dispersionskurve (Bild 3.8) unseres Objektiv-Prismenspektrographen. Zum Wert der Dispersion und seiner Ermittlung: Man gibt ihn größtenteils für einen bestimmten Wellenlängenbereich an. Die Dispersion ist in verschiedenen Wellenlängenbereichen bei einem Objektivprisma unterschiedlich. Oft wird sie im Bereich der Hγ-Linie angegeben. Wir suchen auf der 8fach vergrößerten Kopie, die für die Erarbeitung der Dispersionskurve genutzt wurde, die Hγ-Linie der Balmerlinien des neutralen Wasserstoffs auf. Diese Linien sind besonders bei A-Sternen kontrastreich vorhanden. Vom Schwerpunkt (schwärzester Punkt der Spektrallinie), der Hγ-Linie, tragen wir beiderseits je 4 mm auf der Abszissenachse ab und errichten die Senkrechten bis zur Dispersionskurve. Von den zwei entstandenen Schnittpunkten wird jetzt das Lot auf die Ordinatenachse gefällt. Der Abschnitt zwischen den Schnittpunkten auf der Ordinate entspricht annähernd der Dispersion unseres Objektiv-Prismenspektrographen. Die abgetragenen 8 mm auf

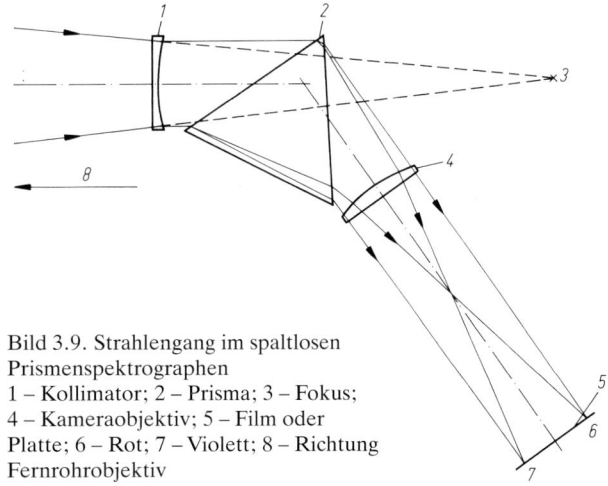

Bild 3.9. Strahlengang im spaltlosen Prismenspektrographen
1 – Kollimator; 2 – Prisma; 3 – Fokus; 4 – Kameraobjektiv; 5 – Film oder Platte; 6 – Rot; 7 – Violett; 8 – Richtung Fernrohrobjektiv

Bild 3.10, 3.11, 3.12. Absorptionsspektren, gewonnen mit einem Objektivprismenspektrographen
Prisma: ausgebautes Prisma vom Zenitprisma der Carl Zeiss JENA, Objektiv: 4/200, Kamera: Kleinbild-Spiegelreflexkamera, Blendenzahl: 4, Leitfernrohr: 130/1950, Leitokular: orthoskopisches Okular $f = 25$ mm

Bild	Objekt	Spektrum	Visuelle Größe	Datum	Zeit MEZ	Belichtungszeit in s	Film
3.10.	Sirius	A 0	$-1^{\mathrm{m}}43$	12.3.1983	20.30	240	UT 20
3.11.	Wega	A 0	$0^{\mathrm{m}}04$	25.9.1986	21.30	720	UT 23
3.12.	Jupiter	Sonnenspektrum	$-2^{\mathrm{m}}4$	25.9.1986	22.30	600	UT 23

Das Jupiter-Spektrum wurde mit Brennweitenverlängerung durch Konverter 2fach hergestellt.

vexen Kollimatorlinse ausgestattet werden. Sie ermöglicht die Montage eines Spalts im Fokus des Fernrohrobjektivs. Wir können somit helle flächenhafte Objekte beobachten. Allerdings wird die Baulänge größer.

Im Vergleich zur Spektroskopie wissenschaftlicher Einrichtungen sind unter Amateurbedingungen selbstverständlich bescheidenere Spektralaufnahmen zu erwarten. Das Hauptanliegen der Amateurspektroskopie besteht in dem Erkennen wichtiger Probleme astrophysikalischer und optischer Natur sowie der Weiterverbreitung astronomischen Wissens. Der Amateur kann mit dieser interessanten Tätigkeit seine Freizeit sinnvoll nutzen.

Mit den erreichbaren Dispersionen bis etwa 100 Å/mm ergeben sich neben der Identifikation der einzelnen Spektrallinien und der Klassifikation des Spektraltyps für den Amateurastronomen interessante Aufgaben. So lassen sich mit Objektivprismenkameras bei Dispersionen um etwa 1500 Å/mm Novae und helle planetarische Nebel (z. B. M 57) gut untersuchen. Weitere Beobachtungsmöglichkeiten bieten die Pulsationsveränderlichen (periodische Veränderung des Spektrums). Auch die Erarbeitung eines Spektralatlasses ist für den Amateur kein unerreichbares Ziel.

Welches Filmmaterial wird in diesem Bereich der Amateurastronomie bevorzugt eingesetzt? Spektren können wir auf Schwarzweiß- und Colormaterial gewinnen. Im allgemeinen muß die Filmempfindlichkeit hoch sein, weil eine punktförmige Lichtquelle (Stern) zu einem flächenhaften Spektrum auseinandergezogen wird. Außerdem erscheinen die meisten Sterne verhältnismäßig lichtschwach. Somit eignen sich besonders gut ein superpanchromatisch sensibilisierter hochempfindlicher Schwarzweiß-Negativfilm und ein panchromatischer Film mittlerer Empfindlichkeit. Für die Filmentwicklung ist ein Feinstkornentwickler oder hart arbeitender Entwickler einsetzbar. Panchromatische Filme mittlerer Empfindlichkeit können bei hellen Sternen (Sirius, Wega, Arktur usw.) verwendet werden. Auch die handelsüblichen Colorfilme sind in der Spektrographie verwendbar. Sie müssen nicht unbedingt selbst entwickelt werden. Bei Verwendung von Farbumkehrfilmen für Aufnahmen bei Tageslicht erhalten wir Diapositive, die bei richtiger Belichtung die Absorptionslinien vor dem Kontinuum zeigen (Bilder 3.10, 3.11 und 3.12). Der große Vorteil besteht u. a. auch darin, daß diese Dia-Spektren, analog zu Schwarzweiß-Spektren, durch Projektion von Schülergruppen und Arbeitsgemeinschaften gemeinsam gut ausgewertet werden können.

4. Kometenfotografie

Kometen (griech.: Haarsterne) sind Himmelskörper mit besonderen Eigenschaften. Sie bewegen sich gegenüber anderen Himmelskörpern relativ schnell an der scheinbaren Himmelskugel. In der Nähe der Sonne können sie z. T. zu einem optisch und fotografisch reizvollen Beobachtungsobjekt werden. In großen Entfernungen von der Sonne erscheinen sie wie ein diffuses, sternförmiges Objekt und sind somit für den Amateur fotografisch unerreichbar. In diesem Bahnbereich befinden sich die Gase der Koma im gefrorenen Zustand. Die festen meteoritischen Teile des Kometenkerns sind in den Gasen eingefroren. Der Komet leuchtet in großen Distanzen zur Sonne nur im reflektierten Sonnenlicht. Ein Schweif ist nicht vorhanden. Bei Annäherung an die Sonne beginnt ein Verdampfungsprozeß der gefrorenen Gase. Es bildet sich um den festen Kern eine Gashülle, die Koma, welche zum größten Teil aus Gasen mit einem geringfügigen Anteil an Staub besteht. In Sonnennähe kann ein Komet einen ausgedehnten Schweif erzeugen, das heißt, infolge des Sonnenwindes und der elektromagnetischen Strahlung werden Gase und geringe Mengen an Staub aus der Koma hinausbefördert. Der Schweif kann aus einem Gasschweif (gradlinig verlaufender Hauptschweif) und einem zum Teil gebogenen Staubschweif bestehen. Das Leuchten des Kometenkopfes (Kern und Koma) in Sonnennähe setzt sich aus einem Reflexionsleuchten des Kerns und dem Emissionsleuchten der Koma zusammen. Auch der Schweif leuchtet im emittierten und reflektierten Licht. Kometen sind nicht oft zu sehen, so daß man sich in Geduld üben muß, ehe man Gelegenheit

dazu hat. In einem Jahr lassen sich durchschnittlich zehn Kometen beobachten, von denen etwa drei für amateurgemäße Bedingungen in Frage kommen. Um einen neu erscheinenden Kometen zeitig beobachten zu können, nutzt man am besten sogenannte Ephemeriden. In der astronomischen Anwendung versteht man darunter vorausberechnete tabellarische Zusammenstellungen, aus denen sich die Koordinaten des jeweiligen Objekts zum jeweiligen Zeitpunkt ablesen lassen. Solche Zusammenstellungen können unter anderem in zahlreichen Sternwarten eingesehen werden.

4.1. Aufnahmeinstrumente

Die Wahl des Aufnahmeinstruments hängt zunächst einmal von der Zielstellung ab. Prinzipiell können für die Kometenfotografie Objektive von 20 mm bis etwa 1000 mm Brennweite eingesetzt werden (Bilder 4.1, 4.2). Auch längere Brennweiten mit entsprechend großem Öffnungsverhältnis sind verwendbar (Bild 4.3). Für Gesamtaufnahmen eines Kometen benötigt man, je nach Schweiflänge, kurze oder mittlere Brennweiten. Als gut geeignet erweisen sich lichtstarke Normalobjektive (z. B. 1,4/50, 1,8/50, 2,8/50) oder Astro-Kameras (z. B. 56/250, 71/250).
Aufnahmeobjektive langer Brennweiten und somit größerer Abbildungsmaßstäbe erweisen sich bei hellen schweiflosen Kometen als günstig. Die Struktur des

Bild 4.1. Komet Honda (1968c) am 16. 9. 1968
Objektiv: 60/270, Belichtung: 20.10–20.55 Uhr MEZ, Blendenzahl: 4,5, Platte: ZU 1, elektrische Nachführung, Negativentwicklung: M-H 28, 1 + 5, 6 min bei 20 °C, Fotopapier: normal, weiß, glänzend, Aufnahme: H. J. Nitschmann. Die helle Strichspur ist der Stern 103 im Sternbild Herkules.

Bild 4.2. Komet Bennett (1969i) am 12. 4. 1970
Objektiv: 56/250, Belichtung: 02.00–02.25 Uhr MEZ, Blendenzahl: 4,5, Platte: ZU 1, elektrische Nachführung, Negativentwicklung: M-H 28, 1 + 5, 7 min bei 20 °C, Fotopapier: hart, weiß, Aufnahme: H. J. Nitschmann

Bild 4.3. Komet West (1975n) am 4. 3. 1976
Objektiv: 500/2500/7500 Cassegrain-Spiegel, Belichtung: 05.36–05.44 Uhr MEZ, Fokalaufnahme, 20-DIN-Film, elektrische Nachführung, Aufnahme: K. Friedrich (†)

benachbarten Sterne auf der Aufnahme Helligkeitsmessungen vorzunehmen. Die Ergebnisse können in einer Lichtkurve, welche die Helligkeitsentwicklung des Kometenkopfes in Abhängigkeit von der Zeit darstellt, festgehalten werden. Bei flächenhaften Kometenerscheinungen oder bei großen Abbildungsmaßstäben haben das Öffnungsverhältnis der Optik und die Himmelshintergrund-Helligkeit in bezug auf die Reichweite eine große Bedeutung. Zu empfehlen sind Öffnungsverhältnisse um 1:6; Newton-Spiegelteleskope mit kurzen Brennweiten sind deshalb gut einsetzbar.

4.2. Nachführung

Bei Komentenaufnahmen ist eine Nachführung, analog zu den Sternfeldaufnahmen, nicht in jedem Fall notwendig.
Helle Objekte, wie der Komet West 1975n, können mit einer feststehenden Kamera und einem lichtstarken Nor-

Bild 4.4. Komet Halley (1910 II) am 2. 1. 1986
Objektiv: 110/750 (Fokalaufnahme, Belichtung: 17.48–18.03 Uhr MEZ, Blendenzahl: 6,8, 27-DIN-Film, Leitfernrohr: 130/1950, Leitokular: orthoskopisches Okular $f = 10$ mm, elektrische Nachführung nach dem Kometenkopf, Negativentwicklung: Feinkornentwickler A 03, 8 min bei 20 °C, Fotopapier: normal, weiß, glänzend

Kometenkopfes wird dadurch besser sichtbar (zum Beispiel eventuelle Kernteilung, Lichtausbrüche usw.). Die Beobachtung der Helligkeit ist mit Objektiven kleiner Brennweiten im weißen Licht gut möglich.
Kern und Koma werden größtenteils sternförmig abgebildet. Dadurch besteht die Möglichkeit, mit Hilfe der

malobjektiv fotografiert werden. Die Belichtungszeit des Kometen West lag, in Abhängigkeit von Aufnahmeoptik und Emulsion, zum Teil im Bereich weniger Sekunden. Kometen verändern im Vergleich zu den Sternen relativ schnell ihre scheinbare Position am Himmel. Ihre Bahnneigung zur Ekliptik ist sehr unterschiedlich. In der Literatur sind gelegentlich Aufnahmen von Kometen zu sehen, auf denen sich die Sterne als wellenförmige Strichspuren erkennen lassen (Bild 4.1 und 4.5). Bei diesen Aufnahmen wurde entsprechend der Bahn des Kometen nachgeführt, das heißt, des öfteren in Rektaszension und Deklination korrigiert. Die Notwendigkeit der Korrektur wird an einem Fadenkreuz im Kontrollokular erkannt. Auf diesem Fadenkreuz befindet sich

Bild 4.5. Komet Bradfield (1987s) am 9. 12. 1987 im Sternbild Vulpecula ($m_v = +6\overset{m}{.}1$)
Objektiv: 110/750 (Fokalaufnahme), Belichtung: 17.35–18.18 Uhr MEZ, Blendenzahl: 6,8, 27-DIN-Film, Leitfernrohr: 130/1950, Leitokular: orthoskopisches Okular $f = 10$ mm, elektrische Nachführung nach dem Kometenkopf, Negativentwicklung: Feinkornentwickler A 03, 9 min bei 20 °C, Fotopapier: normal, weiß

während der Belichtung das Abbild des Kometenkopfes. Eine Dunkelfeldbeleuchtung in einem kurzbrennweitigen Fernrohr mittlerer Öffnung (z. B. Kometensucher 80/500) erleichtert das Nachführen. Bei relativ langsamen Kometen und kurzen Aufnahmebrennweiten kann nach einem Stern in der näheren Umgebung des Kometen nachgeführt werden. Die Verfahrenstechnik ist die gleiche wie bei nachgeführten Sternfeldaufnahmen.

4.3. Kometenbeobachtung im monochromatischen Licht

Dieses Beobachtungsverfahren verlangt etwas mehr Aufwand, und zwar in Form von Filtern, der sich aber in einer großen Informationsausbeute niederschlägt. Kometen sind größtenteils lichtschwache Objekte, deren Helligkeit noch zusätzlich durch den relativ hellen Himmelshintergrund über dem europäischen Raum scheinbar reduziert wird. Es gibt nur noch wenige Gebiete mit einer äußerst geringen Himmelshintergrund-Helligkeit, in denen sich Amateur-Beobachtungsstationen befinden. Eine Lösung des Problems ergibt sich mit der Beobachtung im monochromatischen Licht, das heißt, in einem schmalen definierten Wellenlängenbereich des Spektrums. Wir erhalten damit die Möglichkeit, das Auftreten bestimmter Moleküle zeitlich zu verfolgen und

physikalische Vorgänge im Kometen fotografisch zu erkennen.

Monochromatische Aufnahmen erhält man durch Filteranwendung. Sie erfordert eine Verlängerung der Belichtungszeit und ein lichtstarkes Fernrohr. Unter Berücksichtigung der Filterdurchmesser (oft Außendurchmesser von 55 mm) sind Teleobjektive mittellanger Brennweiten (etwa bis 200 mm) zu empfehlen.

Empfehlenswert ist ein Metallinterferenzfilter (IF). Die Wirkungsweise beruht auf der Interferenz des Lichts und ist winkelabhängig. Das Licht des Kometen muß das Filter, welches vor dem Objektiv befestigt wird, lotrecht passieren. Ist dies nicht der Fall, zum Beispiel bei großen ausgedehnten Kometen, so verschiebt sich das Durchlaßmaximum des Filters nach kürzeren Wellenlängen. Wir müssen also die Kamera um einen geschätzten Betrag, welcher durch Versuche ermittelt werden kann, schwenken und Teilaufnahmen des Kometen herstellen. Je nach der Lage des gewünschten Durchlaßmaximums erhalten wir Aufnahmen in verschiedenen schmalen Wellenlängenbereichen. Wichtige Kometenemissionen sind (in Nanometer): 588,9 (Na I); 563,5 (C_2); 514,0 (C_2); 470,0 (C_2) 425,0 (CO_2); 421,6 (CN); 405,0 (C_3); 388,3 (CN); 335,7 (NH); und 309,3 (OH). Starke Intensitäten haben die Emissionen von CN um 388,3 nm und die Banden des C_2 um 473,7, 516,5 und 563,5 nm.

Die maximale Transmission (maximaler Durchlaßbereich) des Interferenzfilters soll mit der Emission des Kometen im gewählten Wellenlängenbereich übereinstimmen oder im Bereich der Halbwertsbreite liegen.

Die hellen Emissionen des molekularen Kohlenstoffs C_2 im Kometenschweif sind auch mit einem vor dem Okular eingefügten Interferenzfilter (z. B. Swan Band Kometenfilter oder Deep Sky Filter) fotografisch erfaßbar. Dabei wird die Emission des C_2 bei einer Wellenlänge von 514 nm zu über 90 % durchgelassen. Swan Band Kometenfilter setzt man am besten in lichtverschmutzten Himmelsgebieten vor allem bei Kometen mit ausgeprägtem Gasschweif ein. Als Aufnahmematerial empfiehlt sich der panchromatische Schwarzweißfilm Kodak TP 2415 (auch hypersensibilisiert). Farbfilme mittlerer und hoher Empfindlichkeit, wie z. B. der Farbdiafilm Fujichrome P 1600 D, finden ebenfalls Verwendung.

Großen Wert haben monochromatische Kometenfotografien, die simultan mit mehreren Objektiven gleicher optischer Daten in verschiedenen Wellenlängenbereichen aufgenommen wurden. Eine solche „Multispektralkamera" kann sich auch der Amateur bauen. Die Brennebenen der einzelnen Objektive werden auf je eine Platte oder auf eine gemeinsame größere Platte gerichtet, wobei die Strahlengänge untereinander optisch abgeschirmt sind. Im letztgenannten Falle hat man den Vorteil, jeweils nur eine Platte entwickeln zu müssen. Die Objektive werden mit einer Haltevorrichtung für verschiedene Interferenzfilter versehen.

Das Leuchten eines Kometen in unterschiedlichen Wellenlängenbereichen ist auch mit Farbglasfiltern fotografisch beobachtbar. Der staubförmige Anteil des Kometen strahlt größtenteils im gelben Licht, welches zum Beispiel mit einem Filter GG 5 auf handelsüblichem panchromatischen Material aufgenommen werden kann. Die Emission des gasförmigen Anteils liegt hauptsächlich im blauen Bereich, welcher mit unsensibilisiertem oder panchromatischem Aufnahmematerial und einem Filter BG 3 fotografisch erfaßbar ist. Diese Empfehlungen gelten vorzugsweise für hellere Kometen und lichtstarke Kameras. Die Intensität der verschiedenen Emissionen ist bei den Kometen unterschiedlich und ebenfalls zeitabhängig. Somit kann sich die Farbe der Gesamtstrahlung in Abhängigkeit von der Zeit ändern.

4.4. Spektrographische Beobachtung

Spektrale Untersuchungen geben uns einen Einblick in die chemische Zusammensetzung und den physikalischen Zustand des Kometen. Bei den größtenteils lichtschwachen Kometenerscheinungen sind spektrographische Beobachtungen in bezug auf die Reichweite mit einigen Schwierigkeiten verbunden. Sie erfordern lichtstarke Objektive und eine geringe Himmelshintergrund-Helligkeit. Analog zur Sternspektroskopie können Kometen auch mit Objektiv-Prismenspektrographen fotografisch beobachtet werden. Zu empfehlen sind Prismen höherer Dispersion, zum Beispiel Flint- oder Quarzglasprismen. Gute Ergebnisse erhalten wir bei Objektivbrennweiten von etwa 50 ... 200 mm. Es ist natürlich auch möglich, mit einem lichtstarken, langbrennweitigen Objektiv ein gut auswertbares Spektrum zu erhalten. Allerdings muß ein solches Objektiv wegen der großen freien Öffnung mit einem Prisma großer Kantenlänge versehen werden. Die Beschaffung eines solchen Prismas erfordert im allgemeinen einen größeren Zeit- und Kostenaufwand.

Ein Komet strahlt in Sonnennähe im reflektierten und emittierten Licht. Das schwache Kontinuum des Kometenkerns wird von einem Emissionsspektrum der Gase aus der Koma überlagert. Mit größeren Spektrographen sind Emissionslinien und Banden neutraler und ionisierter Atome und Moleküle erkennbar, wie der Elemente Natrium (Na), Kohlenstoff (C), Nickel (Ni), Eisen (Fe), der Hydroxyl-(OH-), Zyan-(CN-)Verbindungen, des Kohlendioxids (CO_2), Ammoniaks (NH_3) und des Kohlenwasserstoffs. Auch der Schweif zeigt sich mit einem kontinuierlichen und Emissionsspektrum. Das Emissionsleuchten des Gasschweifs beinhaltet ionisierte Moleküle: Kohlendioxid (CO_2^+), Hydroxylradikal (OH^+), Kohlenwasserstoff (CH^+), Kohlenmonoxid (CO^+) und das Element Stickstoff (N^+). Einige Kometen besitzen ausgedehnte Staubschweife, die ein kontinuierliches Spektrum zeigen. Wegen des relativ hellen Himmelshintergrunds über Europa und der größtenteils geringen Schweifhelligkeit sind Schweifspektren schwieriger aufzunehmen. Die Emissionsspektren haben wenige Linien mit großer Intensität. Diese Linien besitzen im Verhältnis zur Gesamtstrahlung einen großen Helligkeitsanteil, der sich in einer höheren Reichweite der Aufnahmeoptik relativ zu den Sternspektren bemerkbar macht. Bei Spektralaufnahmen des Kometenkopfs geschieht die Einstellung der Kamera auf die gleiche Weise wie in der Sternspektrographie. Die Einrichtung der Kamera für Schweifspektren ist etwas komplizierter. Wir müssen versuchen, die Dispersionsrichtung senkrecht zur Schweifrichtung einzustellen.

Hat man die Möglichkeit, mit einem lichtelektrischen Plattenphotometer das Spektrum auszuwerten, so kann eine Kurve der Intensitätsverteilung im Spektrum erarbeitet werden.

5. Mondfotografie

Zweifellos ist der Mond für den Anfänger, aber auch für den Fortgeschrittenen, ein interessantes Beobachtungsobjekt. Durch seine relativ geringe Entfernung von der Erde und das Fehlen einer nennenswerten Atmosphäre können wir die Oberfläche visuell und fotografisch sehr gut beobachten. Die fotografische Ausstattung ist unter anderem abhängig vom jeweils gestellten Ziel. Danach richtet sich größtenteils der aufnahmetechnische Aufwand.

5.1. Mondfotografie mit dem Teleobjektiv

Sternfreunde, welche an die Detailauflösung keine hohen Anforderungen stellen, können die auch sonst üblichen Teleobjektive verwenden. Infolge der gegenüber Astro-Fernrohren relativ kurzen Brennweiten erhalten wir kleine Negativdurchmesser des Mondabbildes. Die Aufnahmen müssen also entsprechend stark nachvergrößert werden. Feinkörniges Filmmaterial ist hier die Voraussetzung für die Aufnahme. Teleobjektive unter 400 mm Brennweite sind wegen des immer noch zu kleinen Mondbilddurchmessers (< 4 mm) nicht zu empfehlen. Besser einsetzbar ist schon ein 500-mm-Objektiv in Verbindung mit einem stabilen Fotostativ. Die größeren Krater werden damit bereits gut sichtbar abgebildet. Der Durchmesser des Mondbildchens auf dem Negativ beträgt etwa 5 mm. Eine Nachführung der Aufnahmeoptik ist in diesem Falle nicht unbedingt erforderlich. Die Belichtungszeit soll infolge der scheinbaren Bewegung des Mondes ¼ s nicht überschreiten. Der Fotograf muß versuchen, das Optimum der Auflösung durch die richtige Wahl der Belichtungszeit und Blende in Abhängigkeit von der Mondphase, der Höhe über dem Horizont und den atmosphärischen Bedingungen zu finden. Belichtungszeit und Blendenzahl ermittelt man am besten durch Versuchsaufnahmen. Eine zu kleine Blendenzahl ergibt größere Abbildungsfehler. Dagegen treten bei größeren Blendenzahlen (also geringeren Öffnungen) Beugungserscheinungen des Lichtes stärker hervor. Günstige Blendenwerte sind 8 bzw. 11.
Die Brennweite des Teleobjektivs können wir mit einem Zweifach-Konverter, welcher zwischen das Teleobjektiv und die Kamera geschraubt wird, verdoppeln (s. Abschnitt 5.2.2.3.). Die Lichtstärke reduziert sich dann auf ¼, so daß die Belichtungszeit das Vierfache betragen muß (z. B. beim Vollmond ¹⁄₁₂₅ auf ¹⁄₃₀ s). Zum Erzielen einer guten Bildschärfe blenden wir das Objektiv um ein bis zwei Blendenstufen ab. Der Wert der günstigsten Blendenzahl kann bei den einzelnen Objektiven ver-

schieden sein. Die Belichtungszeit verlängert sich dadurch weiterhin um ein bis zwei Belichtungsstufen. Bild 5.1 wurde mit einem Teleobjektiv Pentacon 5,6/500 hergestellt. Die Scharfeinstellung erfolgte im Mattscheibenringfeld des Suchers einer Spiegelreflexkamera. Damit die Erschütterungen infolge der schnellen Bewegung des Rückkehrspiegels die Bildschärfe nicht beeinträchtigen, belichten wir am besten mit der unter 6.3. erläuterten Hut-Methode. Die Erfahrung beweist aber, daß diese Art der Mondfotografie mit dem Teleobjektiv wegen der relativ geringen Detailauflösung auf die Dauer nicht befriedigt. Die folgenden Betrachtungen beziehen sich darum auf die Mondfotografie mit größerer Detailauflösung.

Bild 5.1. Der Mond am 3. 2. 1982, 18.50 Uhr MEZ
Objektiv: 5,6/500, Belichtungszeit: ¹⁄₆₀ s, Blendenzahl: 5,6, 20-DIN-Film, ohne elektrische Nachführung, Negativentwicklung: Feinstkornentwickler A 49, 11 min bei 20 °C, Fotopapier: normal, weiß, glänzend

5.2. Mondfotografie mit dem Fernrohr

Wir unterscheiden zwei Möglichkeiten der Fotografie des Mondes mit einer einäugigen Spiegelreflexkamera ohne Kameraobjektiv: die Fokal- und die Projektionsfotografie. Diese Verfahren finden bei den meisten handelsüblichen Amateurfernrohren Anwendung.

5.2.1. Fokalaufnahmen des Mondes

Fokalaufnahmen des Mondes können mit industriell gefertigten wie mit Eigenbau-Fernrohren gewonnen werden. Empfehlenswert sind hier Objektivbrennweiten ab etwa 800 mm. Wir erhalten auf dem Negativformat 24 mm × 36 mm das Gesamtbild des Mondes. Ganzaufnahmen des Vollmondes mit Brennweiten größer als 2300 mm verlangen eine mittel- bzw. großformatige Kamera. In der folgenden Tabelle sind die Fokalbild-Durchmesser in Abhängigkeit von der Objektivbrennweite (Beobachtungswerte) aufgeführt.

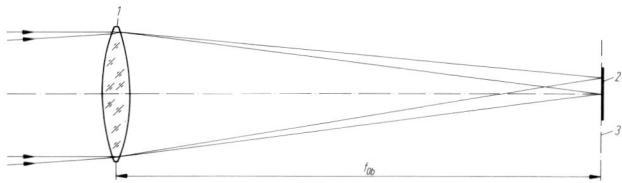

Bild 5.2. Strahlengang bei der Fokalfotografie
1 – Objektiv; 2 – Film oder Platte; 3 – Bildebene

Tab. 7. Brennweitenabhängige Fokalbilddurchmesser des Mondes

Objektivdurch-messer (mm)	Objektivbrenn-weite (mm)	Fokalbild-Durchmesser (mm)
50 (Refraktor)	540	4,9
63 (Refraktor)	840	7,8
80 (Refraktor)	1200	11,0
130 (Refraktor)	1950	18,0
200 (Cassegrain-Reflektor)	3000	27,5

Der Fokalbild-Durchmesser verändert sich infolge der elliptischen Bahn des Mondes um etwa 12 %. Das vom Fernrohrobjektiv erzeugte Bild wird ohne Zwischenschaltung einer zweiten Optik auf der Emulsion abgebildet. Die lichtempfindliche Schicht befindet sich also in der Brennebene des Aufnahmeobjektivs (Bild. 5.2). Hier entsteht ein reelles, seitenverkehrtes und „auf dem Kopf" stehendes Bild. Die Größe des Fokalbildes ist von der Brennweite f_{Ob} und dem Winkeldurchmesser α des Objekts abhängig:

$$d_F = f_{Ob} \cdot \tan \alpha.$$

d_F Fokalbilddurchmesser in mm
f_{Ob} Objektivbrennweite in mm
α Winkeldurchmesser des Objekts in Bogenminuten

Mit einem Amateurfernrohr 100/1000 erhalten wir einen Fokalbilddurchmesser des Mondes von $d_F = 1000$ mm $\cdot \tan 31' \approx 9$ mm. Die Befestigung der Kamera kann, analog zu den Fokalaufnahmen stellarer oder nebelförmiger Objekte, mit einem selbst hergestell-

ten oder handelsüblichen Zwischenring erfolgen (Bild 2.53.a). Dieser Zwischenring ermöglicht eine stabile Befestigung der Kamera am Okularauszug oder der Einstellfassung des Fernrohrs. Zu empfehlen ist eine Ringlänge von etwa 10 bis 20 mm. Die Herstellung eines solchen Rings dürfte für einen Mechaniker mit einer Drehbank kein allzugroßes Problem sein. Bild 5.3 zeigt die fotografische Anordnung für Fokalaufnahmen.

Die Belichtungszeit bei Fokalaufnahmen des Mondes ist im allgemeinen relativ kurz. Sie hängt ab vom Öffnungsverhältnis, der Filmempfindlichkeit, dem sogenannten Mondalter, der Höhe über dem Horizont und den atmosphärischen Verhältnissen. Deshalb können die Belichtungszeiten nur als Richtwerte angegeben werden. In der folgenden Tabelle sind Belichtungsrichtwerte für verschiedene Mondphasen bei einer Filmempfindlichkeit von 20 DIN angegeben.

Tab. 8. Belichtungswerte bei 20 DIN

	Schmale Sichel	Erstes Viertel	Voll-mond	Letztes Viertel	Schmale Sichel
Belich-tungs-zeit (s)	½	⅛	1/125 bis 1/500	⅛	½

Werden keine hohen Nachvergrößerungen vom Negativ gefordert, so können die relativ langen Belichtungs-

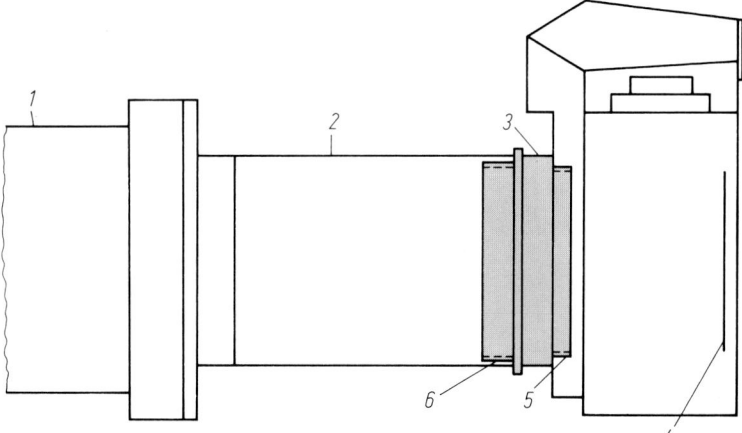

Bild 5.3. Befestigung einer Kleinbildkamera am Fernrohr
1 – Okularauszug; 2 – Zwischenstutzen;
3 – Zwischenring; 4 – Filmebene; 5 – Gewinde M 42 × 1 (Objektivanschlußgewinde);
6 – Gewinde M 44 × 1

Bild 5.4. Der Mond im Alter von 06^d 12^h am 6. 2. 1976
Objektiv: 200/1000/3000 Cassegrain (Fokalaufnahme), Belichtungszeit: ¹⁄₁₀ s, Blendenzahl: 15, 20-DIN-Film, elektrische Nachführung, Negativentwicklung: Feinstkornentwickler A 49, 10 min bei 20 °C, Fotopapier: extra-hart

zeiten bei den schmalen Mondsicheln mit hochempfindlichem Film entsprechend verkürzt werden. Die rechnerische Ermittlung der Belichtungszeit wird in Abschnitt 5.3. dargelegt. Bild 5.4 zeigt eine Fokalaufnahme mit einem Eigenbau-Cassegrainspiegel des Autors.

5.2.2. Methoden zur Verlängerung der Brennweite

5.2.2.1. Okularprojektion in Verbindung mit dem Kameraobjektiv

Diese Methode ist eine einfache Möglichkeit der Mondfotografie. Die Kamera in Verbindung mit einem Normalobjektiv stellen wir auf einem Fotostativ so hinter dem Okular des Fernrohrs auf, daß die optische Achse

identisch mit der des Fernrohrs verläuft (Bild 5.5). Unsere Kamera darf also nicht seitlich verschoben oder im Winkel zum Okular aufgestellt sein. Mit dieser im Bild 5.5 dargestellten Anordnung erhalten wir eine verlängerte, zusammengesetzte oder äquivalente Brennweite, die sich aus den Brennweiten der einzelnen optischen Bauteile nach folgender Beziehung ergibt:

$$f_{\text{Ä}} = \frac{f_{\text{K}}}{f_{\text{Ok}}} \cdot f_{\text{Ob}}$$

$f_{\text{Ä}}$ Äquivalentbrennweite in mm
f_{K} Kamera-Objektivbrennweite in mm
f_{Ok} Okularbrennweite in mm
f_{Ob} Objektivbrennweite in mm

Beispiel: Uns stehen der Refraktor 63/840, ein orthoskopisches Okular der Brennweite von 25 mm und eine Spiegelreflexkamera mit einem Normalobjektiv von 50 mm Brennweite zur Verfügung. Nach der obigen Formel erhalten wir eine Äquivalentbrennweite von 1680 mm, das entspricht einem Mondbilddurchmesser auf dem Negativ, bei mittlerer Entfernung Erde–Mond, nach der Formel $d_{\text{Ä}} = f_{\text{Ä}} \cdot \tan \alpha$, von etwa 15 mm.
Somit hat das Öffnungsverhältnis einen Wert von 1 : 27, welchem eine Blenden- oder Öffnungszahl von 27 entspricht. Die Vergrößerung des Mondbildes auf dem Negativ ergibt sich aus der Beziehung:

$$V = \frac{f_{\text{Ä}}}{f_{\text{K}}} \cdot$$

Sie ist in unserem Fall 34fach. Bei der Anordnung des Kameraobjektivs dicht hinter dem Okular ist der Einfall von seitlichem Streulicht möglich. Dies kann mit einem Papp- oder Leichtmetalltubus verhindert werden. Als vorteilhaft erweist sich ein selbstgebastelter Adapterring, der die Kamera mit dem Fernrohr fest verbindet. Ein Fotostativ ist dadurch nicht unbedingt notwendig. Allerdings erzeugt während des Auslösens mit dem Drahtauslöser der Schwenkspiegel in der Spiegelreflexkamera eine Erschütterung, die sich besonders bei kleineren Fernrohren stärker bemerkbar macht. Einen Ausweg schafft uns wieder die Belichtung mit der sogenannten Hut-Methode bis zu etwa ¼ s bei „B"-Einstellung. Diese Art der Mondfotografie kann annähernd mit jeder Kamera durchgeführt werden. Das Kameraobjektiv wird auf die Marke „∞" eingestellt, der Blendenring auf den

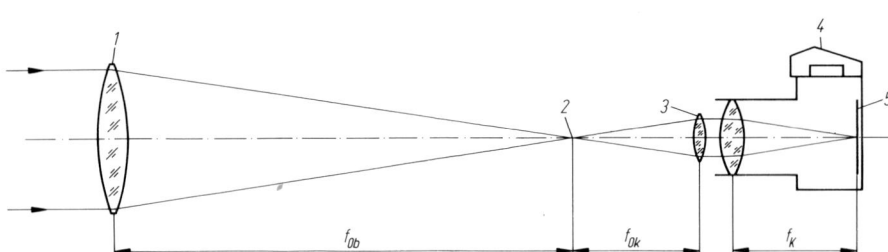

Bild 5.5. Okularprojektion in Verbindung mit dem Kameraobjektiv
1 – Objektiv; 2 – Fokus;
3 – Okular; 4 – Kamera;
5 – Bildebene

kleinsten Zahlenwert gedreht und das Okular visuell auf den Mond scharf eingestellt. Die Spiegelreflexkameras haben den Vorteil der Schärfekontrolle im Sucher. Bei den Kamerasuchern, welche keine optische Kopplung mit dem Objektiv haben, ist die Schärfekontrolle nicht ohne zusätzlichen technischen Aufwand möglich. Kurz vor der Belichtung geben wir, bei einem Fernrohr ohne Nachführung, im Stundenwinkel dem Fernrohr gegenüber dem Mond ein wenig Vorlauf. Sobald sich der Mond in der Mitte des Kamerasucher-Bildfeldes befindet, erfolgt die Belichtung.

5.2.2.2. Okularprojektion ohne Kameraobjektiv

In der Amateurastronomie wird mit dieser Methode oft gearbeitet. Das Bild des Mondes entsteht zunächst als Zwischenbild in der Brennebene des Fernrohrobjektivs und wird mit einem gut korrigierten Okular nachvergrößert. Das heißt, das Okular projiziert das Bild des Mondes auf den Film (Bild 5.6).
Mit dieser in Bild 5.6 dargestellten optischen Anordnung können in Abhängigkeit von Brennweite und Negativformat der gesamte Mond bzw. Ausschnitte der Mondoberfläche fotografiert werden. Damit die Abbildungsfehler des Projektionsokulars in einem für diese Zwecke geringen Umfang bleiben, sind bevorzugt orthoskopische Steckokulare von 25 bis 10 mm Brennweite zu ver-

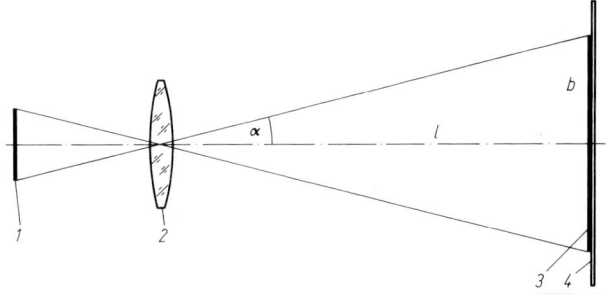

Bild 5.7. Abbildungsmaßstab bei der Okularprojektion
1 – vom Fernrohrobjektiv erzeugtes Fokalbild; 2 – Okular (vereinfachte einlinsige Darstellung); 3 – Projektionsbild; 4 – Film; 2a Projektionswinkel; l Projektionsabstand; b Radius des Projektionsbildes

f_{Ok} und f_{Ob} sind bekannt, und den Projektionsabstand l können wir messen. Bei einem Projektionsabstand > 250 mm und einem Okular mit $f = 25$ mm Brennweite ist die Lichtstärke nur noch gering; es wird eine lange Belichtungszeit erforderlich, und die Luftunruhe beeinträchtigt die Bildschärfe. Wegen des ebenfalls großen Abbildungsmaßstabs ist zumeist eine elektrische Nachführung erforderlich. Dieser Abbildungsmaßstab läßt sich mit Hilfe der trigonometrischen Funktionen (Winkelfunktionen) an einem rechtwinkligen Dreieck gemäß Bild 5.7 bestimmen. Zunächst erfolgt die Berechnung

Bild 5.6. Okularprojektion ohne Kameraobjektiv; 1 – Objektiv; 2 – Okular; 3 – Bildebene oder Projektionsbild; 4 – Film; 5 – Blickrichtung bezüglich der Bildorientierung
F_{Ob} – Brennpunkt des Objektivs,
$F_Ä$ – äquivalenter Brennpunkt,
f_{Ob} – Brennweite des Objektivs,
f_{Ok} – Brennweite des Okulars,
$f_Ä$ – äquivalente Brennweite,
l – Projektionsabstand

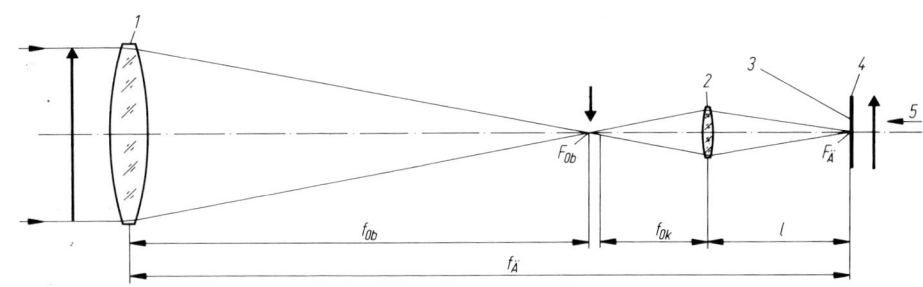

wenden. Die Wahl der Okularbrennweite ist hauptsächlich von der scheinbaren Größe des Objekts, seiner Flächenhelligkeit, der Filmempfindlichkeit und der Brennweite des Fernrohrobjektivs abhängig. Auch die Luftunruhe spielt eine nicht zu unterschätzende Rolle. Es ist vorteilhaft, wenn man weiß, wie groß der Mond mit den jeweils unterschiedlichen individuellen optischen Voraussetzungen auf der Emulsion abgebildet wird. Wir müssen also die äquivalente Brennweite der Aufnahmeoptik kennen. Sie ergibt sich aus der Beziehung:

$$f_Ä = \frac{f_{Ob} \cdot l}{f_{Ok}}$$

$f_Ä$ äquivalente Brennweite in mm
f_{Ob} Objektivbrennweite in mm
l Projektionsabstand in mm
f_{Ok} Okularbrennweite in mm

des Winkels α über die Beziehung:

$$\tan \alpha = \frac{b}{l}$$

b Radius des Projektionsbildes in mm
l Projektionsabstand in mm

(Die Größen l und b können gemessen werden.) Schließlich ergibt sich der Abbildungsmaßstab β aus:

$$\beta = \frac{2\alpha}{\gamma}$$

α Radius des Projektionsbildes im Bogenmaß
γ Gegenstandsgröße im Bogenmaß

Bei der im Bild 5.8 beschriebenen optischen Anord-

Bild 5.8. Der Mond am 1. 4. 1982, 19.45 Uhr MEZ
Objektiv: 63/840, Okular: orthoskopisches Okular $f = 25$ mm, Projektionsabstand $l = 90$ mm, äquivalente Brennweite $f_Ä = 3024$ mm, äquivalentes Öffnungsverhältnis $D:f_Ä = 1:48$, Belichtungszeit: ½ s (errechnet: 0,7 s), 20-DIN-Film, elektrische Nachführung, Negativentwicklung: Feinstkornentwickler A 49, 11 min bei 20 °C, Fotopapier: extra-hart

nung (Refraktor 63/840, $f_Ä = 3024$ mm) ist danach ein β von 33:1 vorhanden.

Die Bildorientierung bei der Okularprojektion zeigt Bild 5.6. Danach würde z. B. unser Erdmond in Höhe des Fokalbildes seitenverkehrt und „auf dem Kopf" stehend erscheinen. Eine Aufrichtung des Fokalbildes wird vom Okular vorgenommen, so daß auf dem Film ein seitenrichtiges und nicht „auf dem Kopf" stehendes Bild – wie mit dem bloßen Auge gesehen, aber vergrößert – erzeugt wird. Im Kamerasucher der Spiegelreflexkamera dagegen erscheint der Mond wieder seitenverkehrt und „auf dem Kopf" stehend. Hier ein praktisches Arbeitsbeispiel:

Angenommen, es steht uns ein Fernrohr von 840 mm Objektivbrennweite in Verbindung mit einem Okular von $f = 25$ mm und eine Kleinbild-Spiegelreflexkamera zur Verfügung.

Wir wollen nun den Mond im Ersten Viertel auf dem Kleinbildformat 24 mm × 36 mm (Hochformat) annähernd formatfüllend abbilden, d. h., er soll einen Durchmesser von etwa 27 mm haben. Nach einer Faustregel ergibt sich bei 1000 mm Brennweite ein Mondbilddurchmesser von etwa 9 mm. Unsere äquivalente Brennweite

müßte demnach einen Wert von etwa 3000 mm haben. Der Projektionsabstand beträgt also nach obiger umgestellter Beziehung rund 89 mm, mit einem Steckokular $f = 16$ mm etwa 57 mm. Diese optische Anordnung liefert uns hochaufgelöste Negativbilder, welche man ohne weiteres auf ein Papierformat von etwa 18 cm × 24 cm vergrößern kann. Bild 5.8 wurde mit den errechneten Werten und einer elektrischen Nachführung hergestellt. Der Originalabzug ist 5,5fach vergrößert und hat nach der Beziehung

$$D_W = \frac{M_W \cdot D_F}{D_M}$$

D_W Wahrer Durchmesser der Mondformation in km
M_W Wahrer Monddurchmesser in mm
D_F Durchmesser der Mondformation auf dem Foto oder einer Projektionsfläche (z. B. Dia-Projektion) in mm
D_M Monddurchmesser auf dem Foto oder der Projektionsfläche in mm

eine Detailauflösung von etwa 4 km. Aber auch schon mit einem kleinen achromatischen Astro-Objektiv 50/540 werden die Mondformationen in einer relativ zur Öffnung hohen Auflösung sichtbar (Bild 5.9). Es ist selbstverständlich auch möglich, die äquivalente Brenn-

Bild 5.9. Der Mond am 17. 5. 1983, 20.45 Uhr MEZ
Objektiv: 50/540, Okular: orthoskopisches Okular $f = 12,5$ mm, $l = 50$ mm, $f_Ä = 2160$ mm, $D:f_Ä = 1:43$, Belichtungszeit: 3 s (errechnet: 1,2 s), 20-DIN-Film, elektrische Nachführung, Negativentwicklung: Feinstkornentwickler A 49, 11 min bei 20 °C, Fotopapier: extra-hart

weite im Sehfeld des Kamerasuchers grob zu schätzen. Dies kann mit Hilfe besagter Faustregel und der Abmessungen des Suchersehfeldes der Spiegelreflexkamera (etwa 24 mm × 36 mm) geschehen.

Bei einem in der Mond-Projektionsfotografie noch relativ großen Öffnungsverhältnis 1:38 am Refraktor 63/840 in Verbindung mit einem mittelempfindlichen Film ist eine elektrische Nachführung nicht notwendig (Bild 5.10). Bild 5.11 wurde mit der elektrischen Nachführung und einer äquivalenten Brennweite von 4032 mm am Schulfernrohr 63/840 auf einem 20-DIN-Film s/w hergestellt. Die Detailauflösung beträgt auf dem Original-Papierbild etwa 4 km. Das gebogene, bis zu 10 km breite Schrötertal unterhalb des Kraters Herodotus (am Terminator rechts unten) ist gut sichtbar.
Die Befestigung der Kamera am Okularauszug des Fern-

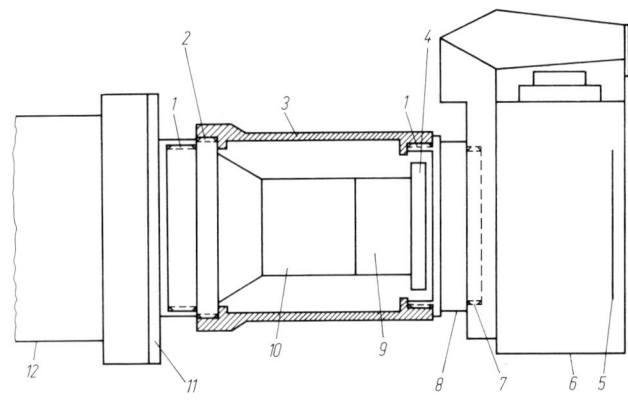

Bild 5.12. Aufbau der Okularprojektionsanlage
1 – Gewinde M 44 × 1; 2 – Gewinde M 48 × 1; 3 – Verbindungsring; 4 – Augenmuschel; 5 – Filmebene; 6 – Kamera; 7 – Fotogewinde M 42 × 1; 8 – Zwischenring; 9 – Steckokular; 10 – Okularsteckhülse; 11 – Wechselring; 12 – Okularauszug

Bild 5.10. Der Mond am 26. 1. 1983, 18.25 Uhr MEZ
Objektiv: 63/840, Okular: orthoskopisches Okular $f = 25$ mm, $l = 71$ mm, $f_{\text{Ä}} = 2386$ mm, $D:f_{\text{Ä}} = 1:38$, Belichtungszeit: $^1/_{15}$ s (errechnet: $^1/_{10}$ s), 20-DIN-Film, ohne elektrische Nachführung, Negativentwicklung: Feinkornentwickler A 49, 11 min bei 20 °C, Fotopapier: normal, weiß, glänzend

rohrs kann auf verschiedene Weise erfolgen. Meist basteln Amateure sich selbst eine solche Kamerahalterung. Sie hat stabil und so leicht wie möglich zu sein. Die Möglichkeit, dazu eine Drehbank zu benutzen, ist von großem Vorteil. Die folgenden Erläuterungen beziehen sich auf eine Konstruktionsvariante des Autors: Für den Eigenbau der Kamerahalterung wird eine Okularsteckhülse und Rohrmaterial mit folgenden Richtwerten benötigt: Außendurchmesser 55 mm, Innendurchmesser 36 mm. Im Interesse eines geringen Gewichts wäre Aluminiumrohr dafür geeignet. Aus Bild 5.12 ist der Aufbau der Kamerahalterung ersichtlich.
Die Metall- oder Plastik-Okularsteckhülse besitzt eine Rändelung, die mit der Drehmaschine entfernt wird. Danach schneidet man auf die ehemalige Rändelfläche das Außengewinde M 48 × 1. Somit wäre die Okularsteck-

Bild 5.11. Der Mond am 26. 1. 1983, 18.15 Uhr MEZ
Objektiv: 63/840, Okular: orthoskopisches Okular $f = 25$ mm, $l = 120$ mm, $f_{\text{Ä}} = 4032$ mm, $D:f_{\text{Ä}} = 1:64$, Belichtungszeit: $^1/_2$ s (errechnet: 0,3 s), 20-DIN-Film, elektrische Nachführung, Negativentwicklung: Feinkornentwickler A 49, 11 min bei 20 °C, Fotopapier: extra-hart

hülse fertig bearbeitet. Die Länge des Verbindungsrings richtet sich nach der Länge des Steckokulars und kann leicht ausgemessen werden. Bei einem orthoskopischen Okular mit $f = 12{,}5$ mm beträgt sie 68 mm. Wir müssen darauf achten, daß infolge einer zu kurzen Baulänge des Verbindungsrings das Okular nicht in den Bereich des Schwenkspiegels gelangt. Der große Außendurchmesser beträgt 55 mm, der kleine 50 mm. In den Ring werden zwei Innengewinde geschnitten. Die eine Seite (Richtung Okularauszug) erhält das Gewinde $M\,48 \times 1$, die andere das Innengewinde $M\,44 \times 1$. In dieses Gewinde wird der Zwischenring, welcher die Kamera aufnimmt, angeschraubt. Eine zusätzliche Verlängerung der Äquivalentbrennweite erreichen wir durch Verlängerungsringe mit einem beiderseitigen Anschlußgewinde $M\,44 \times 1$. Auch handelsübliche Fotozwischenringe mit dem entsprechenden Anschlußgewinde erfüllen diese Aufgabe.

Je nach individueller gerätetechnischer Ausstattung kann der Verbindungsring kameraseitig auch ein Außengewinde erhalten, dessen Maße das Befestigen der Kamera unmittelbar oder mit Fotozwischenringen am Verbindungsring ermöglichen.

Der Einsatz einer Mittelformatkamera erfordert einen separaten Zwischenring. Er kann zum Beispiel von einem Mechaniker auf der Drehmaschine hergestellt werden (Bild 2.53.b). Verlängerungsringe, selbst angefertigt oder in Form von Fotozwischenringen, tragen auch in diesem Fall zur Brennweitenverlängerung bei. In die Okularsteckhülse kann ebenfalls ein fotografisch korrigiertes Okular (Projektiv) gesteckt werden.

Sternfreunde, die eine Okularprojektionsanlage nicht selbst herstellen wollen, können diese auch im Fachhandel käuflich erwerben. Zu beachten ist dabei der Durchmesser des Okularauszuges am Aufnahmefernrohr sowie die Anschlußmöglichkeit (z. B. mit Gewinde oder Bajonett) der Kamera an der Okularprojektionsanlage. Dies geschieht im allgemeinen durch einen sogenannten Adapter der Bezeichnung T-Ring bzw. T2-Ring. Die Ringe verbinden also unsere Kamera mit der Okularprojektionsanlage und werden separat je nach Kameratyp produziert.

Die Okular-Projektionsmethode erfordert keine Nachführkorrektur, da die Belichtungszeiten bei der Sonnen-, Mond- und Planetenfotografie allgemein kurz sind (etwa im Bereich von 1/1000 bis zu 20 Sekunden). Folgende Okularprojektionsanlagen sind u. a. empfehlenswert:

Von Meade: Variabler Tele-Extender in Verbindung mit einem Okularhalter und T2-Ring

Von Meade: Variabler Fokal- und Projektions-Adapter für 1¼″. Es ist ein kombinierter Adapter für Fokalfotografie (ohne Abstandsveränderung zur Bildebene) und Projektionsfotografie (mit Abstandsveränderung) in Verbindung mit dem T2-Ring

Von Vixen: Kameraadapter 36,4 mm (mit Projektionshülse für $\varnothing$ 24,5 mm und $\varnothing$ 1¼″-Okulare)

Von Vixen: Kameraadapter 43 mm (mit Projektionshülse für $\varnothing$ 24,5 mm und $\varnothing$ 1¼″-Okulare)

Von Zeiss Jena GmbH: Tubus zur Okularprojektion für orthoskopische Steckokulare, Steckdurchmesser: 24,5 mm, Anschlußgewinde beiderseitig: $M\,44 \times 1$

5.2.2.3. *Brennweitenverlängerung mit Zweifach-Konverter*

In den Fotofachgeschäften werden gelegentlich Zweifach-Konverter, auch als Telekonverter bezeichnet, angeboten. Durch dieses achromatische Linsensystem mit negativem Brennpunkt (Prinzip der Zerstreuungslinse, hier aber mit Korrektur bestimmter optischer Fehler) kann die Brennweite des Objektivs verdoppelt werden. Der Konverter ist mit einem beiderseitigen Anschlußgewinde, zum Beispiel $M\,42 \times 1$, ausgestattet und wird zwischen der Kamera und dem Zwischenring, welcher wiederum mit einem Zwischenstutzen am Fernrohr verschraubt ist, befestigt (Bild 5.13). Die Länge des Zwi-

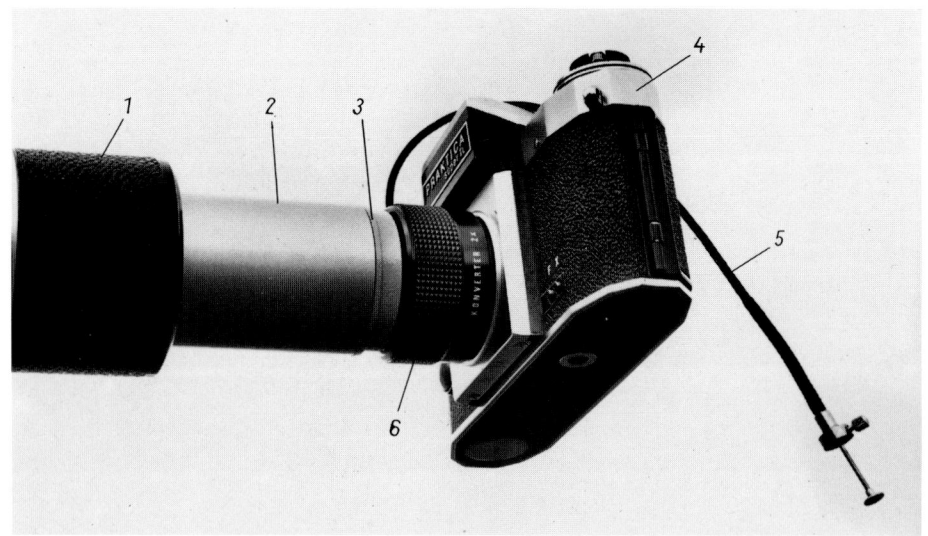

Bild 5.13. Brennweitenverlängerung mit dem Zweifach-Konverter
1 – Okularauszug; 2 – Zwischenstutzen (Carl Zeiss JENA) 60 mm lang; 3 – Zwischenring (Carl Zeiss JENA); 4 – Kleinbild-Spiegelreflexkamera; 5 – arretierbarer Drahtauslöser; 6 – Konverter 2fach

Bild 5.14. Der Mond am 11. 12. 1984, 19.15 Uhr MEZ
Objektiv: 63/840, Konverter 2fach, $f_{\text{Ä}} = 1680$ mm, $D : f_{\text{Ä}} = 1 : 26,7$, Belichtungszeit: $\frac{1}{15}$ s, 20-DIN-Film, ohne elektrische Nachführung, Negativentwicklung: Feinstkornentwickler A 49, 11 min bei 20 °C, Fotopapier: normal, weiß, glänzend

schenstutzens richtet sich nach dem Fokussierbereich des Fernrohrs. Es ist natürlich auch möglich, anstelle des Zwischenstutzens handelsübliche Foto-Zwischenringe zu verwenden. Eine weitere Brennweitenverlängerung können wir mit zusätzlichen handelsüblichen Foto-Zwi-

schenringen erreichen, welche zwischen Konverter und Kamera geschraubt werden. Man hat also viele Vorteile durch die Anschaffung von Zwischenstutzen und Foto-Zwischenringen verschiedener Länge. Diese Variante der Brennweitenverlängerung ist besonders für astronomische Arbeitsgemeinschaften in Verbindung mit dem Astronomieunterricht von großem Nutzen. Die aufgeführten einzelnen Teile der fotografischen Anordnung werden durch wenige Handgriffe miteinander verschraubt. Eine elektrische Nachführung ist bei der Mondbeobachtung, außer den schmalen Phasen (zwei bis drei Tage vor und nach Neumond) bei DIN-Werten über 15 nicht erforderlich. Bild 5.14 wurde mit der beschriebenen Methode an einem Schulfernrohr Telementor ohne Nachführung hergestellt. Das Mondbild auf dem Negativ hat einen Durchmesser von 15,8 mm. Auch die fotografische Beobachtung der Sonne mit einem Sonnenfilter (als lichtdämpfende Zusatzeinheit) erfordert mit dem Zweifach-Konverter keine elektrische Nachführung. Die fotografische Anordnung ist analog zur Mondfotografie.

5.2.2.4. Barlow-Linse

Wie der Telekonverter ist auch die Barlow-Linse ein Linsensystem mit Zerstreuungswirkung, welches die Objektivbrennweite des Fernrohrs verlängert. Der Sternfreund arbeitet unter anderem mit den Barlow-Linsen $1,3 \times$ oder $2,0 \times$. Sie befinden sich in einer Fassung mit beiderseitigem Anschlußgewinde M 44 × 1 (Bild 5.15). Die Barlow-Linse wird in den Strahlengang eines Refraktors oder Reflektors vor die Objektivbildebene eingeschraubt (Bild 5.17) und ist bevorzugt bei Objektivbrennweiten von 500 bis 2250 mm einsetzbar. Eine Bildumkehrung wird durch sie nicht bewirkt. Die äquivalente Brennweite der gesamten Anordnung (Fernrohr-Objektiv und Barlow-Linse) können wir durch die Veränderung des Abstandes zwischen Barlow-Linse und

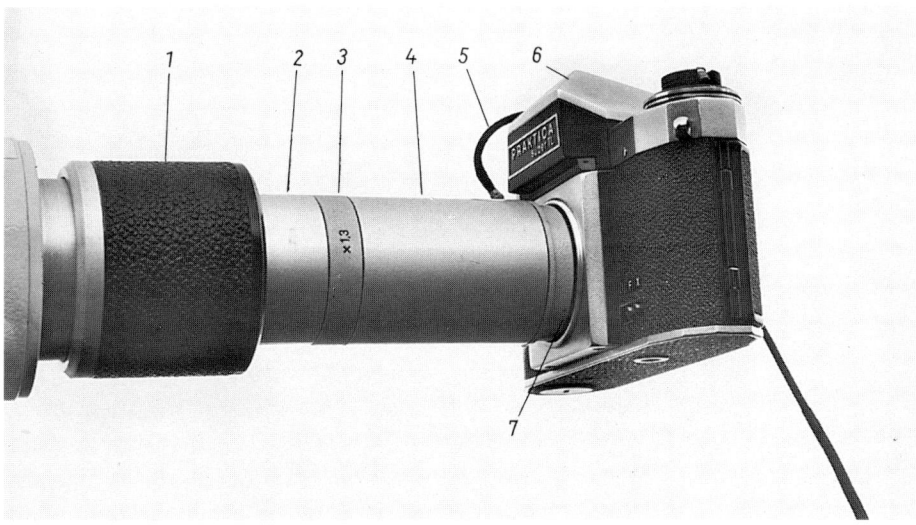

Bild 5.15. Brennweitenverlängerung mit der Barlow-Linse
1 – Okularauszug; 2 – Zwischenstutzen 20 mm lang (Carl Zeiss JENA); 3 – Barlow-Linse 1,3×; 4 – Zwischenstutzen 60 mm lang (Carl Zeiss JENA); 5 – Drahtauslöser; 6 – Kleinbild-Spiegelreflexkamera; 7 – Zwischenring (Carl Zeiss JENA)

Bild 5.16.
Mond, aufge-
nommen am
27. 5. 1985,
21.30 Uhr MEZ
Objektiv:
63/840, Okular:
orthoskopisches
Okular
$f = 25$ mm,
$l = 65$ mm,
$f_{\text{Ä}} = 2184$ mm,
$D:f_{\text{Ä}} = 1:35$,
Belichtungszeit:
4 s, Blenden-
zahl: 35, Tages-
licht-Umkehr-
farbfilm: UT 20,
Filmformat
6 cm × 6 cm,
elektrische
Nachführung

Bild 5.17. Barlow-Linse im
Strahlengang des Fernrohrs
1 – Objektiv, 2 – Barlow-Linse,
3 – Bildebene

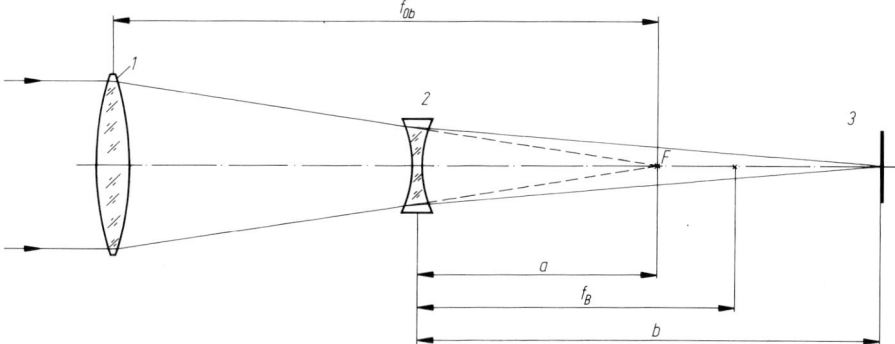

Objektivbrennpunkt variabel halten, so daß sich verschiedene Werte von effektiver Aufnahmebrennweite ergeben. Bei einem Abstand Barlow-Linse zum Objektivbrennpunkt, der so groß ist wie die Brennweite der Barlow-Linse selbst, erreichen wir keine Vergrößerung des Bildes mehr. Die Lichtstrahlen treten parallel aus der Barlow-Linse aus, so daß sie jetzt wie ein Okular wirkt (Theaterglas). Mit der Beziehung

$$f_{\text{Ä}} = n \cdot f_{\text{Ob}}$$

$f_{\text{Ä}}$ Äquivalentbrennweite in mm
n Verlängerungsfaktor
f_{Ob} Objektivbrennweite in mm

ergibt sich für das System Barlow-Linse und Objektiv die äquivalente Brennweite. Der durch die Barlow-Linse entstandene Verlängerungsfaktor folgt mit

$$n = \frac{f_{\text{B}}}{f_{\text{B}} - a}$$

n Verlängerungsfaktor
f_{B} Brennweite der Barlow-Linse (positiv gesehen) in mm
a Abstand Barlow-Linse zur Objektivbrennebene in mm

und sollte nicht größer als 3 × gewählt werden. Besonders bei größeren Öffnungsverhältnissen (Kometensuchern usw.) treten dadurch die Abbildungsfehler des Objektivs stärker hervor. Die Entfernung der Barlow-Linse von der Bildebene des gesamten optischen Systems ergibt sich aus der Beziehung

$$b = f_{\text{B}} (n - 1) \quad \text{oder} \quad b = n \cdot a$$

und beträgt bei der Barlow-Linse $n = 1,3 \times$ und $f_{\text{B}} = -316,8$ mm 95 mm. 634 mm Entfernung ergeben sich bei $n = 3 \times$, sowie 211 mm mit der Barlow-Linse $n = 2 \times$ bei einer f_{B} von -211 mm. Rechenbeispiel: Zur Verfügung steht uns ein Refraktor 100/1000 sowie die Barlow-Linse mit $n = 1,3 \times$ und $f_{\text{B}} = -316,8$ mm. Die Objektivbrennweite von 1000 mm soll auf 2000 mm verlängert werden, was einem n von 2,0 entspricht. Der Abstand a folgt mit:

$$n = \frac{f_{\text{B}}}{f_{\text{B}} - a}$$

$$a = f_{\text{B}} - \frac{f_{\text{B}}}{n} = 316,8 \text{ mm} - \frac{316,8 \text{ mm}}{2} = \underline{\underline{158,4 \text{ mm}}}$$

und die Entfernung der Barlow-Linse von der Bildebene

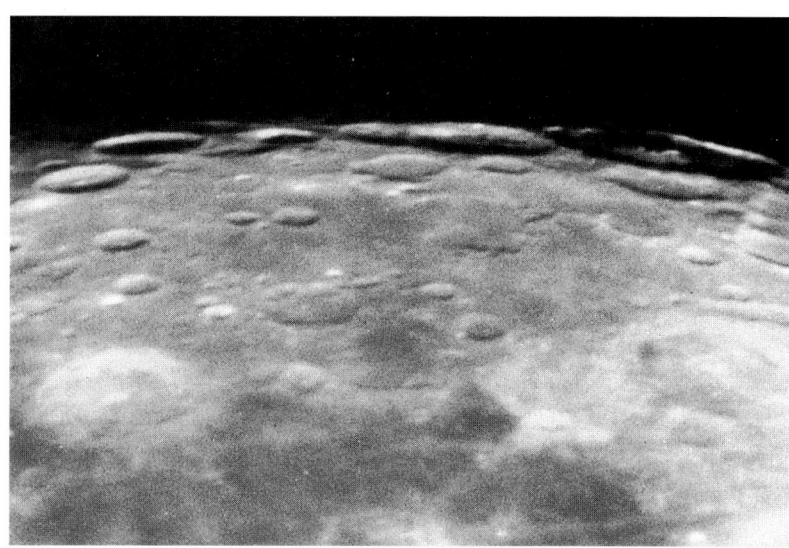

Bild 5.18. Kraterlandschaft in der Nähe des Mondrandes am 29. 9. 1985 21.45 Uhr MEZ Objektiv: 130/1950, Okular: orthoskopisches Okular $f = 12,5$ mm, Belichtungszeit: ½ s (errechnet: 0,7 s), $l = 90$ mm, $f_{\text{Ä}} = 14\,040$ mm, $D : f_{\text{Ä}} = 1 : 108$, elektrische Nachführung, 20-DIN-Film, Negativentwicklung: Feinstkornentwickler A 49, 11 min bei 20 °C, Fotopapier: normal, weiß

des gesamten optischen Systems ergibt sich aus:

$$b = n \cdot a = 2 \cdot 158{,}4 \text{ mm} = 316{,}8 \text{ mm}.$$

Das zusätzlich vergrößerte Bild befindet sich demnach in 158,4 mm Abstand zum Fokalbild des Fernrohrobjektivs.

5.3. Belichtungszeit

Bei der Okularprojektion ist die Belichtungszeit von Faktoren abhängig, welche schon im Abschnitt 5.2.1. aufgeführt wurden. Lange äquivalente Brennweiten ergeben einen großen Abbildungsmaßstab, das heißt, auf

Brennweite von 22 320 mm das Ringgebirge Copernicus im Oceanus Procellarum. Die Umgebung des Ringgebirges besteht im wesentlichen aus basaltischem Material, welches von hellen strahlenförmigen Gebilden durchzogen wird. Somit ist die Gesamthelligkeit des fotografisch zu erfassenden Gebiets etwas größer, und wir können mit einer geschätzten oder errechneten mittleren Belichtungszeit arbeiten. Aufnahmen wie die Bilder 5.19 ... 5.23 setzen eine elektrische Nachführung voraus. Es ist aber auch bei kleineren Fernrohren möglich, die Projektionsmethode ohne den elektrischen Antrieb einzusetzen. Zu beachten ist dabei die tägliche scheinbare Bewegung des Mondes von 15″ pro Zeitsekunde. Das entspricht bei einer Belichtungszeit von ⅕ Sekunde einer

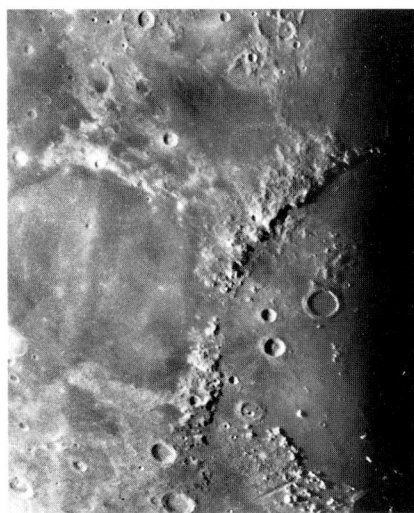

Bild 5.19. Detailaufnahme des Mondes am 15. 5. 1978, 20.15 Uhr MEZ
Objektiv: 80/1200, Okular: orthoskopisches Okular $f = 12{,}5$ mm, $l = 70$ mm, $f_{\text{Ä}} = 6720$ mm, $D : f_{\text{Ä}} = 1 : 84$, Belichtungszeit: 3 s (errechnet: 2 s), 20-DIN-Film, elektrische Nachführung, Negativentwicklung: Feinstkornentwickler A 49, 11 min bei 20 °C, Fotopapier: extra-hart

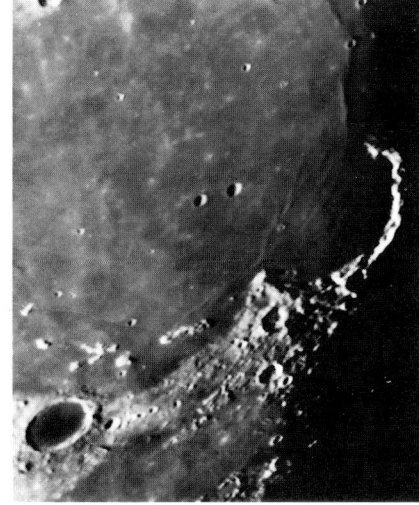

Bild 5.20. Sinus Iridum am 5. 3. 1982, 20.30 Uhr MEZ
Objektiv: 400/1800/6000 Cassegrain, Okular: orthoskopisches Okular $f = 25$ mm, $l = 93$ mm, $f_{\text{Ä}} = 22\,320$ mm, Belichtungszeit: ½ s (errechnet: ½ s), 20-DIN-Film, elektrische Nachführung, Negativentwicklung: Feinstkornentwickler A 49, 11 min bei 20 °C, Fotopapier: hart, weiß

Bild 5.21. Mare Imbrium am 11. 2. 1984, 20.15 Uhr MEZ
Objektiv: 130/1950, Okular: orthoskopisches Okular $f = 25$ mm, $l = 120$ mm, $f_{\text{Ä}} = 9360$ mm, $D : f_{\text{Ä}} = 1 : 72$, Belichtungszeit: 3 s (errechnet: 1 s), 20-DIN-Film, elektrische Nachführung, Negativentwicklung: Feinstkornentwickler A 49, 11 min bei 20 °C, Fotopapier: hart, weiß

das Negativ wird nur ein Teil des Mondes projiziert. Daraus ergeben sich in Abhängigkeit vom abgebildeten Mondgebiet unterschiedliche Belichtungszeiten. Die relativ zu den Maregebieten größere Albedo der Gebirgslandschaft bedingt kürzere Belichtungszeiten. Dies gilt auch für die horizontnahen Gebiete des Mondes. Dagegen ist bei Aufnahmen der dunkleren, mit basaltischer Lava überfluteten Mare-Becken am Terminator länger zu belichten. Die Bilder 5.19, 5.20, 5.21 wurden nach diesen Gesichtspunkten mit verschiedenen Aufnahmeinstrumenten hergestellt. Wollen wir ein Gebiet am Terminator fotografieren, das etwa zu 50 % aus Gebirgen besteht (Bild 5.22), so kann eine mittlere Belichtungszeit gewählt werden. Bild 5.23 zeigt bei einer äquivalenten

Bewegung von 3″ oder 5,7 km auf dem Mond. Wir können also noch zwei Mondformationen im Abstand von 5,7 km getrennt auf der Emulsion festhalten. Dies dürfte bei einer Belichtungszeit von ⅕ s und nicht nachgeführten kleineren Fernrohren das Maximum sein. Kürzere Belichtungszeiten bringen etwas schärfere Bilder, die aber eine kürzere äquivalente Brennweite oder höchstempfindliche Filme erfordern. Infolge der gröberen Körnung dieser Filme ergibt sich keine wesentliche Verbesserung der Detailauflösung.

Die Belichtungszeit bei nicht nachgeführten kleineren Fernrohren soll nicht länger als ¼ s, besser ⅕ s betragen. Große äquivalente Brennweiten ergeben kleine Öffnungsverhältnisse und Belichtungszeiten von einigen

Bild 5.22. Detailaufnahme des Mondes am 1. 4. 1982, 20.00 Uhr MEZ
Objektiv: 130/1950, Okular: orthoskopisches Okular f = 25 mm, l = 107 mm, $f_{\ddot{A}}$ = 8346 mm, $D : f_{\ddot{A}}$ = 1 : 64, Belichtungszeit: 1 s (errechnet: 1 s), 20-DIN-Film, elektrische Nachführung, Negativentwicklung: Feinstkornentwickler A 49, 11 min bei 20 °C, Fotopapier: extra-hart

Bild 5.23. Krater Copernicus am 4. 3. 1982, 20.30 Uhr MEZ
Objektiv: 400/1800/6000 Cassegrain, Okular: orthoskopisches Okular f = 25 mm, l = 93 mm, $f_{\ddot{A}}$ = 22320 mm, $D : f_{\ddot{A}}$ = 1 : 56, Belichtungszeit: 1 s (errechnet: ½ s), 20-DIN-Film, elektrische Nachführung, Negativentwicklung: Feinstkornentwickler A 49, 11 min bei 20 °C, Fotopapier: extra-hart

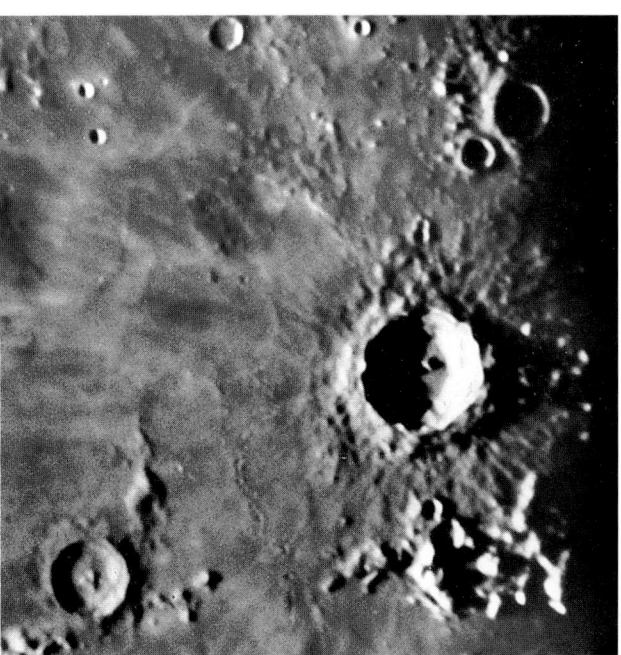

Sekunden. Sie erfordern infolge der täglichen scheinbaren Bewegung des Mondes eine elektrische Nachführung. Aufgrund der Bewegung des Mondes um die Erde (vom Beobachter aus gesehen von Westen nach Osten), bleibt er in zwei Zeitsekunden 1″ hinter der täglichen scheinbaren Bewegung (von Osten nach Westen) zurück. Das bedeutet, daß wir mit einer normalen elektrischen Nachführung, also ohne Drehzahlveränderung, nicht extrem lang belichten dürfen. Folgende Belichtungszeiten in Abhängigkeiten von der Brennweite sollten nicht wesentlich überschritten werden:

Tab. 9. Maximale Belichtungszeiten bei unkorrigiert nachgeführten Mondaufnahmen

Brennweite	Belichtungs-zeit	
500 mm	6 s	Die Werte gelten für einen Fern-
800 mm	6 s	rohrantrieb ohne Anpassung an
1000 mm	5 s	die Bahnbewegung des Mondes.
1500 mm	5 s	
2000 mm	4 s	
2500 mm	3 s	

Werden die Belichtungszeiten relativ zur obigen Tabelle länger gewählt, so ergeben sich durch die Mondbewegung größere Unschärfen, und das Auflösungsvermögen des Objektivs kommt nicht mehr voll zur Geltung. Auch Luftunruhen machen sich als Ursache von Bildunschärfen stärker bemerkbar. Belichtungszeiten im Sekundenbereich und länger sind nur bei einer äußerst geringen Luftunruhe zu empfehlen. Ein wolkenloser, aber stark dunstiger Himmel bietet des öfteren diese Voraussetzung. Kleine Schul- und Amateurfernrohre haben Vorteile gegenüber größeren Amateurinstrumenten. Die Auswirkungen der Luftunruhe steigen mit dem Quadrat der Objektivöffnung, dagegen erhöht sich das Auflösungsvermögen nur linear mit der Öffnung des Objektivs. Daraus folgt, daß man bei kleineren Öffnungen (z. B. 50 mm, 63 mm) lange äquivalente Brennweiten des öfteren einsetzen kann. Die gleichen Probleme treten beim visuellen Beobachten des Mondes auf. An einem Spiegelteleskop mit 400 mm Öffnung erhalten wir im Jahr nur an wenigen Tagen mit kurzbrennweitigen Okularen scharfe, hochaufgelöste Bilder. Kleine Instrumente vertragen für die visuelle Beobachtung vielfach Okulare mit 6 mm, ja sogar mit 4 mm Brennweite.
Der Mond strahlt in Abhängigkeit von der Phase und der Höhe über dem Horizont mit verschiedenen Intensitäten. Es ist also nicht ratsam, mit großen Brennweiten und den daraus resultierenden langen Belichtungszeiten die schmalen Mondsicheln zu fotografieren. Gute Ergebnisse bei starken Vergrößerungen können besonders im Bereich des Ersten und Letzten Viertels erreicht werden.
Die Belichtungszeit für den Mond (und analog die Sonne) läßt sich auf verschiedene Weise ermitteln:
1. Erarbeitung von Belichtungsrichtwerten (Filmmate-

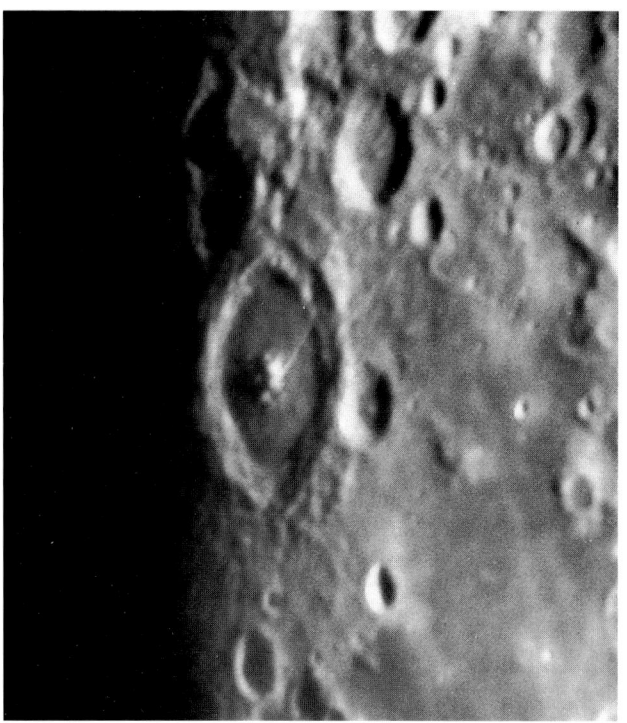

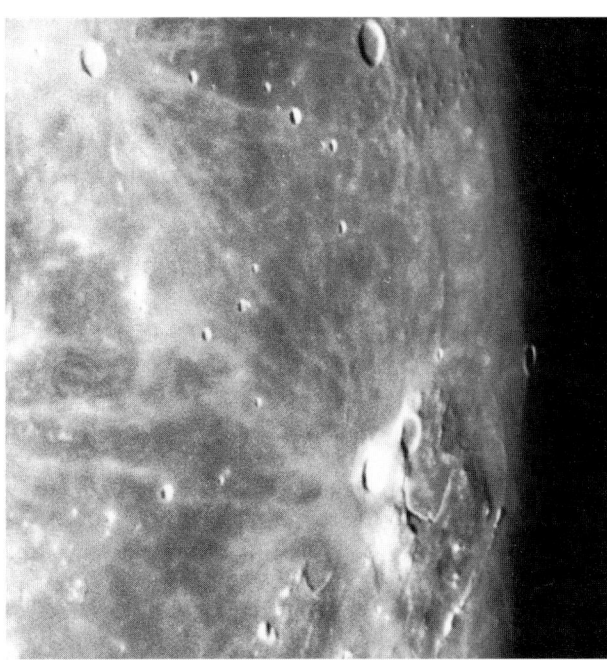

Bild 5.24 (oben). Ringgebirge Petavius mit Zentralgebirge am 27. 9. 1988, 01.00 Uhr MEZ
Objektiv: 130/1950, Okular: orthoskopisches Okular: $f = 12{,}5$ mm, $l = 155$ mm, $f_{\ddot{A}} = 24\,180$ mm, $D:f_{\ddot{A}} = 1:186$, Belichtungszeit: 4 s (errechnet: 4 s), 22-DIN-Film, elektrische Nachführung, Negativentwicklung: Feinkornentwickler A 03, 10 min bei 20 °C, Fotopapier: hart, weiß

Bild 5.25 (Mitte). Das Schrötertal, fotografiert am 19. 1. 1989, 21.14 Uhr MEZ
Objektiv: 130/1950, Okular: orthoskopisches Okular $f = 12{,}5$ mm, $l = 115$ mm, $f_{\ddot{A}} = 17\,940$ mm, $D:f_{\ddot{A}} = 1:138$, Belichtungszeit: 2 s (errechnet: 1,9 s), 22-DIN-Film, elektrische Nachführung, Negativentwicklung: A 03, 10 min bei 20 °C, Fotopapier: hart, weiß

Bild 5.26 (unten). Detailaufnahme des Mondes, fotografiert am 19. 1. 1989, 21.15 Uhr MEZ
Objektiv: 110/1600, Okular: orthoskopisches Okular $f = 12{,}5$ mm, $l = 129$ mm, $f_{\ddot{A}} = 16\,512$ mm, $D:f_{\ddot{A}} = 1:150$, Belichtungszeit: 2 s (errechnet: 1,8 s), 22-DIN-Film, elektrische Nachführung, Negativentwicklung: Feinkornentwickler A 03, 10 min bei 20 °C, Fotopapier: hart, weiß

rial mit unterschiedlichen Zeiten belichten und dadurch die optimale Negativ-Schwärzung ermitteln),

2. Ermitteln des aus dem Okular austretenden Lichts durch eine Kamera mit Innenlichtmessung,

3. Berechnung der Belichtungszeit.

Zu 1.: Wer möglichst keine Berechnungen oder Messungen vor den Aufnahmen durchführen möchte, kann sich Belichtungsrichtwerte mit dem Einstellen verschiedener, geschätzter Belichtungszeiten erarbeiten. Der Kleinbildfilm für 36 Aufnahmen eignet sich dafür besonders gut. Vorteilhaft ist es, wenn diese Art des Ermittelns der Belichtungszeit bei verschiedenen Aufnahmebrennweiten und Mondphasen erfolgt. Selbstverständlich sind die Aufnahmedaten jeweils zu notieren. Nach dem Entwickeln des Films erarbeiten wir uns dann eine Tabelle für die Belichtungsrichtwerte.

Zu 2.: Viele moderne Spiegelreflexkameras gestatten eine Innenmessung des Lichts im Sucherstrahlengang. Alle Werte, die sich auf die Belichtung auswirken, werden bei dieser Messung erfaßt. Damit diese Messungen wirklich nutzbare Werte ergeben, ist ein großer Abbildungsmaßstab notwendig, das heißt, der Mond soll wenigstens annähernd das Suchersehfeld der Kamera ausfüllen. Die Innenmessung eines wesentlich kleineren Mondbildes kann dagegen völlig unbrauchbare Werte ergeben und ist daher nicht zu empfehlen. Aus Erfahrungen mit dieser Methode ergibt sich die Empfehlung, außer der Aufnahme mit dem ermittelten Meßergebnis jeweils zwei weitere anzufertigen, und zwar einmal mit halbem und einmal mit doppeltem Belichtungswert gegenüber dem meßtechnisch ermittelten.

Zu 3.: Die folgenden Betrachtungen zur Berechnung der Belichtungszeit gelten auch für das Teleobjektiv und den Feldstecher. Mit der Berechnung können wir das Problem der Belichtung rationeller lösen, das heißt, die Zahl der optimal belichteten Bilder ist größer als bei den

Bild 5.27. Mondaufgang
Instrument: Kometensucher 110/750 + Konverter 2×; Belichtungszeit: ¼ s (ohne Nachführung); Film: UT 21

Bild 5.28. Merkur, Mond und Venus (von links nach rechts) am
Südosthimmel des 30. November 1986, 07.30 Uhr MEZ. Rechts im
Vordergrund die durch eine Straßenleuchte angestrahlte Beobach-
tungskuppel der Sternwarte „Johannes Franz" Bautzen.
Objektiv: 2,8/50, Belichtungszeit: 11 s, Blendenzahl: 2,8, Tages-
licht-Umkehrfarbfilm: UT 20, ohne Nachführung

vorher erläuterten Möglichkeiten. Entscheidend für die
Belichtungszeit ist die auf den Film gelangende Strah-
lungsintensität. Sie wird unter anderem vom Öffnungsverhältnis, also vom Verhältnis der Öffnung D zur
Brennweite f (das heißt D/f) mitbestimmt. Bei der Projektionsmethode setzen wir für f die äquivalente Brennweite $f_{\ddot{A}}$ ein. Der Kehrwert des Öffnungsverhältnisses
$f_{\ddot{A}}/D$ ist die Öffnungs- oder Blendenzahl N. Somit bedeutet z. B. die Blendenzahl 8 eines Objektivs, daß die Öffnung relativ zur Brennweite ⅛ beträgt. Die Belichtungszeit in Sekunden ergibt sich aus nachstehender Formel:

$$ t = \frac{N^2}{E \cdot K} $$

E Empfindlichkeit des Aufnahmematerials in ASA-
    Werten
N Öffnungszahl
t Belichtungszeit in s
K dimensionsloser Faktor

Die ASA-Zahlenwerte sind im allgemeinen auf den
Filmpackungen angegeben, und die Werte für K können
aus der folgenden Tabelle entnommen werden.

Tab. 10. Mittlere Korrekturwerte für Mondfotos

Beobachtungsobjekt	K-Wert
Mond: schmale Sichel	10
Mond: 4 bzw. 24 Tage alt	20
Mond: Erstes bzw. Letztes Viertel	40
Mond: 10 bzw. 18 Tage alt	80
Mond: Vollmond	220
Mond: Halbschattenfinsternis	20
Mond: Kernschattenfinsternis	0,005
Mond: „Aschgraues Licht"	0,01

Bild 5.29. Merkur und die im Südosten aufgehende Mondsichel am
30. 11. 1986, 07.45 Uhr MEZ
Objektiv: 2,8/50 mit Konverter 2fach, Belichtungszeit: 12 s, Blendenzahl: 5,6, Tageslicht-Umkehrfarbfilm: UT 20, ohne Nachführung

Bild 5.30. Zunehmender Mond und Jupiter über Bautzen am
1. 2. 1987, 17.45 Uhr MEZ
Objektiv: 1,8/50, Belichtungszeit: 8 s, Blendenzahl: 1,8, Tageslicht-
Umkehrfarbfilm: UT 20, ohne Nachführung

Bild 5.31. Zunehmende Mondsichel und
Jupiter am 1. 2. 1987, 17.35 Uhr MEZ
Objektiv: 4/200 mit Konverter 2fach, Belichtungszeit: 2 s, Blendenzahl: 8, Tageslicht-Umkehrfarbfilm: UT 20, ohne Nachführung

Unten:
Bild 5.32. Mondschein über der Sternwarte
„Johannes Franz" Bautzen am 16. 12. 1986,
17.15 Uhr MEZ
Objektiv: 1,8/50, Belichtungszeit: 11 s, Blen-
denzahl: 1,8, Tageslicht-Umkehrfarbfilm:
UT 20, ohne Nachführung

K ist aber noch von Faktoren abhängig, deren Erläuterung über den Umfang dieses Buches hinausgehen würde. Es ist daher auch bei der rechnerischen Methode ein Pendeln von jeweils einer Belichtungsstufe unter und über dem errechneten Wert vorteilhaft. Bei Spiegelteleskopen entsteht durch den Gegenspiegel ein zusätzlicher Lichtverlust, der aber keine entscheidende Rolle spielt. Hier einige Berechnungsbeispiele für die Belichtungszeit: Wir wollen den Mond im sogenannten Alter von zehn Tagen (das heißt zehn Tage nach Neumond) ohne elektrischen Antrieb mit Hilfe der Okularprojektion fotografieren. Es steht ein Refraktor 63/840 und ein orthoskopisches Okular mit 25 mm Brennweite zur Verfügung. Der Projektionsabstand l, z. B. 75 mm, muß so gewählt werden, daß die Belichtungszeit ¼ s beträgt. In die Kamera legen wir einen Schwarzweißfilm mit der Empfindlichkeit von 20 DIN (gleich 80 ASA) ein. Die äquivalente Brennweite ergibt sich aus:

$$f_{\text{Ä}} = \frac{f_{\text{Ob}} \cdot l}{f_{\text{Ok}}} = \frac{840\,\text{mm} \cdot 75\,\text{mm}}{25\,\text{mm}} = 2{,}52\,\text{m}$$

und der Mondbilddurchmesser auf dem Negativ nach der Beziehung:

$$d_{\text{Ä}} = f_{\text{Ä}} \cdot \tan \alpha \text{ zu} \approx 22\,\text{mm}.$$

Das Öffnungsverhältnis beträgt 63 : 2520 oder 1 : 40, und der Kehrwert des Öffnungsverhältnisses – die Öffnungszahl N – hat den Wert von 2520 : 63 = 40. Somit folgt N^2 mit 1600. Die Belichtungszeit t ergibt sich aus:

$$t = \frac{N^2}{E \cdot K} = \frac{1600}{80\,\text{ASA} \cdot 80} = 0{,}25 = ¼\,\text{s}$$

Ein weiteres Foto soll den Mond im Bereich des Ersten Viertels bei gleicher instrumenteller Voraussetzung abbilden. Den Projektionsabstand l verlängern wir auf 110 mm. Zum Einsatz kommt wieder ein Film von 20 DIN (80 ASA) Empfindlichkeit. Wir erhalten eine äquivalente Brennweite von 3696 mm, welche einem Öffnungsverhältnis von 1 : 58 und einem Mondbilddurchmesser auf dem Negativ von 32 mm entspricht. N beträgt 58, daraus folgt N^2 mit 3364. Die Belichtungszeit t ergibt sich aus:

$$t = \frac{N^2}{E \cdot K} = \frac{3364}{80\,\text{ASA} \cdot 40} = 1{,}05 \approx 1\,\text{s}$$

Aus dem Öffnungsverhältnis und der Belichtungszeit ist zu ersehen, daß wir eine Nachführung des Aufnahmeinstruments benötigen. Bei der Verwendung eines Films mit der Empfindlichkeit von 27 DIN verkürzt sich die Belichtungszeit auf ⅕ s, so daß in diesem Fall eine Nachführung nicht unbedingt erforderlich ist. Das Bild 5.8. wurde mit der rechnerischen Methode bei einer Belich-

tungszeit von ½ s mit einem Film von 20 DIN aufgenommen. Die Höhe des Mondes über dem Horizont betrug ≈ 55°.

5.4. Allgemeine Betrachtungen

Ausschnitte vom Terminatorbereich verlangen eine etwa bis zum Faktor 2 längere Belichtungszeit gegenüber den hellen Gebieten außerhalb der Schattengrenze. Wollen wir noch feinste Details an größeren Amateurfernrohren auf dem Negativ festhalten, so ist der Synchron-Nachführmotor mit einem Frequenzwandler zu koppeln. Die Nachführgeschwindigkeit läßt sich damit auf die Bewegung des Mondes am Himmel bereits vor der fotografischen Beobachtung abstimmen. Bei Gleichstromnachführmotoren, die seltener verwendet werden, ist eine Geschwindigkeitsanpassung durch einen mit dem Motor in Reihe geschalteten regelbaren Widerstand (Potentiometer) möglich. Diese Art der Drehzahlbeeinflussung ist im Gegensatz zum Frequenzwandler einfacher zu realisieren. Dafür haben aber Gleichstrommotoren gegenüber Synchronmotoren eine geringere Drehzahlkonstanz. Bei großen Abbildungsmaßstäben an mittleren und größeren Amateurfernrohren ist auch die Bewegung des Mondes in Deklination nicht zu unterschätzen. Im Bereich der beiden Deklinations-Extremwerte in plus und minus hat sie den geringsten Wert. Lange Belichtungszeiten, also größer als in Tabelle 9 angegeben, sind besonders während der größten Deklinationsveränderung zu vermeiden. Die Werte für die Deklination können zum Beispiel einem astronomischen Jahreskalender entnommen werden.

Die Aufnahme der schmalen Mondsichel, etwa ab 1,5 Tagen Mondalter, erfordert neben einer geringen Dunsthöhe auch eine möglichst geringe Luftunruhe und freie Sicht in Horizontnähe. Sind diese Bedingungen gegeben, dann können äußerst eindrucksvolle Mondsicheln fotografisch festgehalten werden (Bild 5.33, 5.34). Mondphasen mit einem kleineren zeitlichen Abstand als 1,5 Tagen zum Neumond lassen sich im europäischen Gebiet infolge der Dunstverhältnisse nur selten erfolgreich fotografieren. Der zunehmende Mond ab etwa 1,5 Tagen Alter läßt sich von Februar bis April und der abnehmende Mond von August bis Oktober fotografisch am besten darstellen. Der Mond zwei bis drei Tage vor und nach dem Neumond strahlt im sogenannten aschgrauen Licht, das heißt, das sonst unbeleuchtete Gebiet des Mondes erhält von der Erde reflektiertes Sonnenlicht. Das Fotografieren dieser schwachen Leuchterscheinung setzt eine möglichst niedrige Dunstgrenze voraus. Der optimale zeitliche Bereich liegt analog zu den günstigeren Aufnahmezeiten der schmalen Mondsicheln. Zum Fotografieren muß man die günstigste Uhrzeit an Hand des sich verändernden Kontrasts zwischen

Bild 5.33. Die schmale Sichel des Mondes im Alter von 02^d08^h am 16. 5. 1980, 20.30 Uhr MEZ Objektiv: 110/1600, Okular: orthoskopisches Okular $f = 25$ mm, $l = 90$ mm, $f_{\ddot{A}} = 5760$ mm, $D : f_{\ddot{A}} = 1 : 52$, Belichtungszeit: 2 s (errechnet: 3,3 s), 20-DIN-Film, Format 6 cm × 6 cm, elektrische Nachführung, Negativentwicklung: Feinstkornentwickler A 49, 13 min bei 20 °C, Fotopapier: extra-hart

Außen:
Bild 5.34. Die schmale Sichel des Mondes im Alter von 27^d02^h am 23. 8. 1976, 04.15 Uhr MEZ Objektiv: 200/1000/3000 Cassegrain (Fokalaufnahme), Belichtungszeit: ½ s, 20-DIN-Film, elektrische Nachführung, Negativentwicklung: Feinstkornentwickler A 49, 13 min bei 20 °C, Fotopapier: extra-hart

dem sogenannten aschgrauen Licht und der Dämmerungshelligkeit selbst einschätzen. Die Flächenhelligkeit dieses aschgrauen Lichts ist im Verhältnis zu der des Vollmondes äußerst gering; wir benötigen darum eine Nachführung und hochempfindliches Aufnahmematerial. Vorteilhaft sind lichtstarke Spiegelteleskope und Refraktoren. Wegen der beschriebenen Faktoren ist als Aufnahmeverfahren die Fokalfotografie zu wählen. Mit Belichtungszeiten von etwa 20 bis 90 s (in Abhängigkeit vom

Öffnungsverhältnis, der DIN-Zahl und der Helligkeit des aschgrauen Lichts) entsteht eine ausreichende Schwärzung auf dem entwickelten Negativ. Der beleuchtete Teil des Mondes wird dabei total überbelichtet und auf den Papierabzügen mit einem hellen Saum abgebildet (Bild 5.37). Diese Überbelichtungserscheinungen sind im Labor durch zusätzliche Belichtungen der stark geschwärzten Sichel auf dem Fotopapier reduzierbar. Das Ergebnis ist eine relativ scharfe Abbildung des Terminators und des Mondhorizonts (Bild 5.35). Die Gradation des zu verwendenden Fotopapiers kann normal, hart oder extrahart sein. Es empfiehlt sich, mit einer Schablone zu arbeiten, welche annähernd dem Terminator angepaßt ist. Belichten wir ein zweites Negativ so, daß die Mondformationen der schmalen Sichel gut zu erkennen sind, dann ist ein Übereinanderkopieren der beiden Negative möglich. Dieses Verfahren ist jedoch in der Praxis komplizierter. Auch das Fotografieren von Mondfinsternissen ist für den Sternfreund eine interessante Aufgabe, die besonders gut mit Objektiven längerer Brennweiten gelöst werden kann. Für das Kleinbildformat 24 mm × 36 mm sind 1,5 . . . 2 m günstige Aufnahme-

Bild 5.35. Das „Aschgraue Licht" des Mondes am 26. 4. 1982, 20.30 Uhr MEZ
Objektiv: 110/1600 (Fokalaufnahme), Belichtungszeit: 40 s, 27-DIN-Film, Format 6 cm × 6 cm, elektrische Nachführung, Negativentwicklung: Feinstkornentwickler A 49, 16 min bei 20 °C, Fotopapier: hart, weiß

Links:
Bild 5.36. Junge Mondsichel im Alter von $02^d 15^h$ am 8. 4. 1989, 20.00 Uhr MEZ
Objektiv: 80/1200, Konverter 2fach, $f_Ä = 2400$ mm, $D : f_Ä = 1 : 30$, Belichtungszeit: 1 s (errechnet: 0,8 s), Tageslicht-Umkehrfarbfilm: UT 21, elektrische Nachführung

Rechts:
Bild 5.37. Zunehmender Mond in der Nähe der Plejaden am 19. 3. 1972 gegen 19.45 Uhr MEZ
Objektiv: 80/500 (Fokalaufnahme), Belichtungszeit: 30 s, 27-DIN-Film, Aufnahme: Alfred Ansorge, Bernstadt i. Sa.

brennweiten. Als Aufnahmematerialien eignen sich Schwarzweiß- und Colorfilme wie z. B. der Kodak TP 2415, Orwopan 100, Ilford XP1 400, Ektachrome 400, Fujichrome RD 100 oder Agfa EXCL CT 200. Halbschattenfinsternisse haben einen relativ geringen Kontrastumfang. Sie werden visuell und fotografisch erfaßbar, wenn sich der Kernschattenbereich dicht am Mondrand befindet. Hart arbeitende Emulsionen, wie Dokumentenfilme, können die Helligkeitswerte des Mondes verfälschen und im Extremfall partielle Finsternisse vortäuschen. Mittel- und hochempfindliche Schwarzweißfilme und Tageslicht-Umkehr-Farbfilme sind allesamt für Auf-

Bild 5.38. Sternbedeckung durch den Mond am 12. 5. 1986. Die Aufnahme wurde etwa 9 min vor der Bedeckung des Sterns 26 B. Gem (6^m,7) hergestellt.
Objektiv: 110/1600 (Fokalaufnahme), Belichtungszeit: etwa 60 s, 27-DIN-Film, elektrische Nachführung, Negativentwicklung: Feinkornentwickler A 03, 9 min bei 20 °C, Fotopapier: normal, weiß

nahmen von Halbschatten- und partiellen Finsternissen geeignet.

Partielle Finsternisse haben einen wesentlich größeren Kontrastumfang. Am Anfang der Kernschattenverfinsterung leuchtet der Mond im Licht des Kern- und Halbschattens. Das dem Kernschatten gegenüberliegende helle Horizontgebiet erhält noch die gesamte Sonnenstrahlung (Bild 5.40). Der Mond leuchtet also während dieser Finsternisphase in mehreren Helligkeitswerten. Die Belichtungszeit ist in Abhängigkeit vom jeweiligen fotografischen Anliegen zu wählen. Soll die Kernschattengrenze relativ scharf abgebildet werden, so nehmen wir als Richtwert eine um den Faktor 100 bis 200 verlängerte „Vollmond-Belichtungszeit". Das Halbschattengebiet wird dadurch bei einer weniger fortgeschrittenen partiellen Finsternis überbelichtet. Die bei Aufnahmen vom Vollmond üblichen Belichtungszeiten haben hier einen normalen breiten Kernschattenübergang bei handelsüblichen Schwarzweiß- und Colorfilmen zur Folge. Er kann im Fotolabor mit der Technik des sogenannten Abwedelns schmaler gehalten werden. Hart arbeitende Dokumentenfilme sind weniger geeignet. Wird eine fortgeschrittene partielle Finsternis mit einem äquivalenten Öffnungsverhältnis von 1 : 46 mit einem Film von 20 DIN fotografiert (z. B. Okularprojektion mit einem Okular $f = 25$ mm), dann beträgt die Belichtungszeit einige Sekunden (Bild 5.41).

Eine totale Mondfinsternis kann zu einer visuell wie fotografisch reizvollen Naturerscheinung werden. Neben dem partiellen Anteil der Finsternis ist der Totalitätsbereich von besonderem Interesse. Das durch die Erdatmosphäre in den Kernschattenkegel gebrochene langwellige Sonnenlicht erzeugt auf dem Mond verschiedene Farbschattierungen, die von Braun über Rot, Orange bis zum Gelb und Blau reichen. Bei totalen Mondfinsternissen haben die einzelnen Farben unterschiedliche Intensität.

Der Totalitätsbereich ist mit hochempfindlichem Schwarzweißfilm (z. B. hypersensibilisierter Kodak TP 2415, Ilford XP1 400, Orwopan 400) fotografisch erfaßbar. Einen größeren Informationsgehalt erzielen wir mit Colorfilm. Gute Farbsättigung ergeben Tageslicht-Umkehr-Farbfilme mittlerer und höherer Empfindlichkeit (z. B. Konica SR 1600, Fujichrome P 1600 D, Ektachrome 400, Kodak-P-800, Agfachrome 1000 RS, Scotch CS 1000).

neben einer Nachführung die Voraussetzungen für solche Aufnahmen. Genaue Belichtungszeiten können auch hier nicht angegeben werden, denn jede Finsternis hat ihre spezifischen Bedingungen. Zu empfehlen ist die Belichtung mit mindestens drei verschiedenen Zeiten. Bild 5.42. zeigt die Mondformationen im Kernschattenbereich bei einer Belichtungszeit von 90 s auf einem Film von 20 DIN Empfindlichkeit. Die unterschiedlichen Helligkeitswerte im Kernschatten sind gut sichtbar. Auf dem

Bild 5.39. Vollmond, aufgenommen am 6. 10. 1987, 17.45 Uhr MEZ
Objektiv: 5,6/500, Belichtungszeit: ¼ s, Blendenzahl: 5,6, Tageslicht-Umkehrfarbfilm: UT 20, Filmformat 6 cm × 6 cm, ohne Nachführung

Wegen der geringen Flächenhelligkeit in der Totalitätsphase, etwa ¹⁄₁₀₀₀₀ der Vollmondhelligkeit, sind lange Belichtungszeiten, analog zum sogenannten aschgrauen Licht, notwendig. Ein großes Öffnungsverhältnis und mittel- bzw. hochempfindliches Aufnahmematerial sind

Originalabzug lassen sich die Formationen um den Krater Proclus und dem Mare Crisium noch erkennen.
Die Totalitätsdauer kann bis zu 100 min betragen und die gesamte Finsternis vom ersten bis zum letzten Kontakt mit dem Kernschatten bis zu 3,5 h. Mit einem Normalobjektiv erfassen wir durch die Mehrfachbelichtung des Negativs oder Diapositivs einen großen Zeitbereich bzw. die gesamte Finsternis auf einem Bild. Eine Nachführung ist bei mittel- und hochempfindlichen Filmen nicht notwendig. Die fotografische Ausstattung ist dieselbe wie bei den Sternfeldaufnahmen mit feststehender Ka-

Bild 5.40. Mondfinsternis am 9. 1. 1982, 22.30 Uhr MEZ
Objektiv: 110/1600, Okular: orthoskopisches Okular $f = 25$ mm,
$l = 90$ mm, $f_{\mathrm{A}} = 5760$ mm, $D:f_{\mathrm{A}} = 1:52$, Belichtungszeit: 1 s (errechnet: 0,8 s), 20-DIN-Film, Format 6 cm × 6 cm, elektrische
Nachführung, Negativentwicklung: Feinstkornentwickler A 49,
11 min bei 20 °C, Fotopapier: hart, weiß

Bild 5.42. Mondfinsternis am 9. 1. 1982 etwa 11 min nach dem Ende
der Totalität
Objektiv: 63/840, Okular: orthoskopisches Okular $f = 25$ mm,
$l = 55$ mm, $f_{\mathrm{A}} = 1848$ mm, $D:f_{\mathrm{A}} = 1:29$, Belichtungszeit: 90 s, 20-
DIN-Film, elektrische Nachführung, Negativentwicklung: Feinstkornentwickler A 49, 11 min bei 20 °C, Fotopapier: hart, weiß

◄ Bild 5.41. Mondfinsternis am 9. 1. 1982 etwa 8 min vor Beginn der
Totalität
Objektiv: 130/1950, Okular: orthoskopisches Okular $f = 25$ mm,
$l = 55$ mm, $f_{\mathrm{A}} = 4290$ mm, $D:f_{\mathrm{A}} = 1:33$, Belichtungszeit: 3 s, 20-
DIN-Film, elektrische Nachführung, Negativentwicklung: Feinstkornentwickler A 49, 11 min bei 20 °C, Fotopapier: extra-hart

Bild 5.43. Totale Mondfinsternis am 4. 5. 1985, 22.00 Uhr MEZ
Objektiv: 80/1200 (Fokalaufnahme), Belichtungszeit: 1 s, 20-DIN-
Film, elektrische Nachführung, Negativentwicklung: R 09, 1 + 20,
5 min bei 20 °C, Aufnahme: Siegfried Seliger

mera. Auch lichtstarke Teleobjektive mit nicht zu langer Brennweite sind einsetzbar. Der zeitliche Abstand der einzelnen Belichtungen bei einem Normalobjektiv kann unterschiedlich sein (z. B. 5 ... 10 min). Die Belichtung erfolgt unter Verwendung des Objektivdeckels und bei B-Einstellung (Hut-Methode). Die Normalobjektive von Kleinbild- und Mittelformatkameras liefern aber nur kleine Mondbildchen von etwa 0,5 ... 0,8 mm Durchmesser. Langbrennweitige Teleobjektive dokumentieren einen relativ schmalen Bereich der Finsternis pro Negativ, so daß wir eine Beobachtungsreihe nur durch das Aneinanderkleben einzelner Papierbilder erhalten können.

Die Aufnahme der Totalitätsphase erfordert einige Sekunden Belichtungszeit; beim Verwenden langbrennweitiger Teleobjektive ist darum eine Nachführung erforderlich.

Besonders lehrreich für den Astronomieunterricht sind Aufnahmen des Mondes im Perigäum und Apogäum (Bild 5.46). Der Mond kann sich infolge seiner ellipti-

Tab. 11. Totale Mondfinsternisse von 1993 bis 2004 in Mitteleuropa

Datum	Beginn	Mitte	Ende MEZ	Größe	Bemer-kung
1993 Nov. 29	5^h40^m	7^h26^m	9^h11^m	1,09	A
1996 Apr. 3/4	23^h21^m	1^h10^m	2^h59^m	1,38	
1996 Sep. 27	2^h13^m	3^h55^m	5^h37^m	1,25	
1997 Sep. 16	18^h08^m	19^h47^m	21^h25^m	1,20	
2000 Jan. 21	4^h02^m	5^h44^m	7^h26^m	1,33	
2002 Jan. 9	19^h43^m	21^h21^m	22^h59^m	1,77	
2003 Mai 16	3^h02^m	4^h39^m	6^h16^m	1,13	
2003 Nov. 11	0^h33^m	2^h18^m	4^h04^m	1,02	
2004 Mai 5	19^h48^m	21^h30^m	23^h11^m	1,31	
2004 Okt. 10	2^h44^m	4^h04^m	5^h53^m	1,31	

A nur der Anfang beobachtbar

Bild 5.44. Totale Mondfinsternis am 9. 2. 1990, 19.46 Uhr MEZ, 4 Minuten vor der totalen Phase
Objektiv: 110/750, Konverter 2fach, $f_Ä = 1500$ mm, $D:f_Ä = 1:14$, Belichtungszeit: 60 s, Tageslicht-Umkehrfarbfilm: UT 21, elektrische Nachführung

schen Bahn der Erde bis auf 356 400 km nähern. Die
größte Entfernung erreicht er mit 406 700 km. Diese Differenz von 50 300 km äußert sich in der Veränderung des
scheinbaren Durchmessers zwischen 29′21″ und 33′30″.
Deshalb fotografieren erfahrene Mondbeobachter unseren Erdtrabanten, zum Erlangen einer hohen Detailauflösung, größtenteils während des Perigäums. Damit
werden um etwa 300 m kleinere Oberflächengebilde
sichtbar. Mit einer konstanten Aufnahmebrennweite
wird nun der Mond während des Vollmondes bzw. kurz
zuvor oder danach sowohl im Perigäum als auch Apogäum fotografiert. (Im »Kosmos-Himmelsjahre« sind
diese Daten zeitlich fixiert.) Wir erhalten zwei Negative
mit verschiedenen Mondbilddurchmessern. Die Bearbeitung im Labor kann auf folgende einfache Weise erfolgen: Mit einer Rasierklinge wird das Mondbild auf den

Bild 5.46. Der Mond im Perigäum und Apogäum ▶
Objektiv: 200/1000/3000 (Fokalaufnahme), Belichtungszeit: ¹⁄₁₅ s,
20-DIN-Film, elektrische Nachführung, Negativentwicklung:
Feinstkornentwickler A 49, 11 min bei 20 °C, Fotopapier: extra-
hart

Perigäum
13. 4. 1976
Entfernung: 357 000 km

Apogäum
11. 10. 1976
Entfernung: 406 000 km

Bild 5.45 (oben). Totale Mondfinsternis am 9. 2. 1990, 20.07 Uhr
MEZ, während der totalen Phase
Objektiv: 110/750, Konverter 2fach, $f_Ä = 1500$ mm, $D:f_Ä = 1:14$,
Belichtungszeit: 60 s, Tageslicht-Umkehrfarbfilm: UT 21, elektri-
sche Nachführung

beiden Negativen genau halbiert und danach in die Filmbühne des Vergrößerungsgerätes gelegt. Damit wir keine
Schwierigkeiten bei der Belichtung des Fotopapiers
haben, ist eine gleiche Schwärzung beider Negative Voraussetzung (Mond zusätzlich mit etwa 2 ... 3 Belichtungsstufen unterhalb und oberhalb des ermittelten Wertes fotografieren).

Infolge der Libration in Länge ist es möglich, bis zu 8°
über den mittleren Ost- oder Westhorizont hinaus zu
schauen. (Die Extremwerte der Libration sind im »Kosmos-Himmelsjahre« genannt.) Das Fotografieren der
Librationsextremwerte in Länge ist schon ab etwa drei
Tagen vor bzw. nach Neumond möglich. Wollen wir die
Librationsschwankung von ± 8° in bezug auf größere
Flächen des Mondes deutlich hervorheben, dann ist eine
der Mondphasen zwischen dem Ersten und Letzten Viertel zu wählen.

Die Libration in Breite ermöglicht den Blick bis zu 6°,8
über den nördlichen oder südlichen mittleren Horizont
hinaus. Diese Extremwerte sind am besten während des
Vollmondes erfaßbar.

Besonders reizvoll kann eine vom Vollmond bestrahlte
Landschaft unter Einbeziehung des Mondes ins Bild
sein. Wie aber belichten wir? In Abhängigkeit von der
Helligkeit der Landschaft variiert die Belichtungszeit
zwischen einigen Sekunden und mehreren Minuten. Infolge der täglichen scheinbaren Bewegung des Mondes
von 15′ pro Zeitminute würde sich der Mond bei einer
Minute Belichtung um seinen Radius weiterbewegen.
Das Ergebnis wäre ein ovalähnliches Mondbild. Dieses
Problem läßt sich umgehen, wenn wir eine Doppelbelichtung durchführen. Zunächst wird die auf B-Symbol
eingestellte Kamera mit einem Normal- oder Teleobjektiv auf die Landschaft gerichtet, dann folgt die Belichtung von z. B. drei Minuten. (Der Mond befindet sich
wegen seiner großen Distanz zum Horizont nicht im
Kamerasehfeld.) Die Belichtung erfolgt mit Hilfe des
Objektivdeckels. Wir heben ihn vorsichtig ein winziges
Stück vom Objektiv an und warten, bis die Kamera nicht
mehr schwingt. Danach kann der Strahlengang freigege-
ben werden. Nach der Belichtung wird der Objektivdek-
kel wieder aufgesteckt und die Kamera um einen geschätzten Betrag so auf den Mond gerichtet, daß er außerhalb der Landschaft im Bild eingeordnet ist. Das Belichten erfolgt auf gleiche Weise. Die für die Aufnahme
des Mondes erforderliche Belichtungszeit kann in Abhängigkeit vom jeweils gestellten Ziel ½ s oder kürzer
gewählt werden. Eine weitere Möglichkeit besteht in der
Belichtung von zwei Negativen. Auf dem einen wird die
Landschaft mit einem Normal- oder Teleobjektiv fotografiert. Das zweite Negativ erhält die Mondbelichtung,
welche mit derselben Optik oder an einem Fernrohr hergestellt wurde. Beide Negative legen wir im Vergrößerungsgerät übereinander und belichten das Fotopapier.
Das Mond-Negativ besitzt keine störende Schwärzung in
der Umgebung des Mondes.

5.5. Wahl des Aufnahmematerials

In der Mond- und Planetenfotografie ist die richtige
Wahl des Aufnahmematerials nicht immer einfach. Bei
der Bewertung aller Faktoren, die zu möglichst hochauf-
lösenden Fotos führen sollen, weiß man manchmal überhaupt nicht mehr, welcher Film der richtige ist. Folgendes sollte darum bei der Wahl des Aufnahmematerials
besonders beachtet werden:

– Vor der Aufnahme den Mond mit dem Fernrohr bei einer mittleren Vergrößerung visuell beobachten und
die Luftunruhe nach Erfahrungswerten einschätzen.

– Für Fokalaufnahmen (bis etwa 1200 mm Brennweite)
bei geringer Luftunruhe und großer Höhe über dem
Horizont eignen sich gering- und mittelempfindliche
Schwarzweiß- und Farbfilme. Geringempfindliche
Schwarzweißfilme – besonders um 15 DIN – gestatten
noch bei relativ kleinen Aufnahmebrennweiten eine
für die Auswertung der Aufnahmen genügend hohe
Vergrößerung. Eine mittlere Luftunruhe erfordert
kurze Belichtungszeiten, also hochempfindlichen
Film. Oftmals sind während hoher Dunstgrenzen geringe Luftunruhen zu verzeichnen, so daß der Mond
auch bei negativer Deklination im Bereich des Meridians mit einem Film von etwa 20 ... 22 DIN hochauflösend fotografiert werden kann.
Große Luftunruhen ergeben besonders unscharfe Bilder. Die Mondformationen »tanzen« schnell hin und
her. In diesem Fall hilft selbst ein hochempfindlicher
Film mit kürzeren Belichtungszeiten nicht mehr, und
man sollte unter diesen Bedingungen auf die Aufnahme verzichten.
Die Totalitätsphase einer Mondfinsternis läßt sich mit
hochempfindlichem Schwarzweißfilm (z. B. 27 DIN)
oder Farbfilm (etwa mit einer Empfindlichkeit > 24
DIN) fotografisch gut darstellen.

– Aufnahmen mit der sogenannten Projektionsmethode
(Okular oder Projektiv als optisches Zwischenglied)
erfordern infolge der kleineren Öffnungsverhältnisse
längere Belichtungszeiten. Das Bild des Mondes auf
dem Negativ ist hier im allgemeinen größer als 20 mm;
darum ist es für diesen Fall sinnvoll, auch hochempfindliches Filmmaterial z. B. von 27 DIN bei relativ
kurzen Belichtungszeiten zu verwenden. Äußerst geringe Luftunruhen gestatten die Verwendung eines
Films von beispielsweise 15 DIN Empfindlichkeit.
Farbumkehrfilme (z. B. > 20 DIN) lassen sich bevorzugt für die Schulastronomie in Verbindung mit der
Diaprojektion nutzen.

Hier eine Auswahl an Aufnahmematerialien:
Schwarzweißfilme: Kodak TP 2415, Ilford XP1 400, KB-
14, KB-17, Orwopan 100
Colorfilme: Fujichrome RD 100, Fujichrome P 1600 D,
Konica SR 1600, Agfa EXCL CT 200, Agfa CT 100.

6. Planetenfotografie

6.1. Allgemeines, Instrumente, Aufnahmeverfahren

Planeten sind im Vergleich zum Mond Himmelskörper mit wesentlich größeren Entfernungen von der Erde. Das bedeutet, daß sie ohne optische Hilfsmittel nur sternförmig am Himmelsgewölbe zu sehen sind. Wir unterscheiden Planeten, die mit dem bloßen Auge gesehen werden können (Merkur, Venus, Mars, Jupiter, Saturn), von denen, die nur teleskopisch zu beobachten sind

(Uranus, Neptun, Pluto). Schon allein diese Tatsache beweist den großen Helligkeitsunterschied dieser Objekte. Planetenaufnahmen können mit Weitwinkel-, Normal-, Tele- und Fernrohrobjektiven hergestellt werden. Die Wahl der Optik ist zum großen Teil vom jeweils gestellten Ziel abhängig. Infolge des geringen scheinbaren Durchmessers der Planeten erfordert die flächenhafte Abbildung eine lange Aufnahmebrennweite. In der folgenden Tabelle sind die scheinbaren Durchmesser der Planeten sowie deren Abbildungsgröße auf dem Film aufgeführt.

Bild 6.1. Mars, Jupiter am 15. 10. 1984, 18. 35 Uhr MEZ
Objektiv: 1,8/50, Belichtungszeit: 11 s, Blendenzahl: 1,8, Film: Tageslicht-Umkehrfarbfilm: UT 23, ohne Nachführung. Die Filmentwicklung der Bilder 6.1 ... 6.5 wurde in einem Dienstleistungsbetrieb, Bereich Foto, vorgenommen

Seite 92/93:
Bild 6.2. Mars, Jupiter am 20. 10. 1984, 18.05 Uhr MEZ
Objektiv: 1,8/50, Belichtungszeit: 11 s, Blendenzahl: 1,8, Film: Tageslicht-Umkehrfarbfilm: UT 23, ohne Nachführung

Bild 6.3. Mars, Jupiter am 28. 10. 1984, 17.35 Uhr MEZ
Objektiv: 1,8/50, Belichtungszeit: 11 s, Blendenzahl: 1,8, Film:
Tageslicht-Umkehrfarbfilm: UT 23, ohne Nachführung

Tab. 12. Durchmesser der Planetenbilder bei 10 m Brennweite

Planet	Scheinbarer Durchmesser des Planeten			Durchmesser des Planeten auf dem Film bei 10 m Brennweite		
	max.	mittl.	min.	max.	mittl.	min.
Merkur	15″		5″	0,72 mm		0,24 mm
Venus	60″		10″	2,90 mm		0,48 mm
Mars	25″		3″	1,21 mm		0,14 mm
Jupiter	50″		30″	2,42 mm		1,45 mm
Saturn	20″		15″	0,96 mm		0,72 mm
	(Ring ⌀: 40″)			(Ring ⌀: 1,94 mm)		
Uranus		3,6″			0,17 mm	
Neptun		1,5″			0,07 mm	

Aus den Tabellenwerten läßt sich erkennen, daß die Fokalfotografie mit Amateurfernrohren wegen der dafür immer noch zu kurzen Objektivbrennweite nicht zu empfehlen ist. Aufnahmebrennweiten der erforderlichen Länge erreichen wir mit der Okularprojektion. In Abhängigkeit von der Okularbrennweite und dem Abstand von Okular und Filmebene kann die äquivalente Brennweite variabel gestaltet werden. Sie sollte mindestens 7 m betragen.

Da es besonders in der Planetenfotografie auf eine hohe Abbildungsqualität ankommt, ist die richtige Wahl des Okulars von großer Bedeutung. Mit orthoskopischen Okularen der Brennweiten von 16, 12,5, 10 und 6 mm wurden schon gute Erfolge erzielt. Nicht zu empfehlen sind wegen der damit verbundenen Abbildungsfehler extrem kurzbrennweitige Okulare (z. B. f = 4 mm) und Huygens-Okulare. Monozentrische Okulare, welche visuell feine Details auf Planetenoberflächen zeigen, können ebenfalls fotografisch genutzt werden.

Weit verbreitet bei Amateuren ist die Okularprojektion in Verbindung mit einer Kleinbild-Spiegelreflexkamera (Bild 5.12). Diese Möglichkeit der Planetenfotografie hat unter anderem folgende Vorteile:

– relativ einfache Konstruktion bzw. Herstellung der

Okular- und Kamerahalterung,
- geringer Kostenaufwand durch Eigenbau,
- geringes Gewicht bei der Verwendung von Aluminium oder Novotex,
- Einbaumöglichkeit eines Filters (s. Abschnitt 10.4.),
- rationelle Nutzung einer großen Bildanzahl mit dem Kleinbildfilm,
- Einsatzmöglichkeit an den meisten handelsüblichen Amateurfernrohren sowie an Eigenbau-Fernrohren mit ausreichendem Fokussierbereich.

Das Prinzip und die technische Realisierung sind im Abschnitt 5.2.2.2. beschrieben. Die Anschaffung einer modernen Kleinbild-Spiegelreflexkamera ist in der Regel mit höheren Kosten verbunden, so daß ein Kauf gut überlegt sein will. Indessen genügt vielfach schon eine ältere, gut funktionierende gebrauchte Spiegelreflexkamera. Auch Kameras mittlerer Aufnahmeformate sind einsetzbar. Geschickte Amateure basteln sich selbst eine Film- oder Plattenhalterung, die zusätzlich mit einer Matt- oder Klarglasscheibe zur Fokussierung versehen ist.

6.2. Fokussieren

Zur Fokussierkontrolle dient hier im allgemeinen der Kamerasucher bei der Spiegelreflexkamera. In der Planetenfotografie sind Indikatoren wie Mikroprismenraster, Meßkeilpaar und Klarfleck für die Fokussierung nicht geeignet. Die Anpassungsfähigkeit des Auges ermöglicht im Klarfleck trotz extrafokaler Lage ein Scharfsehen. Den Planeten können wir zwar im Klarfleck bzw. Schnittbild visuell scharf einstellen, auf der Filmebene aber besteht trotzdem die Gefahr der unscharfen Abbildung. Wir schauen sozusagen durch die Bildebene hindurch. Man nutzt also zur Schärfeeinstellung bzw. -kontrolle die Mattscheibe oder das Mattscheibenringfeld des Suchers der Spiegelreflexkamera. Mit einem Einstellfernrohr als Zubehör, welches am Okular des Suchers befestigt wird, erhalten wir durch die zusätzliche Vergrößerung eine verläßlichere Fokussiermöglichkeit. Auch für viele Mittelformat-Spiegelreflexkameras gibt es analog dazu modifizierte Einstellhilfen. Das Fokussieren verlangt oft Geduld. Es ist für das Erzielen der Bildschärfe günstiger, wenn man für das Scharfstellen und Belichten etwas mehr Zeit einplant und auf eine Phase möglichst geringer Luftunruhe wartet. Gerade beim Kleinbildfilm für 36 Aufnahmen empfiehlt es sich, den Planeten mit etwa drei verschiedenen Fokusstellungen und unterschiedlichen Belichtungszeiten aufzunehmen. Dadurch erhöht sich die Wahrscheinlichkeit der scharfen Abbildung des Objekts. Auch für den zusätzlichen Einsatz von Filtern ist dieses Verfahren sehr empfehlenswert.

6.3. Mehrfachbelichtung

Wer seinen Film optimal nutzen will, kann auch auf ein und derselben Filmbildfläche den Planeten mehrfach fotografieren. Die Kamera wird dazu auf „B" eingestellt und der Verschluß mit einem arretierbaren Drahtauslöser ausgelöst. Den Strahlengang geben wir nun durch vorsichtiges Entfernen der Objektivkappe frei. Um ein Verwackeln zu verhindern, kann man einen Hut oder ein Stück Pappe vor das Objektiv halten, bis die Schwingungen abgeklungen sind, und erst dann wegnehmen („Hut-Methode"). Nach der Belichtung wird der Strahlengang mit der Objektivkappe wieder unterbrochen und das Fernrohr um einen geschätzten Betrag in Stunde oder Deklination weiterbewegt. Ein kurzzeitiges Ausschalten des Nachführmotors ergibt in Stunde die gleiche Wirkung. Der Planet bewegt sich dann z. B. in 8 Zeitsekunden 120″ auf dem Film weiter. Danach kann wieder belichtet werden. Da die Abbildungsqualität im Bereich der optischen Achse am besten ist, werden die Randgebiete des Bildfeldes nicht für die Aufnahme genutzt. Mindestens vier Planetenabbildungen können somit ohne nennenswerte Schärfereduzierung auf einem Format von 24 mm × 36 mm untergebracht werden. Die Abnahme der Bildauflösung von der optischen Achse zum Bildfeldrand testen wir am besten mit einer Aufnahmereihe. Läßt sich die Kamera mehrmals auslösen, ohne dabei den Film weitertransportieren zu müssen, dann kann die Belichtung auch allein mit Hilfe des Drahtauslösers (also ohne „Hut-Methode") durchgeführt werden. Günstiger für eine bestmögliche Bildauflösung ist es, wenn der Film nach einer Belichtung um einen geschätzten oder getesteten Betrag weitertransportiert werden kann. Der Planet bleibt bei dieser Möglichkeit der Mehrfachbelichtung immer in der optischen Achse des vom Objektiv über das Okular erzeugten Bildes. Allerdings läßt sich diese Methode nicht bei allen Kameratypen anwenden.

Eine weitere Variante der Mehrfachbelichtung im unmittelbaren Bereich der optischen Achse ist das Versetzen der gesamten Kamera in einer entsprechend gebastelten Führung. Diese Möglichkeit erfordert jedoch zusätzlichen technischen Aufwand; er dürfte aber für einen Mechaniker kein Problem sein. Mit der „Hut-Methode" kann eine Mehrfachbelichtung im Bereich der optischen Achse auch folgendermaßen erreicht werden:
- Film in die Kleinbild-Spiegelreflexkamera einlegen,
- 18 (von insgesamt 20 Bildern) oder 34 (von insgesamt 36 Bildern) blind, also bei abgedecktem Strahlengang, „belichten",
- Kamera an der Kamerahalterung befestigen und den Einstellknopf für Belichtungszeiten auf „B" stellen,
- Verschlußaufzug durch Schnellspannhebel aufziehen,
- Planet im Kamerasucher einstellen und fokussieren,
- Objektivkappe aufsetzen,

– Drahtauslöser betätigen und arretieren,
– Strahlengang durch Entfernen der Objektivkappe freigeben,
– Strahlengang durch Aufsetzen der Objektivkappe unterbrechen,
– Rückspulauslöser drücken und den Film mit der Rückspulkurbel um einen geschätzten Betrag weitertransportieren. (Sollte sich die Rückspulkurbel nach dem Filmtransport von selbst etwas zurückdrehen, dann ist eine Arretierung mit einem Klebeband empfehlenswert.)
– Strahlengang wieder freigeben.

Für die beschriebenen Mehrfachbelichtungen ist ein Fernrohr mit Nachführung erforderlich. Bei der eben genannten Methode besteht auch die Möglichkeit der mehrmaligen neuen Fokussierung, indem die Rückspulkurbel nach dem Auslösen um mindestens eine Umdrehung bewegt wird. Anschließend ist der Schnellspannhebel, je nach Kameratyp, zu betätigen, und die Fokussierung kann vorgenommen werden.

Welche Methode man wählt, entscheiden vor allem die jeweiligen Bedingungen. Mit etwas Geschick und Erfahrung führt jede Methode zum Erfolg.

6.4. Größe der Planetenscheibchen-Durchmesser

Wie schon beschrieben, läßt sich mit der Okularprojektion die Aufnahmebrennweite variieren. Welchen Durchmesser soll nun das Planetenscheibchen auf der Filmemulsion haben? Für das Erkennen von größeren Einzelheiten, z. B. Wolkenbänder in der Jupiteratmosphäre oder größere dunkle Gebiete auf dem Mars, ist ein Scheibchendurchmesser größer als 1 mm als Richtwert zu empfehlen. In den folgenden beiden Tabellen sind Daten der Planetenfotografie mit der Okularprojektion an einigen Amateurfernrohren aufgeführt. Die Tabellenwerte gelten für mittlere Planetenentfernungen.

Tab. 13. Okularprojektion am Amateurfernrohr 100/1000

Planet	Okular-brenn-weite f_{Ok}	Projektions-abstand l	Äquivalente Brennweite $f_{Ä}$	Äquivalentes Öffnungsver-hältnis $D{:}f_{Ä}$
Venus	10 mm	90 mm	9 000 mm	1: 90
Mars	10 mm	150 mm	15 000 mm	1:150
Jupiter	10 mm	80 mm	8 000 mm	1: 80
Saturnring	10 mm	80 mm	8 000 mm	1: 80
Venus	6 mm	54 mm	9 000 mm	1: 90
Mars	6 mm	90 mm	15 000 mm	1:150
Jupiter	6 mm	48 mm	8 000 mm	1: 80
Saturnring	6 mm	48 mm	8 000 mm	1: 80

Die Werte beziehen sich auf einen Planetenscheibchen-Durchmesser von 1,5 mm. Damit $D{:}f_{Ä}$ beim Mars nicht extrem klein wird, sind die Werte für einen Scheibchendurchmesser von 1 mm berechnet worden.

Tab. 14. Okularprojektion am Cassegrain-Spiegelteleskop 150/900/2250 und Meniskus-Cassegrain-Spiegelteleskop 150/2250 „Meniscas"

Planet	Okular-brenn-weite f_{Ok}	Projektions-abstand l	Äquivalente Brennweite $f_{Ä}$	Äquivalentes Öffnungsver-hältnis $D{:}f_{Ä}$
Venus	12,5 mm	98,5 mm	17 730 mm	1:118
Mars	10 mm	100 mm	22 500 mm	1:150
Jupiter	12,5 mm	87,5 mm	15 750 mm	1:105
Saturnring	12,5 mm	87,5 mm	15 750 mm	1:105
Venus	6 mm	48 mm	18 000 mm	1:120
Mars	6 mm	60 mm	22 500 mm	1:150
Jupiter	6 mm	42 mm	15 750 mm	1:105
Saturnring	6 mm	42 mm	15 750 mm	1:105

Die Werte beziehen sich auf einen Planetenscheibchen-Durchmesser von 3 mm. Damit $D{:}f_{Ä}$ beim Mars nicht extrem klein wird, sind die Werte für einen Scheibchendurchmesser von 1,5 mm berechnet worden.

Natürlich ist auch das für visuelle Beobachtung gut korrigierte orthoskopische Okular der Brennweite von 25 mm einsetzbar. Der Wert für l (Distanz Okular – Film) wird dann aber wesentlich größer und die fotografische Anordnung länger und schwerer. So würde sich gemäß Tabelle der Betrag von l am Refraktor 100/1000 z. B. bei der Venus von 100 auf 250 mm vergrößern.

6.5. Äquivalente Brennweite $f_{Ä}$ und ihre Grenzen

Der Wert für $f_{Ä}$ läßt sich allerdings (analog zur Projektionsfotografie des Mondes) nicht beliebig steigern. Er wird im wesentlichen durch folgende Faktoren begrenzt:
1. Stärke der Luftunruhe;
2. langes Belichten bei extrem großer äquivalenter Brennweite;
3. Beugungsscheibchen des Objektivs.

zu 1: „Tanzt" das Planetenscheibchen infolge der Luftunruhe hin und her, so hat das Fotografieren keinen Sinn. Ein Reduzieren von $f_{Ä}$ bringt auch keine höhere Auflösung. Besonders Spiegelteleskope nach Newton und Cassegrain, die zuvor in geheizten Räumen standen, sind mindestens eine halbe Stunde in geöffnetem Zustand der Außentemperatur anzupassen. Ansonsten entstehen infolge der Temperaturunterschiede zwischen Außenluft und Innenluft des Teleskops Luftturbulenzen.

zu 2: Eine extreme äquivalente Brennweite hat ein kleines $D : f_{Ä}$ und eine lange Belichtungszeit zur Folge. Ein $D : f_{Ä} < 1:250$ ist nicht zu empfehlen. Wesentlich längere Belichtungszeiten als 25 s sollte man vermeiden. Sie stellen an die Nachführung und Stabilität der Montierung höchste Anforderungen. Viele Amateure haben außerdem während der Belichtung nicht die Möglichkeit der genauen Nachführkontrolle.

Bild 6.4. Mars, Venus, Merkur am 16. 3. 1985, 19.05 Uhr MEZ
Objektiv: 1,8/50, Belichtungszeit: 11 s, Blendenzahl: 1,8, Tageslicht-Umkehrfarbfilm: UT 23, ohne Nachführung, Merkur: unterhalb der Bildmitte, Venus: oberhalb der Bildmitte, Mars: links
oben im Bild.

zu 3: Infolge der Beugung des Lichts an der Objektivfassung entsteht um den Brennpunkt einer punktförmigen Lichtquelle ein Beugungsscheibchen,
das von mehreren hellen und dunklen Beugungs-
ringen umgeben ist. Bei einem kleinen Öffnungsverhältnis begrenzt dieses Scheibchen das Auflösungsvermögen. (Dagegen wirkt bei großen Öffnungsverhältnissen die Filmkörnung begrenzend.)
Der lineare Durchmesser des Beugungsscheibchens ist:

$$\sigma = 2{,}44 \cdot \lambda \cdot \frac{f_{Ob}}{D}$$

σ Durchmesser des Beugungsscheibchens in mm
D Objektivdurchmesser in mm
f_{Ob} Objektivbrennweite in mm
λ Wellenlänge des Lichts in mm

Für sichtbares Licht mit einer mittleren Wellenlänge von 555 nm gilt:

$$\sigma = 0{,}00135 \cdot \frac{f_{Ob}}{D}$$

Wir haben die Grenze des Auflösungsvermögens
eines Objektivs erreicht, wenn sich die Beugungsscheibchen benachbarter Bildpunkte, z. B. die
beiden Komponenten eines Doppelsterns, nicht
übermäßig überlappen. Nach obiger Formel vergrößert sich das Beugungsscheibchen (bei gleicher
Objektivöffnung) mit wachsender Brennweite.
Das Auflösungsvermögen dagegen sinkt. Die
Planetenfotografie verlangt aber im allgemeinen

Bild 6.5. Mars, Venus am
3. 2. 1985, 17.58 Uhr MEZ
Objektiv: 1,8/50, Belichtungszeit:
11 s, Blendenzahl: 1,8, Film:
Tageslicht-Umkehrfarbfilm:
UT 23, ohne Nachführung

lange Aufnahmebrennweiten. Welches Öffnungsverhältnis ist nun ratsam? Bei einer mittleren Filmempfindlichkeit kann ein Öffnungsverhältnis im Bereich von 1:50 bis 1:250 gewählt werden. Keinen zusätzlichen Informationsgewinn bringen Öffnungsverhältnisse, welche wesentlich kleiner als 1:250 und wesentlich größer als 1:50 sind. Die Wahl des jeweils optimalen Öffnungsverhältnisses ist nicht zuletzt auch eine Frage der eigenen Erfahrung, die man erst mit der Zeit erwerben kann.

6.6. Nachführung

Wegen der langen äquivalenten Brennweite ist eine Nachführung des Aufnahmeinstruments im allgemeinen erforderlich. Venus, Jupiter und Saturn in günstiger Stellung zur Erde lassen sich schon ohne Nachführung bei Öffnungsverhältnissen von etwa 1:50 aufnehmen, wobei allerdings die Planetenscheibchen auf dem Film noch sehr klein sind. Aufnahmen von Jupiter und Venus erlauben bei mittleren Entfernungen zur Erde durch die große Helligkeit dieser Objekte auch Öffnungsverhältnisse um 1:100. Infolge der täglichen scheinbaren Bewegung legen die Planeten in einer Zeitsekunde 15″ zurück, also fast den scheinbaren Durchmesser des Saturns. In ⅕ s sind es 3″, welche wir bei nicht nachgeführten Fernrohren noch verkraften können. Stellt allerdings der Beobachter an die Bildschärfe größere Anforderungen, dann ist eine Nachführung unerläßlich. Feinere Details werden nur mit großen Amateurfernrohren und einer elektrischen Nachführung fotografisch darstellbar. Zusammenfassend sei festgestellt, daß Belichtungszeiten länger als ⅕ s hier nicht zu empfehlen sind.

Die Bewegung der Planeten unter den Sternen erscheint so langsam, daß der Nachführmotor nicht an die Eigenbewegung der Planeten angepaßt zu werden braucht. Wie schon erwähnt wurde, besteht während der Belichtungszeit oftmals nicht die Möglichkeit der Nachführkontrolle, das heißt, wir müssen uns auf den gleichmäßigen Lauf der Nachführeinrichtung verlassen können. Ein ruckartiges Nachführen ergibt größere Bildunschärfen und ist zum Teil schon durch ein Verlagern des Gegengewichts auf der Deklinationsachse vermeidbar. Das so entstandene geringe Übergewicht der Gegengewichtsseite verlangt vom Motor ein „Nachziehen" des Fernrohrs und kann zu einem gleichmäßigen Lauf beitragen. Größere Windstärken erzeugen besonders bei freistehenden Fernrohren (ohne Schutzhütte oder Kuppel) Erschütterungen, so daß sich die Aufnahme nicht lohnt.

Die präzise Nachführung setzt bei Langzeitbelichtungen eine genaue Polhöheneinstellung der Stundenachse voraus. Da aber die Belichtungszeit in der langbrennweitigen Planetenfotografie in einem Bereich von etwa ¹⁄₁₀₀ s bis zu einigen Sekunden liegt, reicht eine Genauigkeit

von ± 1° aus, ohne daß störende Bildunschärfen zu befürchten sind.

6.7. Belichtungszeit

Der Wert für die Belichtungszeit bei nicht nachgeführten Fernrohren soll nicht größer sein als ⅕ s. Die Belichtungszeit bei einem nachgeführten Fernrohr läßt sich folgendermaßen ermitteln:

1. Der Planet wird mit verschiedenen nach Schätzung vorgenommenen und notierten Belichtungszeiten fotografiert. Danach erfolgt die Entwicklung des Aufnahmematerials. Auf dem Film sind die Planetenscheibchen in unterschiedlichen Schwärzungen zu erkennen. Die optimale Schwärzung ist dabei der Nachweis für die jeweils richtige Belichtungszeit. Eine mit den optimalen Belichtungsdaten versehene Tabelle ist auch für spätere Aufnahmen sehr vorteilhaft.

2. Die Belichtungszeit wird nach folgenden Beziehungen errechnet:

$$f_{\text{Ä}} = \frac{f_{\text{Ob}} \cdot l}{f_{\text{Ok}}}$$

$f_{\text{Ä}}$ äquivalente Brennweite der Aufnahmeoptik in mm
l Projektionsabstand in mm
f_{Ok} Okularbrennweite in mm
f_{Ob} Objektivbrennweite in mm

$$N = \frac{f_{\text{Ä}}}{D}$$

N Öffnungszahl
D Objektivdurchmesser in mm

$$t = \frac{N^2}{E \cdot K}$$

t Belichtungszeit in s
E Empfindlichkeit des Aufnahmematerials in ASA
K dimensionsloser Faktor

Die Formel für $f_{\text{Ä}}$ hat bei der Okularprojektion ohne Kameraobjektiv ihre Gültigkeit. Der Wert für E ist auf der Filmpackung aufgedruckt. In der folgenden Übersicht sind die K-Werte für die Planeten ersichtlich.

Bei den Planeten Merkur, Uranus, Neptun und Pluto ergeben sich mit Amateurfernrohren extrem kleine, nicht auswertbare Planetenscheibchendurchmesser.

Die K-Werte entfallen somit in der Tabelle (Seite 100).

Analog zur Mondfotografie ist auch bei der Planetenfotografie der K-Wert keine konstante Größe. Es lohnt sich daher, neben dem Fotografieren mit der jeweils errechneten Belichtungszeit weitere Aufnahmen mit Zeiten etwa bis zu einem Viertel und dem Vierfachen des errechneten Wertes anzufertigen. Sämtliche Planeten-

Tab. 15. Mittlere Korrekturwerte für Planetenfotos

Planet	K-Wert	Bemerkungen
Venus	200 … 800	Der K-Wert ist von der Phase abhängig.
Mars	50	
Jupiter	20 … 40	
Saturn	10	

fotos in diesem Buch habe ich mit Hilfe dieser rechnerischen Methode erarbeitet.

6.8. Belichtungsmethode

Wie schon erwähnt, kann ein kleines Aufnahmefernrohr beim Auslösen des Kameraverschlusses in leichte Schwingungen geraten. Auch hier empfiehlt sich, wie bei entsprechenden Bereichen der Mondfotografie, die Verwendung einer Pappscheibe, mit deren Hilfe wir die Belichtungszeit steuern („Hut-Methode"). Dabei hilft uns entweder eine Uhr, oder wir schätzen das Sekundenintervall, für dessen Dauer man mit etwas Übung das rechte Zeitempfinden bekommt. Die Kamera wird auf das Symbol für beliebig lange Belichtung eingestellt. Dann erfolgt mit einem arretierbaren Drahtauslöser die Auslösung des Kameraverschlusses. Nun entfernen wir vorsichtig bei vorgehaltener Pappscheibe die Objektivkappe und warten, bis eventuell aufgetretene Schwingungen mit Sicherheit abgeklungen sind. Dann wird durch Wegnehmen der Pappscheibe das Belichtungsintervall eingeleitet und durch erneutes Vorhalten der Scheibe abgeschlossen. Nach dem Aufsetzen der Objektivkappe und Lösen der Arretierung des Drahtauslösers ist die Prozedur abgeschlossen. Das Verfahren läßt sich für Intervalle von etwa ¼ s bis zu einigen Sekunden mit Erfolg nutzen. Schwere Amateurfernrohre schwingen in so geringem Maße, daß dadurch die Bildschärfe nicht leidet. Daher kann man an solchen Instrumenten auch in gewohnter Weise unmittelbar mit dem eingebauten Kameraverschluß arbeiten.

6.9. Filme, Fotopapiere

Auch in der Planetenfotografie gibt es den Problemkreis Belichtungszeit, Filmempfindlichkeit und Objektivbrennweite. Unser Ziel ist ein ausreichend großes, gut auswertbares Planetenbild. Voraussetzung dafür ist, wie bereits ausführlich erläutert, eine künstlich verlängerte Objektivbrennweite, verbunden mit entsprechend verringerter Lichtstärke einer solchen Aufnahmeoptik. Das wiederum erfordert eine längere Belichtungszeit, so daß die Luftunruhe stärker wirksam werden kann. Hochempfindliche Filme helfen die Belichtungszeit zu verkür-

zen, sie haben aber eine gröbere Körnung, die sich beim Nachvergrößern negativ bemerkbar macht. Diesen Teufelskreis gilt es also zu durchbrechen. Wichtige Kriterien bei der Filmauswahl sind dabei:
– Größe des scheinbaren Planetendurchmessers auf dem Film,
– die scheinbare Helligkeit des Planeten,
– die Höhe über dem Horizont,
– die Belichtungszeit,
– der Objektivdurchmesser (zu beachten bei Farbfilmen),
– die Kontrastwiedergabe,
– die Nachvergrößerung in der Dunkelkammer.

Die Nachvergrößerung liegt im Bereich von etwa 5- bis 20fach. Starke Nachvergrößerungen verlangen einen feinkörnigen Film, z. B. den Schwarzweißfilm TP 2415. Er arbeitet gegenüber den hochempfindlichen Filmen kontrastreicher und wird darum für Aufnahmen der Planeten Mars, Jupiter und Saturn bevorzugt verwendet. Damit sich das feine Korn nicht vergröbert, wählen wir für die Filmentwicklung einen Feinst- oder Feinkornentwickler wie etwa den Kodak D–19. Auch mit mittel- und hochempfindlichen Emulsionen, z.B. dem Schwarzweißfilm Ilford XP 1 400, sind in der Amateurastronomie sehr gute Ergebnisse erzielt worden, wenn eine größere Aufnahmebrennweite zur Verfügung stand und nicht allzustark nachvergrößert werden mußte. Der etwas geringere Kontrastumfang solcher Filme kann durch hartes oder extrahartes Fotopapier gesteigert werden. Kontrastreiche Objekte, wie z. B. die Venussichel, die Mondkrater am Terminator und die Saturnringe, werden bereits mit normalem Fotopapier im allgemeinen kontrastreich genug abgebildet. Die farbige Abbildung der Planeten Mars, Jupiter und Saturn lohnt sich erst mit Objektiven größer als 100 mm Durchmesser auf Farbdiafilm (z. B. Agfa CT 200, Fujichrome P 1600 D) mittlerer und höherer Empfindlichkeit sowie auf Farbnegativfilm (z. B. Konica SR 1600). Das eigene Verarbeiten von Farbnegativfilmen erfordert aber einen im Gegensatz zur Schwarzweiß-Verarbeitung größeren zeitlichen und labortechnischen Aufwand.

6.10. Planeten in der Einzeldarstellung

6.10.1. Merkur

Der Merkur zählt zu den schwierigen Aufnahmeobjekten. Er entfernt sich von der Erde aus gesehen nur bis zur Elongation von maximal 27°50' westlich und östlich von der Sonne. Selten geht daher der Merkur mehr als eine Stunde nach Sonnenuntergang unter bzw. vor Sonnenaufgang auf. Er befindet sich also ständig in relativer Sonnennähe, wodurch die visuelle und fotografische Beobachtung trotz seiner maximalen Helligkeit $>-1^m$ erschwert wird. Außerdem nimmt die visuelle Helligkeit mit zunehmender Phase ab, was ein Beobachten im Bereich der Erdnähe stark erschwert. Im allgemeinen ist man als Amateur schon sehr zufrieden, wenn der sonnennächste Planet als sternförmiges Objekt auf der Emulsion überhaupt zu sehen ist (Bild 6.4).

Relativ günstige Beobachtungsbedingungen bietet im Frühjahr der Abend- und im Herbst der Morgenhimmel, sofern sich dieser Planet gerade dort befindet. Eine niedrige Dunstgrenze vorausgesetzt, können wir Merkur während der hellen Dämmerung mit dem bloßen Auge oder dem Feldstecher aufsuchen. Infolge seiner geringen Höhe über dem Horizont ist aber sein Lichtweg durch die Atmosphäre besonders lang. Die Luftunruhe führt also zu einem starken „Verschmieren" des Planetenscheibchens in der Aufnahme. Im Okularsehfeld erscheint der Planet mit einem Farbsaum. Unter solchen Bedingungen wird man wohl kaum ein scharf abgebildetes Planetenscheibchen unter amateurgemäßen Aufnahmebedingungen erhalten. Einzelheiten auf der Merkuroberfläche sind daher noch viel weniger in den Aufnahmen zu erkennen. Die verschiedenen Phasen können eventuell mit etwas Glück fotografisch festgehalten werden.

Etwas günstigere Voraussetzungen findet man am tiefblauen Tageshimmel bei einer geringen Dunsthöhe. Mit Hilfe der Teilkreise an der Montierung wird das Fernrohr auf die vorausberechnete Stelle am Himmel eingestellt. Der Kontrast zwischen Himmelshintergrund und Planet ist jedoch im Gegensatz zu Abendbeobachtungen geringer, so daß man den Himmel im Fernrohrsehfeld sehr gründlich beobachten muß. Der Vorteil besteht in der Chance einer schärferen Abbildung. Günstige Aufnahmezeiten sind im Bereich von etwa einer Stunde nach Sonnenaufgang (vorausgesetzt, der Planet befindet sich westlich der Sonne) oder vor Sonnenuntergang (vorausgesetzt, der Planet befindet sich östlich der Sonne). Die Atmosphäre ist in diesem Zeitabschnitt, im Gegensatz zur Mittagszeit, oft relativ ruhig. Geringem Kontrast kann eventuell mit einem Gelb- oder Orangefilter begegnet werden. Das Aufsuchen des Merkur am Tageshimmel empfiehlt sich während der größten Helligkeit mit einem größeren Amateurfernrohr. Eine weitere visuelle und fotografische Beobachtungsmöglichkeit besteht bei einem Vorübergang des Planeten vor der Sonne. Er ist dabei als kleiner schwarzer Fleck vor der Sonnenscheibe sichtbar. Am 13. November 1986 fand ein solcher Merkurdurchgang statt. Der nächste bei uns sichtbare Durchgang ist am 7. Mai 2003. Die Aufnahmetechnik ist die gleiche wie bei der noch zu behandelnden Sonnenfotografie.

Schließlich sei noch das Fotografieren des Merkur mit einer handelsüblichen, nicht nachgeführten Kamera ohne Fernrohr während der Dämmerung erwähnt (Bild 6.4). Den Planeten müssen wir mindestens im Feldstecher, besser aber mit dem bloßen Auge sehen können. Die Kamera wird mit einem Drahtauslöser und einer Gegenlichtblende versehen und auf einer festen Unterlage aufgestellt. Die Belichtungszeit beträgt bei einem Normalobjektiv, Blendenzahl: 1,8, etwa 10 s unter Verwendung eines Films mit 23 DIN bis etwa 27 DIN Empfindlichkeit. Vorrangig für die Merkurfotografie mit Normal- oder Teleobjektiven während der Dämmerungsphase sind vor allem aus ästhetischen Gründen Farbfilme ab etwa 23 DIN Empfindlichkeit empfehlenswert.

6.10.2. Venus

Wie der Merkur zählt auch die Venus zu den inneren Planeten. Durch ihre größere Entfernung zur Sonne und geringere Distanz zur Erde ergeben sich bessere Sichtbarkeitsbedingungen, denn ihre größte östliche bzw. westliche Elongation kann einen Wert von 47° erreichen. Ihre scheinbare Helligkeit von -3^m bis -4^m gestattet bei guten Sichtbedingungen sogar ein Beobachten mit bloßem Auge am Tageshimmel. Die Venus ist somit nach

Bild 6.6. Die Venus 14^h35^{min} nach der unteren Konjunktion am 4. 4. 1985, 13.55 Uhr MEZ
Objektiv: 130/1950, Okular: orthoskopisches Okular $f = 25$ mm, $l = 120$ mm, $f_Ä = 9360$ mm, $D:f_Ä = 1:72$, Durchmesser auf dem Negativ $\varnothing_V = 2,7$ mm, Belichtungszeit: $\frac{1}{60}$ s, 15-DIN-Film, ohne elektrische Nachführung, Negativentwicklung: E 102, 1 + 6, 6 min bei 20 °C, Fotopapier: extra-hart

Sonne und Mond das scheinbar hellste Gestirn. Ihre größte Helligkeit erreicht sie etwa 35 Tage vor und nach der unteren Konjunktion (Erdnähe). Durch die Lichtstreuung in der Venusatmosphäre entsteht in der Nähe der unteren Konjunktion eine Verlängerung des sichelförmigen beleuchteten Teils. Es wird von einem „Übergreifen der Hörnerspitzen" gesprochen. Dieses „Übergreifen" kann sich bis zu einem Ring verlängern. Die Entfernung Erde – Venus ist zu verschiedenen Zeiten sehr unterschiedlich, so daß der scheinbare Venusdurchmesser im Bereich von 10 bis 60″ liegt. In der Nähe der unteren Konjunktion hat sie im Vergleich zu den anderen

Planeten den größten scheinbaren Durchmesser und kann schon mit kleineren Amateurfernrohren ohne Nachführung mit Brennweitenverlängerung oder auch ohne fotografiert werden (Bild 6.6). Um einen gut auswertbaren Planetenscheibchendurchmesser zu erhalten, ist die Brennweitenverlängerung aber zu empfehlen (Bilder 6.7, 6.8, 6.9): In Erdnähe ist das Fokalbild der Venus bei 840 mm Aufnahmebrennweite zum Beispiel nur 0,24 mm groß.

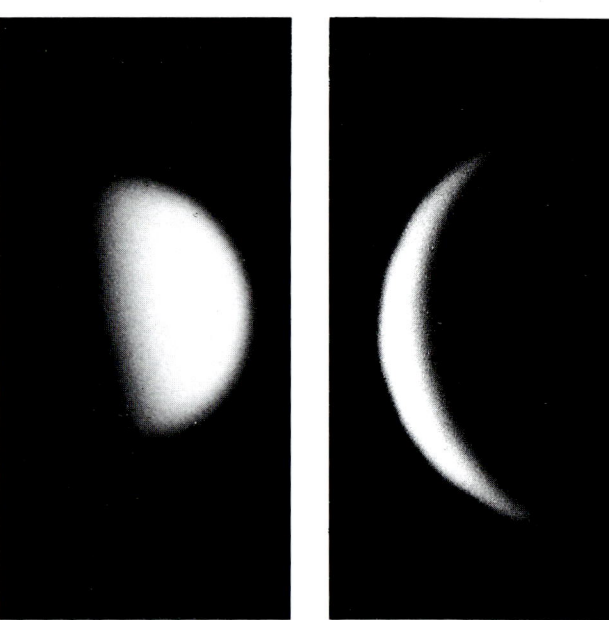

Bild 6.8 (links). Venus
Objektiv: 110/1600, Okular: orthoskopisches Okular $f = 12,5$ mm, $l = 120$ mm, $f_{\ddot{A}} = 15\,360$ mm, $D : f_{\ddot{A}} = 1 : 140$, $\varnothing_V = 0,7$ mm, Belichtungszeit: 1 s (errechnet: 0,6 s), 20-DIN-Film, elektrische Nachführung, Negativentwicklung: E 102, 1 + 6, 6 min bei 20 °C, Fotopapier: hart, weiß

Bild 6.7. Die Venus
Objektiv: 63/840, Okular: orthoskopisches Okular $f = 12,5$ mm, $l = 120$ mm, $f_{\ddot{A}} = 8064$, $D : f_{\ddot{A}} = 1 : 128$, $\varnothing_V = 1,5$ mm, Belichtungszeit: 1 s (errechnet: ½ s), 20-DIN-Film, elektrische Nachführung, Negativentwicklung: E 102, 1 + 6, 6 min bei 20 °C, Fotopapier: hart, weiß

Bild 6.9 (rechts). Die Venus am 23. 4. 1972
Objektiv: 400/1800/6000, Cassegrain, Okular: orthoskopisches Okular $f = 12,5$ mm, $l = 100$ mm, $f_{\ddot{A}} = 48\,000$ mm, $D : f_{\ddot{A}} = 1 : 120$, $\varnothing_V = 13,9$ mm, Belichtungszeit: ¼ s (errechnet: 0,5 s), 20-DIN-Film, elektrische Nachführung, Negativentwicklung: E 102, 1 + 6, 6 min bei 20 °C, Fotopapier: hart, weiß

Bild 6.10. Venus am Tageshimmel am 13. 6. 1985, 07.35 Uhr MEZ
Objektiv: 63/840, Okular: orthoskopisches Okular $f = 12,5$ mm, $l = 133$ mm, $f_{\ddot{A}} = 8938$ mm, $D : f_{\ddot{A}} = 1 : 142$, Belichtungszeit: 1 s (errechnet: 0,4 s), $\varnothing_V = 1$ mm. Tageslicht-Umkehrfarbfilm: UT 23, elektrische Nachführung

Bild 6.11. Venus am Tageshimmel 13. 6. 1985, 07.25 Uhr MEZ
Objektiv: 130/1950, Okular: orthoskopisches Okular $f = 12,5$ mm, $l = 133$ mm, $f_{\ddot{A}} = 20\,748$ mm, $D : f_{\ddot{A}} = 1 : 160$, Belichtungszeit: 1 s (errechnet: 0,5 s), $\varnothing_V : 2,5$ mm, Tageslicht-Umkehrfarbfilm: UT 23, elektrische Nachführung

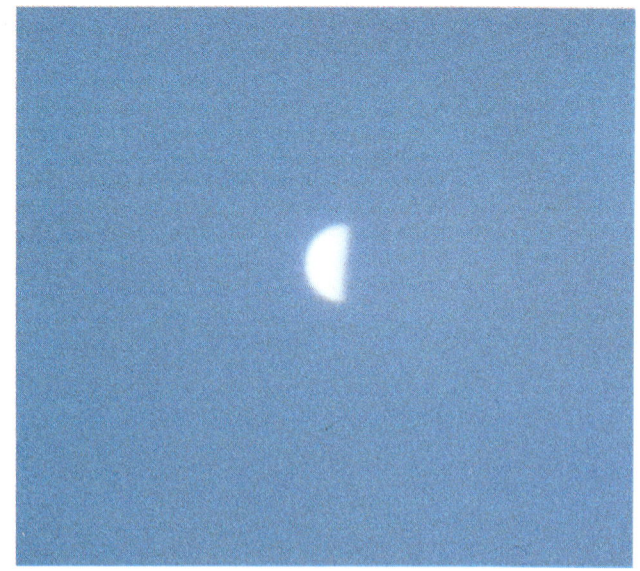

Der Morgen- und Abendstern ist praktisch ohne Qualitätseinbuße am Tageshimmel bei niedrigen Dunsthöhen mit und ohne Filter fotografisch erfaßbar (Bilder 6.10, 6.11). Eine Kontraststeigerung zwischen dem Himmelshintergrund und dem Planeten ermöglicht ein Gelb- oder Orangefilter, weil es das Hintergrundleuchten weniger durchläßt. Auch ein Polarisationsfilter erfüllt bei richtiger Einstellung des Drehwinkels diesen Zweck. Das Aufsuchen der Venus am Tageshimmel erfolgt am besten mit Hilfe der Koordinaten; in seltenen Fällen ist es aber auch mit bloßem Auge möglich.

6.10.3. Mars

Der Mars ist als ein rötliches Objekt am Himmel sichtbar. Er kann sich bis auf 55,8 Millionen Kilometer der Erde nähern und wird dadurch für mittlere und große Amateurfernrohre fotografisch gut erfaßbar. Die nächsten Erdannäherungen (Opposition) sind der Tabelle auf Seite 104 zu entnehmen.

Während der Opposition zeigt uns der Planet seine vollbeleuchtete Tagesseite und kann die ganze Nacht hindurch beobachtet werden. Infolge seiner etwa fünfmal so

Bild 6.12. Der Planet Mars (breiteste Strichspur) am Südwest-Himmel des 1. Oktober 1986. Im allgemeinen stören Flugzeugspuren eine astronomische Aufnahme. Dagegen führen die punktförmig unterbrochenen Strichspuren in diesem Fall zusammen mit den Sternstrichspuren und Bäumen zu einem interessanten Gesamteindruck. Objektiv: 2,8/35, Belichtung: 19.55–21.25 Uhr MEZ, Blendenzahl: 2,8, 27-DIN-Film, Negativentwicklung: M-H 28, 1 + 6, 7 min bei 20 °C, Fotopapier: extra-hart. Während der Belichtung waren sehr gute meteorologische Voraussetzungen vorhanden (Windstärke 1 und Fernsicht).

Oberflächengebilde der Venus sind wegen dichter Wolken von der Erde aus nicht erkennbar. Dafür ist aber das Fotografieren der verschiedenen Phasen eine reizvolle Aufgabe. Im allgemeinen zeigen Venusaufnahmen keine oder nur minimale dunkle Schattierungen. Ganz anders dagegen sind die Ergebnisse fotografischer Beobachtungen mittels Raumsonden im ultravioletten Licht. Hier zeigen sich die Venuswolken kontrastreicher und ihre Strukturen werden deutlich sichtbar. Doch auch von der Erde aus konnten Fernrohrbeobachter schon ähnliche Eindrücke fotografisch aufzeichnen. Wir benötigen dazu Aufnahmematerial, das speziell im UV-Bereich empfindlich ist. Zu den Voraussetzungen gehört ein UV-Filter, welches nur das UV-Licht passieren läßt, oder ein Violett- bzw. dunkles Blaufilter. Allgemein aber wird die Venus in der Amateurastronomie auf Schwarzweiß-Film (z. B. Kodak TP 2415, Ilford XP 1 400) und Farbfilm (z. B. Agfa CT 200, Kodachrome 200) fotografiert.

großen Exzentrizität gegenüber der Erdbahn ergibt sich für die Marsbahn eine stärkere elliptische Form. Somit ist die Entfernung Erde – Mars bei der Oppositionsstellung nicht immer gleich. Im ungünstigsten Fall erreicht sie Werte von über 100 Millionen Kilometer. Wir haben es dann mit einer Apheloppposition zu tun. Der Mars befindet sich im sonnenfernen Bahnbereich. Im August finden im sonnennahen Bahnbereich die Periheloppositionen statt, welche aber wegen der tiefen Lage in der Ekliptik für einen Beobachter auf der nördlichen Erdhalbkugel nur in geringer Höhe über dem Horizont zu beobachten sind. Bessere fotografische Voraussetzungen, das heißt größere Höhen des Planeten über dem Horizont ergeben sich bei Oppositionen im Februar. Der Scheibchendurchmesser der Marsabbildung ist dabei zwar kleiner, aber dafür leuchtet der Planet in großer Höhe, und es bietet sich eine größere Chance für ein scharf abgebildetes Planetenscheibchen. Bei sehr ruhi-

Tab. 16. Marsoppositionen 1995 bis 2022

Opposition	Erdnähe	Entfernung in Mill. km	Helligkeit	Durchmesser	Deklination
1995 12. Februar	11. Februar	101,1	− 1^{m}2	13,″9	+ 18°2
1997 17. März	20. März	98,6	− 1^{m}3	14,″2	+ 4°7
1999 24. April	1. Mai	86,5	− 1^{m}7	16,″2	− 11°6
2001 13. Juni	21. Juni	67,3	− 2^{m}3	20,″8	− 26°5
2003 28. August	27. August	55,8	− 2^{m}9	25,″1	− 15°8
2005 7. November	30. Oktober	69,4	− 2^{m}3	20,″2	+ 15°9
2007 24. Dezember	18. Dezember	88,2	− 1^{m}7	15,″9	+ 26°8
2010 29. Januar	27. Januar	99,3	− 1^{m}3	14,″1	+ 22°2
2012 3. März	5. März	100,8	− 1^{m}2	13,″9	+ 10°3
2014 8. April	14. April	92,4	− 1^{m}5	15,″2	− 5°1
2016 22. Mai	30. Mai	75,3	− 2^{m}1	18,″6	− 21°6
2018 27. Juli	31. Juli	57,6	− 2^{m}8	24,″3	− 25°5
2020 13. Oktober	6. Oktober	62,1	− 2^{m}6	22,″6	− 5°4
2022 8. Dezember	1. Dezember	81,5	− 1^{m}8	17,″2	+ 25°0

ger Atmosphäre ist auch die scheinbare Ortsveränderung des Objekts, das Seeing, äußerst gering. Dieser Bestandteil der Luftunruhe hat leider oft einen Wert um etwa fünf Bogensekunden (Erfahrungswert des Autors). Nur selten sinkt er in unseren Breiten unter eine Bogensekunde. Unter dieser Voraussetzung könnten auf dem Mars noch Formationen von etwa 400 Kilometer Ausdehnung mit größeren Amateurfernrohren fotografisch beobachtet werden (Bilder 6.13, 6.14).
Die Marsoberfläche wird gelegentlich durch atmosphäri-

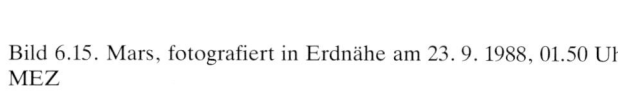

Bild 6.15. Mars, fotografiert in Erdnähe am 23. 9. 1988, 01.50 Uhr MEZ
Objektiv: 130/1950, Okular: orthoskopisches Okular f = 12,5 mm, l = 192 mm, $f_Ä$ = 29952 mm, $D : f_Ä$ = 1 : 230, $\varnothing_M$ = 3,4 mm, Belichtungszeit: 8 s, (errechnet: 8 s), 22-DIN-Film, elektrische Nachführung, Negativentwicklung: Feinkornentwicklung A 03, 7 min bei 20 °C, Fotopapier: hart, weiß. Das Papier stellt ein Komposit-Foto dar, welches aus zwei im Vergrößerungsgerät genau übereinandergelegten Einzelnegativen entstanden ist.

Bild 6.13 (unten links). Mars am 18. 8. 1971, 23.45 Uhr MEZ in Erdnähe (Deklination: −22°49′)
Objektiv: 400/1800/6000 Cassegrain, Okular: orthoskopisches Okular f = 12,5 mm, l = 80 mm, $f_Ä$ = 38400 mm, $D : f_Ä$ = 1 : 96, $\varnothing_M$ = 2,2 mm, Belichtungszeit: 1 s (errechnet: ≈2 s), 20-DIN-Film, elektrische Nachführung, Negativentwicklung: Feinstkornentwickler A 49, 11 min bei 20 °C, Fotopapier: hart, weiß

Bild 6.14 (unten rechts). Mars am 29. 8. 1971, 22.15 Uhr MEZ in Erdnähe (Deklination: −23°10′)
Objektiv: 400/1800/6000 Cassegrain, Okular: orthoskopisches Okular f = 12,5 mm, l = 80 mm, $f_Ä$ = 38400 mm, $D : f_Ä$ = 1 : 96, $\varnothing_M$ = 2,2 mm, Belichtungszeit: 1 s (errechnet: ≈2 s), 20-DIN-Film, elektrische Nachführung, Negativentwicklung: Feinstkornentwickler A 49, 11 min bei 20 °C, Fotopapier: hart, weiß

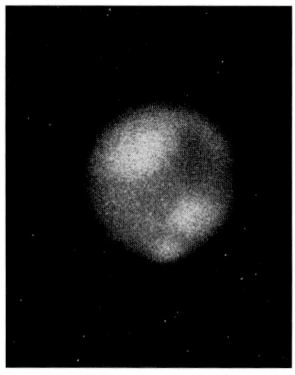
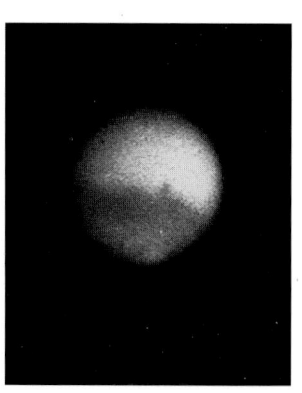

sche Erscheinungen getrübt. Staubstürme, Wolken- und Dunstschichten rufen in manchen Gebieten weitgehende Detailarmut hervor. Der Mars ist sowohl mit als auch ohne Filter fotografierbar. Das Fotografieren ohne Filter hat den Vorteil der kürzeren Belichtungszeit. Demgegenüber bewirkt der Einsatz eines Gelb-, Orange- oder Rotfilters durch die Absorption des kurzwelligen Lichtanteils ein kontrastreicheres Bild. Die Polkappe wie auch helle und dunkle Gebiete treten deutlicher auf dem Schwarzweißfilm hervor.
Auch die Atmosphäre des Planeten läßt sich mit Hilfe größerer Amateurinstrumente durch den Vergleich zweier Aufnahmen fotografisch erfassen. Das Planetenbild hat auf beiden Aufnahmen unterschiedliche Durchmesser. Das größere Marsbild entstand mit Hilfe eines Blaufilters, das kleinere mit Hilfe eines Rotfilters. Das kurzwellige blaue Sonnenlicht wird schon in höheren Schichten der Marsatmosphäre gestreut bzw. zurückge-

Bild 6.16. Mars in Erdnähe, aufgenommen am 9. 9. 1988, 02.00 Uhr MEZ
Objektiv: 130/1950, Okular: orthoskopisches Okular $f = 12{,}5$ mm, $l = 192$ mm, $f_Ä = 29\,952$ mm, $D:f_Ä = 1:230$, $\varnothing_M = 3{,}4$ mm, Belichtungszeit: 3 s (errechnet: 11 s), Negativ-Colorfilm: NC 21, elektrische Nachführung, Fotopapier: PM 20

Bild 6.18. Mars, fotografiert in Erdnähe am 23. 9. 1988, 00.45 Uhr MEZ
Objektiv: 130/1950, Okular: orthoskopisches Okular $f = 12{,}5$ mm, $l = 192$ mm, $f_Ä = 29\,952$ mm, $D:f_Ä = 1:230$, $\varnothing_M = 3{,}4$ mm, Belichtungszeit: 4 s (errechnet: 11 s), Negativ-Colorfilm: NC 21, elektrische Nachführung, Fotopapier: PM 20

Bild 6.17. Mars in Erdnähe am 9. 9. 1988, 02.50 Uhr MEZ
Objektiv: 130/1950, Okular: orthoskopisches Okular $f = 12{,}5$ mm, $l = 192$ mm, $f_Ä = 29\,952$ mm, $D:f_Ä = 1:230$, $\varnothing_M = 3{,}4$ mm, Belichtungszeit: 7 s (errechnet: 13 s), Tageslicht-Umkehrfarbfilm: UT 20, elektrische Nachführung

Bild 6.19. Mars, fotografiert in Erdnähe am 23. 9. 1988, 01.30 Uhr MEZ
Objektiv: 130/1950, Okular: orthoskopisches Okular $f = 12{,}5$ mm, $l = 192$ mm, $f_Ä = 29\,952$ mm, $D:f_Ä = 1:230$, $\varnothing_M = 3{,}4$ mm, Belichtungszeit: 12 s (errechnet: 13 s), Tageslicht-Umkehrfarbfilm: UT 20, elektrische Nachführung

worfen. Das langwellige Licht gelangt fast ungehindert hindurch. Daher entsteht ein kleineres Marsbild auf der „Rotaufnahme" und ein größeres auf der „Blauaufnahme", welches die Marsatmosphäre mit abbildet. Der Kontrast bei Blaufilter-Aufnahmen ist im Gegensatz zu Rotfilter-Aufnahmen an Oberflächengebilden geringer. Die Marsfotografie mit einem kleineren Fernrohr von etwa 800 mm Objektivbrennweite lohnt sich erst mit großer Brennweitenverlängerung und elektrischer Nachfüh-

rung im Bereich der Perihellopposition. Bei mittleren und großen Amateurfernrohren ist während der größten scheinbaren Helligkeit von etwa -3^m nicht unbedingt eine Nachführung notwendig. Diese Instrumente sind aber im allgemeinen mit einer elektrischen Nachführung versehen, so daß es hierbei ohnehin kein Problem gibt. Die beiden Marsmonde Phobos und Deimos bleiben mit Amateurmitteln fotografisch unerreichbar.

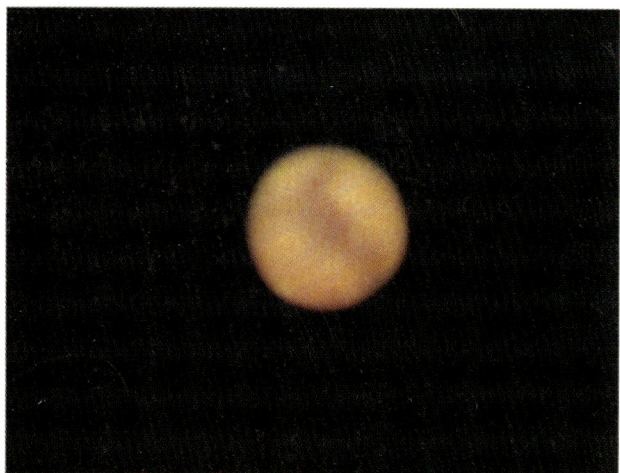

Bild 6.20. Mars in Erdnähe, aufgenommen am 1. 10. 1988, 23.50 Uhr MEZ
Objektiv: 130/1950, Okular: orthoskopisches Okular $f = 12{,}5$ mm, $l = 192$ mm, $f_{\text{Ä}} = 29\,952$ mm, $D:f_{\text{Ä}} = 1:230$, $\varnothing_{\text{M}} = 3{,}4$ mm, Belichtungszeit: 4 s (errechnet: 11 s), Negativ-Colorfilm: NC 21, elektrische Nachführung, Fotopapier: PM 20

Bild 6.21. Mars in Erdnähe, aufgenommen am 2. 10. 1988, 00.05 Uhr MEZ
Objektiv: 130/1950, Okular: orthoskopisches Okular $f = 12{,}5$ mm, $l = 192$ mm, $f_{\text{Ä}} = 29\,952$ mm, $D:f_{\text{Ä}} = 1:230$, $\varnothing_{\text{M}} = 3{,}4$ mm, Belichtungszeit: 10 s (errechnet: 13 s), Tageslicht-Umkehrfarbfilm: UT 20, elektrische Nachführung
Die zum Teil sehr unterschiedlich langen Belichtungszeitwerte zwischen der wahren und errechneten Zeit haben ihre Ursachen hauptsächlich in dem Durchschnittswert von „K". Mars befand sich während der Aufnahmezeit in der Nähe der Opposition, so daß sich die wahre Belichtungszeit verkürzt.

6.10.4. Jupiter

Der Riese unter den Planeten hat einen Äquatordurchmesser von 143\,650 km, das entspricht dem 11,2fachen Erddurchmesser. Mit einer mittleren scheinbaren Helligkeit von -2^{m} übertrifft er den hellsten Fixstern. Jupiter zählt demnach zu den visuell und fotografisch gut beobachtbaren Planeten. Schon bei kleineren Fernrohren wird er mit Hilfe der Okularprojektion mit einem genügend großen Scheibchendurchmesser auf dem Film abgebildet (Bild 6.22). Die Abplattung des Planeten läßt sich bereits fotografisch erfassen. Der Poldurchmesser ist 8780 km kleiner als der Äquatordurchmesser. Das zeugt von einer schnellen Rotation, die in Äquatornähe 9 h 50,5 min beträgt. Wir können somit in Oppositionsnähe im nördlichen Bereich der Ekliptik eine vollständige Rotation fotografisch dokumentieren. Während dieser Zeit zeigt sich Jupiter in verschiedenen Schattierungen. Am auffälligsten sind die hellen Zonen und dunklen Bänder. Gelegentlich wird auch auf der Südhalbkugel der „Große Rote Fleck" (GRF) visuell und fotografisch gut sichtbar. Diese verschiedenen, relativ beständigen atmosphärischen Erscheinungen stellen besonders für mittlere und große Amateurfernrohre lohnende Objekte dar (Bilder 6.23 bis 6.26). Stärkere Veränderungen weisen kleinere Wirbel und Streifen in größeren Breiten auf. Mit Fernrohrobjektiv-Öffnungen größer als 100 mm läßt sich Jupiter auch mit einem Farbfilm (z. B. Fujichrome P 1600 D oder Agfa CT 200) erfolgreich fotografieren. Die Bänder zeigen sich in einem gedämpften rotbraunen Licht, die helleren Zonen leuchten in gelbweißem Farbton. Der GRF verändert seine Farbe vom Grau bis zum Rot. Diese verschiedenen Farben bewirken in der Schwarzweißfotografie durch den Einsatz von Filtern kontrastreichere Grauwerte in der Wiedergabe. Gute Ergebnisse sind auf orthochromatischen Emulsionen schon in Verbindung mit einem Blaufilter erreicht worden. Auch Gelb- und Orangefilter und panchromatisches Aufnahmematerial führen zur Kontrastverstärkung. Zu beachten ist der Verlängerungsfaktor für die Belichtungszeit. Deshalb lohnen sich Aufnahmen mittels Filter nur bei möglichst geringer Luftunruhe.

Fotografisch reizvoll ist die Beobachtung einer Jupiterbedeckung durch den Erdmond. Für ein ausreichend großes Planetenscheibchenbild bei kleinen und mittleren Fernrohren sorgt wieder die Brennweitenverlängerung

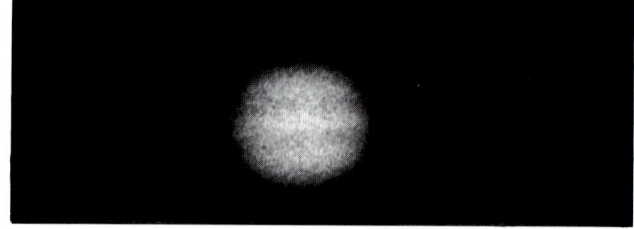

Bild 6.22. Der Planet Jupiter am 27. 3. 1982, 02.00 Uhr MEZ (Deklination: $-13°00'$)
Objektiv: 63/840, Okular: orthoskopisches Okular $f = 12{,}5$ mm, $l = 120$ mm, $f_{\text{Ä}} = 8064$ mm, $D:f_{\text{Ä}} = 1:128$, $\varnothing_{\text{J}} = 1{,}4$ mm, Belichtungszeit: 4 s (errechnet: ≈ 5 s), 20-DIN-Film, elektrische Nachführung, Negativentwicklung: Feinstkornentwickler A 49, 11 min bei 20 °C, Fotopapier: hart, weiß

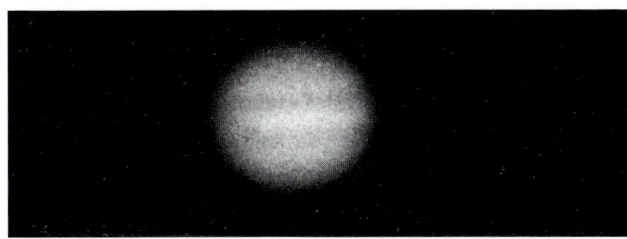

Bild 6.23. Der Planet Jupiter am 28. 3. 1982, 01.30 Uhr MEZ (Deklination: ≈ –13°)
Objektiv: 80/1200, Okular: orthoskopisches Okular $f = 12,5$ mm, $l = 120$ mm, $f_Ä = 11520$ mm, $D:f_Ä = 1:144$, $\varnothing_J = 2,2$ mm, Belichtungszeit: 3 s (errechnet: ≈ 6 s), 20-DIN-Film, elektrische Nachführung, Negativentwicklung: Feinstkornentwickler A 49, 11 min bei 20 °C, Fotopapier: normal, weiß, glänzend

Diese Frage ist pauschal schwer zu beantworten, denn auch die Mondphase gilt es in diesem Fall mit einzukalkulieren. Natürlich ist eine Kompromißlösung zwischen den ermittelten Belichtungszeiten für Jupiter und Mond möglich. Legen wir als Hauptobjekt den Jupiter fest, dann wäre die ermittelte Jupiter-Belichtungszeit maßgebend. Da eine solche Jupiterbedeckung relativ selten ist, vergrößern wir den Belichtungsspielraum um die ermittelte Belichtungszeit so, daß wir bis etwa zum Sechsfachen bzw. ⅙ des Betrages belichten. Bei einem Kleinbildfilm mit 36 Aufnahmen stehen dafür genügend Bilder zur Verfügung. Die Belichtungszeit der Jupiterbedeckung auf Bild 6.32 richtete sich nach dem Planeten.
Bei der Papierbild-Herstellung kann uns mitunter die

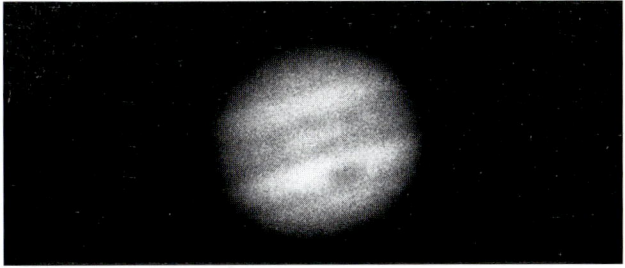

Bild 6.24. Jupiter am 23. 8. 1973, 21.30 Uhr MEZ (Deklination: –19°57′)
Objektiv: 400/1800/6000 Cassegrain, Okular: orthoskopisches Okular $f = 12,5$ mm, $l = 80$ mm, $f_Ä = 38400$ mm, $D:f_Ä = 1:96$, $\varnothing_J = 7,4$ mm, Belichtungszeit: ½ s (errechnet: ½ s), 27-DIN-Film, elektrische Nachführung, Negativentwicklung: Feinstkornentwickler A 49, 11 min bei 20 °C, Fotopapier: hart, weiß

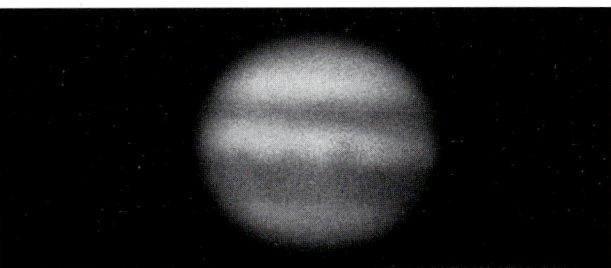

Bild 6.25. Jupiter am 12. 8. 1985, 00.15 Uhr MEZ (Deklination: –18°17′)
Objektiv: 400/1800/6000 Cassegrain, Okular: orthoskopisches Okular $f = 12,5$ mm, $l = 58$ mm, $f_Ä = 27840$ mm, $D:f_Ä = 1:70$, $\varnothing_J = 5,5$ mm, Belichtungszeit: 5 s (errechnet: ≈5 s), 15-DIN-Film, elektrische Nachführung, Negativentwicklung: Feinstkornentwickler A 49, 11 min bei 20 °C, Fotopapier: normal, weiß, glänzend

mit Hilfe der Okularprojektion. Neben dieser Methode empfiehlt sich auch die Nutzung einer Barlow-Linse, besonders bei großen Objektivbrennweiten. Ein gewisses Problem stellt die Belichtungszeit dar, weil wir hier zwei recht unterschiedlich helle Objekte auf ein Bild zu bringen haben. Nach welchem Himmelskörper richten wir uns nun?

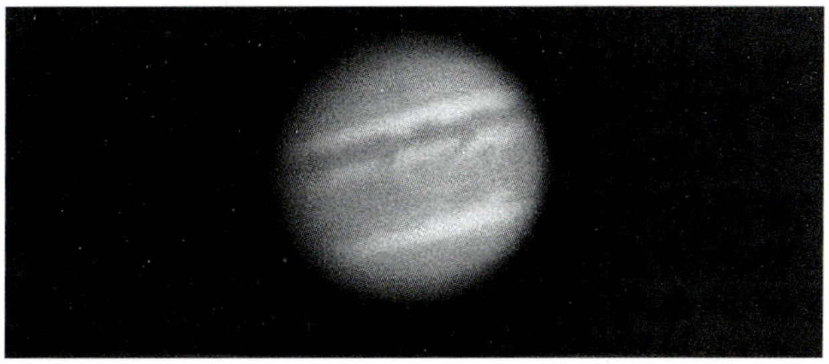

Bild 6.26. Jupiter am 11. 4. 1991, Zeit: 20.00 Uhr MEZ, Instrument: Refraktor 130/1950, Okularprojektion mit 12,5–0, Belichtungszeit: 9 s, $f_Ä = 29640$ mm, $D:f_Ä = 1:228$, Film: TP 2415, Negativentwicklung: E 102, 1 + 4, 11 min bei 20 °C, Fotopapier: hart

Links:
Bild 6.27. Der Planet Jupiter, fotografiert am 1. 10. 1987, 22.10 Uhr MEZ
Objektiv: 130/1950, Okular: orthoskopisches Okular $f = 12,5$ mm, $l = 133$ mm, $f_Ä = 20748$ mm, $D:f_Ä = 1:160$, $\varnothing_J = 4$ mm, Belichtungszeit: 6 s (errechnet: 6 s), Negativ-Colorfilm: NC 21, elektrische Nachführung, Fotopapier: PM 20
Der Negativ-Colorfilm und die dazugehörigen Papiervergrößerungen in diesem Buch wurden vom Autor selbst bearbeitet.

Bild 6.28. Der Planet Jupiter am 12. 8. 1985, 00.03 Uhr MEZ
Objektiv: 400/1800/6000 Cassegrain, Okular: orthoskopisches Okular: $f = 12,5$ mm, $l = 58$ mm, $f_{\text{Ä}} = 27840$ mm, $D:f_{\text{Ä}} = 1:70$, Belichtungszeit: 3 s (errechnet: 2 s), $\varnothing_{\text{J}} = 5,5$ mm, Tageslicht-Umkehrfarbfilm: UT 23, elektrische Nachführung.
Der Planet ist aufrecht und seitenrichtig auf dem Foto sichtbar.

Bild 6.29. Jupiter am 5. 1. 1989, 20.45 Uhr MEZ
Objektiv: 130/1950, Okular: orthoskopisches Okular $f = 12,5$ mm, $l = 192$ mm, $f_{\text{Ä}} = 29952$ mm, $D:f_{\text{Ä}} = 1:230$, Belichtungszeit: 15 s (errechnet: 15 s), $\varnothing_{\text{J}} = 6,0$ mm, Tageslicht-Umkehrfarbfilm: UT 21, elektrische Nachführung
Der Planet ist aufrecht und seitenrichtig auf dem Foto sichtbar.

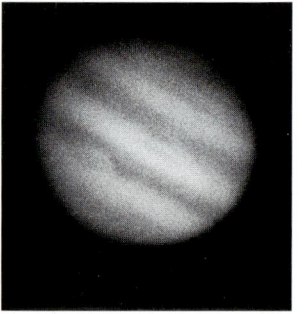

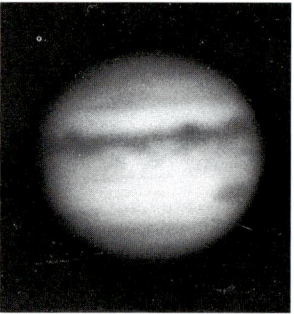

Bild 6.30 (oben links). Jupiter am 19. 1. 1989, 21.35 Uhr MEZ
Objektiv: 130/1950, Okular: orthoskopisches Okular $f = 12,5$ mm, $l = 196$ mm, $f_{\text{Ä}} = 30576$ mm, $D:f_{\text{Ä}} = 1:235$, $\varnothing_{\text{J}} = 6,4$ mm, Belichtungszeit: 14 s (errechnet: 14 s), 22-DIN-Film, elektrische Nachführung, Negativentwicklung: Feinkornentwickler A 03, 10 min bei 20 °C, Fotopapier: hart, weiß

Bild 6.31 (oben rechts). Jupiter am 26. 1. 1990, 21.45 Uhr MEZ
Objektiv: 400/1800/6000 Cassegrain, Okular: orthoskopisches Okular $f = 12,5$ mm, $l = 60$ mm, $f_{\text{Ä}} = 28800$ mm, $D:f_{\text{Ä}} = 1:72$, Belichtungszeit: ½ s (errechnet: 0,7 s), Film: TP 2415, $\varnothing_{\text{J}} = 4,9$ mm, elektrische Nachführung, Negativentwicklung: E 102, 1 + 4, 11 min bei 20 °C, Fotopapier: hart, weiß

Bild 6.32 (links). Jupiterbedeckung durch den Mond am 26. 5. 1983
Objektiv: 130/1950, Okular: orthoskopisches Okular $f = 25$ mm, $D:f_{\text{Ä}} = 1:72$, Belichtungszeit: 6 s, 20-DIN-Film, elektrische Nachführung, Negativentwicklung: E 102, 1 + 6, 9 min bei 23 °C, Fotopapier: extra-hart

Randverdunklung des Jupiters Schwierigkeiten bereiten. Hartes bzw. extrahartes Fotopapier in Verbindung mit einer Ring- oder Lochblende, die während der Papierbild-Belichtung zeitweise über den Planeten gehalten wird, können diese Randerscheinung stark reduzieren.

Neben vielen kleineren Monden umkreisen vier große Trabanten, die Galileischen Monde, den Riesenplaneten. Schon in kleinen Amateurfernrohren sind die unterschiedlichen Positionen der Monde im Verlauf von zwei Beobachtungsstunden gut sichtbar. Infolge der wesentlich geringeren scheinbaren Helligkeit der Monde arbeiten wir vorzugsweise mit einem hochempfindlichen Film (z. B. von 27 DIN), wodurch längere Belichtungszeiten vermieden werden. Die Aufnahmebrennweite richtet sich im wesentlichen nach dem gestellten Ziel, das heißt, auf dem Kleinbild-Querformat lassen sich bei einer äquivalenten Brennweite unter etwa 8 m alle vier Monde

gleichzeitig mit dem Planeten abbilden, selbst während der größten Elongationen. Größere Abbildungsmaßstäbe verdeutlichen die Jupitermond-Bewegungen in kürzeren Zeitabständen, sie haben aber ein kleineres Aufnahmefeld zur Folge. Mit einer Expositionszeit von etwa 60 s bei einem $D:f_{\mathrm{Ä}}$ von 1:59 ergeben sich auch auf einem höherempfindlichen Film von 27 DIN kontrastreiche Mondabbildungen (Bilder 6.33, 6.34). Der Planet wird dabei total überbelichtet. Folgendes Aufnahmeverfahren dagegen ergibt ein normales Aussehen des Planeten: Zuerst bemühen wir uns um eine richtig belichtete Aufnahme des Jupiters und danach der Monde westlich und östlich von ihm. Dabei dürfen der Planet bzw. Streulichter von ihm nicht im Kamerasehfeld auftreten. Eine separate vierte Aufnahme, auf der der Jupiter mit seinen Monden überbelichtet ist, dient bei der späteren Montage zur Vermessung der Abstände zwischen dem Planeten und den Monden.

Bild 6.33. (oberes Bild) Jupiter mit seinen 4 hellen Monden am 9. 6. 1982, 21.15 Uhr MEZ
Objektiv: 63/840, Okular: orthoskopisches Okular $f = 12,5$ mm, $l = 62$ mm, $f_{\mathrm{Ä}} = 3326$ mm, $D:f_{\mathrm{Ä}} = 1:53$, Belichtungszeit: 60 s, 27-DIN-Film, elektrische Nachführung, Negativentwicklung: E 102, 1 + 6, 5 min bei 23 °C, Fotopapier: extra-hart

Bild 6.34. (unteres Bild) Jupiter mit seinen 4 hellen Monden am 9. 6. 1982, 21.16 Uhr MEZ
Objektiv: 130/1950, Okular: orthoskopisches Okular $f = 12,5$ mm, $l = 62$ mm, $f_{\mathrm{Ä}} = 7722$ mm, $D:f_{\mathrm{Ä}} = 1:59$, Belichtungszeit: 60 s, 27-DIN-Film, elektrische Nachführung, Negativentwicklung: E 102, 1 + 6, 5 min bei 23 °C, Fotopapier: extra-hart

Ebenfalls eindrucksvolle Erscheinungen sind Sonnenfinsternisse auf dem Jupiter, die durch die Galileischen Monde hervorgerufen werden (Bilder 6.35, 6.36). Ihr Schatten hat in Höhe der Jupiter-Wolkengrenze einen scheinbaren Durchmesser von 1 ... 2″. Objektive ab etwa 100 mm Öffnung, in Verbindung mit der Okularprojektion, ermöglichen bevorzugt auf feinkörnigen Filmen (z. B. Kodak TP 2415) das Fotografieren dieser Schattendurchgänge.

Bild 6.35 (rechts). Jupiter am 1. 10. 1988, 23.15 Uhr MEZ (Deklination: +20°19′)
Objektiv: 130/1950, Okular: orthoskopisches Okular $f = 12,5$ mm, $l = 192$ mm, $f_{\mathrm{Ä}} = 29952$ mm, $D:f_{\mathrm{Ä}} = 1:230$, $\varnothing_{\mathrm{J}} = 5,9$ mm, Belichtungszeit: 14 s (errechnet: 14 s), 22-DIN-Film, elektrische Nachführung, Negativentwicklung: Feinkornentwickler A 03, 11 min bei 20 °C, Fotopapier: normal, weiß
Auf dem südlichen Äquatorband befindet sich der Schatten des Mondes I (Io).

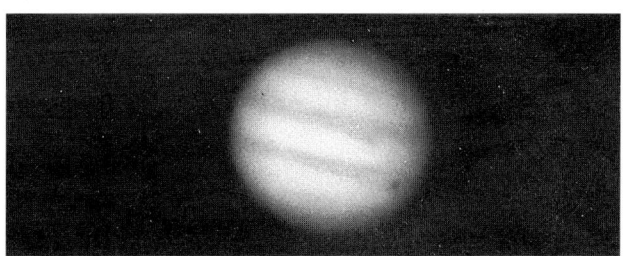

Bild 6.36. Jupiter, aufgenommen am 30. 9. 1986, 20.35 Uhr MEZ
Auf dem nördlichen Äquatorband befindet sich der punktförmige Schatten des Mondes II (Europa).
Objektiv: 130/1950, Okular: orthoskopisches Okular $f = 12,5$ mm, $l = 120$ mm, $f_Ä = 18720$ mm, $D:f_Ä = 1:144$, Belichtungszeit: 6 s (errechnet: 5,2 s), $\varnothing_J = 3,6$ mm, Tageslicht-Umkehrfarbfilm: UT 23, elektrische Nachführung

6.10.5. Saturn

Der zweitgrößte Planet im Sonnensystem hat eine mittlere scheinbare Helligkeit von 0^m. Deshalb kann er mit bloßem Auge schnell am Himmel erkannt werden. Im Fernrohr zeigt er sich als ein gelblich leuchtender, stark abgeplatteter Himmelskörper, dessen scheinbarer Durchmesser je nach Entfernung von der Erde zwischen 15 und 20″ schwankt. Der wahre Äquatordurchmesser beträgt 120 670 km; er ist damit um 11 560 km größer als der Poldurchmesser. Infolge des relativ großen scheinbaren Durchmessers kann der Planet auch schon mit kleinen Fernrohren und der Okularprojektion fotografisch gut dargestellt werden. Bild 6.37 entstand mit Hilfe eines Refraktors 63/840 bei $f_Ä = 8064$ mm und $D:f_Ä = 1:128$. Dieses Öffnungsverhältnis ergibt mit einem Film von 20 DIN eine errechnete Belichtungszeit von 20 s, die eine Nachführung des Aufnahmefernrohrs voraussetzt. Der Ring des Planeten auf dem Film mißt 1,5 mm im Durchmesser. Es ist deshalb kaum möglich, den Saturn an einem kleinen Fernrohr ohne Nachführung in ausreichender Größe auf der Emulsion abzubilden. Selbst mittlere und große Amateurinstrumente erfordern eine Nachführung.
Die Oberfläche des Planeten wird ständig von dichten Wolken verdeckt, welche im Äquatorbereich, ähnlich wie beim Jupiter, am hellsten sind. Wegen der größeren Entfernung und der geringeren Kontraste werden die Saturn-Wolken im Vergleich zu denen des Jupiters weniger

gut sichtbar. Nur mit Hilfe größerer Amateurfernrohre (ab etwa 200 mm Öffnung) läßt sich die helle Äquatorzone fotografisch gut darstellen (Bild 6.38).
Für die Amateurastronomie besonders reizvoll ist das Ringsystem, das hellste im Sonnensystem. Bereits im kleinen Fernrohr zeigt es sich visuell und fotografisch sehr kontrastreich. Mit mittleren und großen Instrumenten sind bei großer Ringöffnung deutlich Helligkeitsunterschiede zwischen den einzelnen Ringen und die etwa 3000 km breite Cassinische Teilung fotografisch erfaßbar (Bild 6.38).
Die Ringe liegen in der Äquatorebene des Saturn. Je nach der Stellung von Erde und Saturn zueinander können wir deshalb das Ringsystem in verschiedenen Schräglagen beobachten. Die Kante des Systems erscheint als schmaler Strich, wenn die Sichtlinie Erde – Saturn in dessen Äquatorebene fällt. Für Amateurfernrohre bleibt der Ring in dieser Stellung unsichtbar. Ende der achtziger Jahre dagegen erschien das Ringsystem am weitesten geöffnet, so daß die nördliche Seite gut sichtbar war. Leider befand sich der Saturn während dieser Zeit im süd-

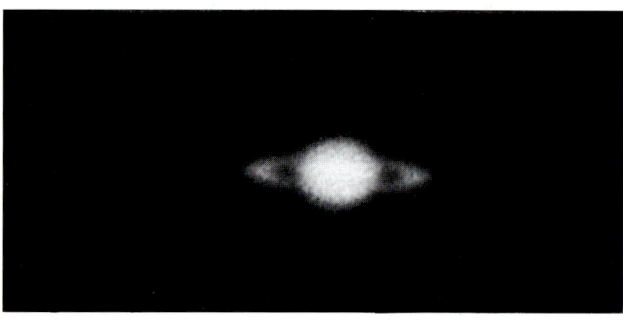

Bild 6.37. Saturn am 27. 3. 1982, 01.20 Uhr MEZ (Deklination: –05°06′)
Objektiv: 63/840, Okular: orthoskopisches Okular $f = 12,5$ mm, $l = 120$ mm, $f_Ä = 8064$ mm, $D:f_Ä = 1:128$, $\varnothing_{Ring} = 1,5$ mm, Belichtungszeit: 17 s (errechnet: 20 s), 20-DIN-Film, elektrische Nachführung, Negativentwicklung: Feinstkornentwickler A 49, 11 min bei 20 °C, Fotopapier: extra-hart

Bild 6.38. Saturn am 26. 2. 1975 (Deklination: +22°36′)
Objektiv: 400/1800/6000 Cassegrain, Okular: orthoskopisches Okular $f = 12,5$ mm, $l = 80$ mm, $f_Ä = 38400$ mm, $D:f_Ä = 1:96$, $\varnothing_{Ring} = 7$ mm, Belichtungszeit: 11 s (errechnet: 11 s), 20-DIN-Film, elektrische Nachführung, Negativentwicklung: Feinstkornentwickler A 49, 11 min bei 20 °C, Fotopapier: hart

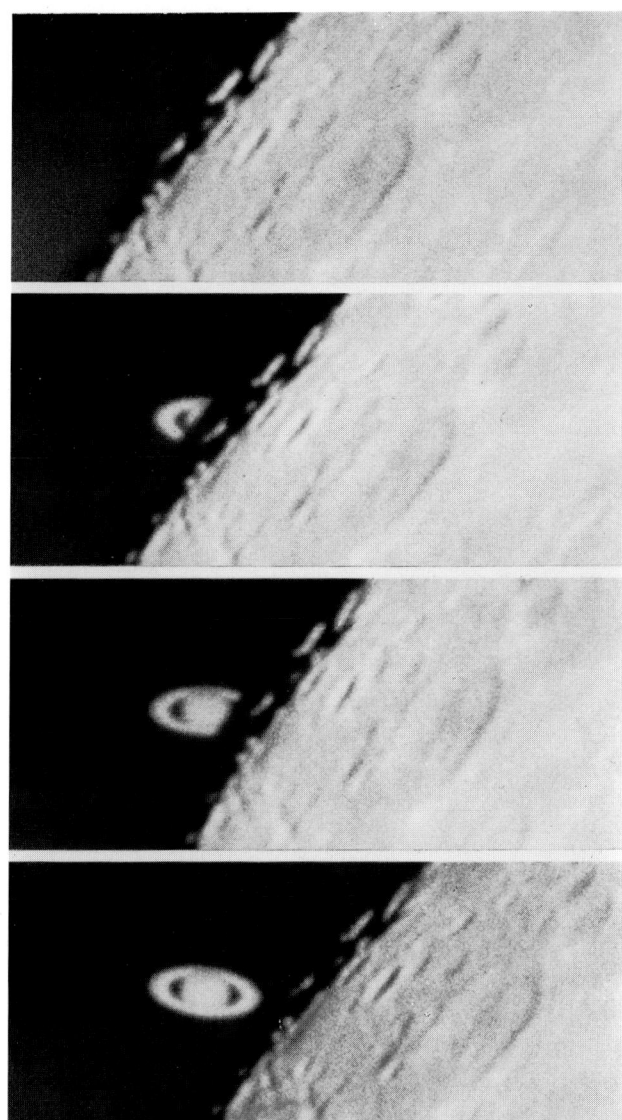

Bild 6.39. Saturnbedeckung durch den Mond am 11. 12. 1973 (Austritt). Das schmale, unbeleuchtete Mondgebiet bildet zwischen dem Mond und dem Saturn eine „Lücke".
Objektiv: 500/2500/7500 Cassegrain der Archenhold-Sternwarte (Fokalaufnahme), Belichtungszeit: 1 s, 20-DIN-Film, elektrische Nachführung, Zeit zwischen oberstem und unterstem Bild: 90 s, Negativentwicklung: R 09, Aufnahme: K. Friedrich (†), H. Urbanski

lichsten Teil der Ekliptik. Die nächste Kantenstellung der Ringe folgt in den Jahren 1995/1996.
Besonders mit großen Instrumenten läßt sich auch der Schatten des Planeten auf den Ringen bzw. der Ringschatten auf dem Planeten fotografisch erfassen (Bild 6.38).
Relativ selten ist eine Saturnbedeckung durch den Erdmond (Bild 6.39). Infolge der unterschiedlichen Flächenhelligkeiten der beiden Objekte ergeben sich unterschiedliche Schwärzungen auf der Emulsion. Die Er-

mittlung der Belichtungszeit soll sich vorrangig auf den Planeten konzentrieren (s. Abschnitt 6.10.4.). Mit Hilfe der schon beschriebenen Technik des Abwedelns können dann auf dem Papierbild die unterschiedlichen Schwärzungen der beiden Objekte weitgehend ausgeglichen werden. Wie Jupiter wird auch Saturn von einem umfangreichen Satellitensystem umgeben. Titan, der größte unter ihnen, ist mit Hilfe der Fokal- oder Projektionsfotografie schon ab etwa 60 Millimeter Objektivöffnung erreichbar. Rhea und Japetus fotografiert man am besten mit einer Öffnung ab etwa 100 mm mit hochempfindlichem Film. Infolge der langen Belichtungszeit im Bereich von etwa 2 min ist Saturn dann überbelichtet. Der Planet und sein Ringsystem verschmelzen optisch miteinander. Die Monde werden punktförmig auf der Emulsion abgebildet. Damit Titan und Japetus auf das 24 mm × 36 mm-Aufnahmeformat passen (auch in gegenüberliegenden Positionen), ist eine Äquivalentbrennweite von etwa 8 m noch nicht zu groß.
Die Bilder 6.40 und 6.41 sind an einem Beobachtungsabend mit verschiedenen Fernrohren, aber gleichen Brennweiten-Verlängerungsfaktoren hergestellt worden. Analog zur Mars- und Jupiterfotografie sind auch für die Saturnfotografie die gleichen Filme verwendbar.

Bild 6.40 (oberes Bild). Saturn am 15. 4. 1982, 22.00 Uhr MEZ (Deklination: –04°30')
Objektiv: 80/1200, Okular: orthoskopisches Okular $f = 12,5$ mm, $l = 133$ mm, $f_{\text{Ä}} = 12768$ mm, $D : f_{\text{Ä}} = 1 : 160$, $\varnothing_{\text{Ring}} = 2,5$ mm, Belichtungszeit: 20 s, 20-DIN-Film, elektrische Nachführung, Negativentwicklung: Feinstkornentwickler A 49, 11 min bei 20 °C, Fotopapier: hart, weiß

Bild 6.41 (unteres Bild). Saturn am 15. 4. 1982, 21.45 Uhr MEZ (Deklination: –04°30')
Objektiv: 130/1950, Okular: orthoskopisches Okular $f = 12,5$ mm, $l = 133$ mm, $f_{\text{Ä}} = 20748$ mm, $D : f_{\text{Ä}} = 1 : 160$, $\varnothing_{\text{Ring}} = 4$ mm, Belichtungszeit: 20 s, 20-DIN-Film, elektrische Nachführung, Negativentwicklung: Feinstkornentwickler A 49, 11 min bei 20 °C, Fotopapier: hart, weiß

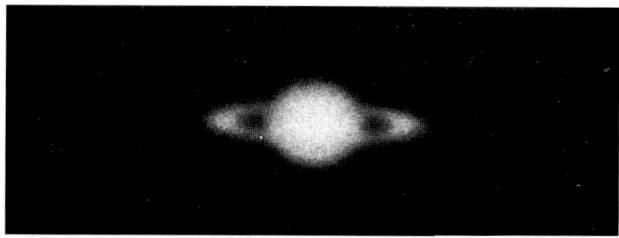

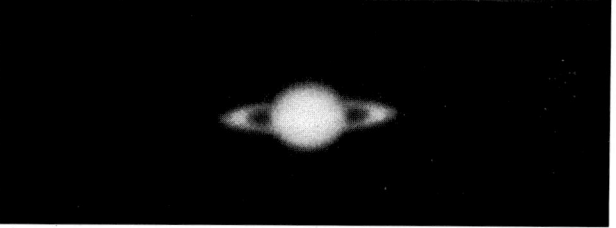

Bild 6.42. Saturn
Objektiv: 400/1800/6000 Cassegrain, Okular: orthoskopisches Okular $f = 25$ mm, $l = 100$ mm, $f_{\text{Ä}} = 24\,000$ mm, $D : f_{\text{Ä}} = 1 : 60$, Belichtungszeit: 10 s (errechnet: 7 s), $\varnothing_{\text{Ring}} = 4{,}4$ mm, Tageslicht-Umkehrfarbfilm: UT 20, elektrische Nachführung

6.10.6. Uranus

In einem Erdabstand von mehr als 2,5 Milliarden Kilometer bewegt sich Uranus um die Sonne. Seine scheinbare Helligkeit beträgt etwa 6^{m}, so daß er sich bei extrem guten atmosphärischen Bedingungen für das bloße Auge an der Grenze der Sichtbarkeit befindet. Meist aber bleibt er in unseren Breiten dem bloßen Auge verborgen.

Wegen seiner großen Entfernung von der Erde ist auch der mittlere scheinbare Durchmesser von $3{,}''6$ sehr klein. Deshalb läßt sich ein genügend großes und auswertbares Uranusbild mit Amateurinstrumenten kaum erlangen. Selbst mit Großteleskopen sind gelegentlich nur wenige großräumige Strukturen in seinen Wolken fotografisch darstellbar. Eine Brennweitenverlängerung z. B. am Reflektor 150/900/2250 würde ein Planetenscheibchen von 0,27 mm Durchmesser ergeben. Die Äquivalentbrennweite $f_{\text{Ä}}$ ist in diesem Fall 15\,750 mm, der Projektionsabstand $l = 100$ mm und die Okularbrennweite 12,5 mm. Infolge der geringen Größe des Uranusscheibchens sind keine Details erkennbar. Darum erweist sich die flächenhafte Darstellung des Planeten in der Amateurastronomie als kaum erstrebenswert. Als Objekt sechster Größe läßt sich dagegen der grünlich leuchtende Uranus schon sehr gut auf zwei Sternfeld- oder Fokalaufnahmen aus-

Bild 6.43. Uranus im Sternbild Skorpion am 28. 4. 1982
Objektiv: 2,8/180, Belichtung: 02.30–02.50 Uhr MEZ, Blendenzahl: 2,8, 27-DIN-Film, Leitfernrohr: 63/840, Leitokular: orthoskopisches Okular $f = 10$ mm, Leitstern: β Sco, elektrische Nachführung, Negativentwicklung: Feinstkornentwickler A 49, 16 min bei 20 °C, Fotopapier: hart, weiß, 1 – Uranus

Bild 6.44. Uranus im Sternbild Skorpion am 17. 5. 1982
Objektiv: 2,8/180, Belichtung: 00.00–00.30 Uhr MEZ, Blendenzahl: 2,8, 27-DIN-Film, Leitfernrohr: 63/840, Leitokular: orthoskopisches Okular $f = 10$ mm, Leitstern: β Sco, elektrische Nachführung, Negativentwicklung: Feinstkornentwickler A 49, 16 min bei 20 °C, Fotopapier: hart, weiß, 1 – Uranus

findig machen (Bilder 6.43, 6.44). Wir benötigen zum Aufsuchen des Objekts auf dem Negativ bzw. dem Papierbild keine Sternkarte. Bei einer Belichtungszeit ab etwa 2 min hebt er sich kontrastreich auf hochempfindlichem Film vom Himmelshintergrund ab. Außerdem läßt sich die Ortsveränderung des Uranus schon innerhalb von drei Tagen in vergrößerten Abbildungen, die mit langen Aufnahmebrennweiten entstanden, deutlich erkennen. Diese Positionsaufnahmen geben uns einen Teil des Bahnverlaufs vom Uranus vor dem Sternhintergrund wieder. Für die Positionsfotografie sind besonders Teleobjektive und Astrokameras geeignet.

Sollten diese nicht zur Verfügung stehen, dann genügt auch schon ein Normalobjektiv.

malobjektiv entstandenen Sternfeldaufnahme sichtbar. Das etwa 8^m helle Objekt wird ab etwa 10 min Belichtungszeit ausreichend geschwärzt auf 27-DIN-Film abgebildet. Wie zum Fotografieren des Uranus sind auch für Aufnahmen vom Neptun Teleobjektive und Astrokameras gut geeignet (Bilder 6.45, 6.46). Mit dem langbrennweitigen Teleobjektiv besteht gegenüber dem Normalobjektiv eine größere Chance für die Herstellung von zwei zeitlich verschiedenen Neptun-Aufnahmen in einer Schönwetterperiode. Schon innerhalb von drei Tagen läßt sich die Ortsveränderung des Planeten bei Aufnahmen mit einem 5,6/500-Teleobjektiv oder einem 80/500-Kometensucher auf dem vergrößerten Papierbild erkennen. Sowohl Uranus als auch Neptun fotografiert man

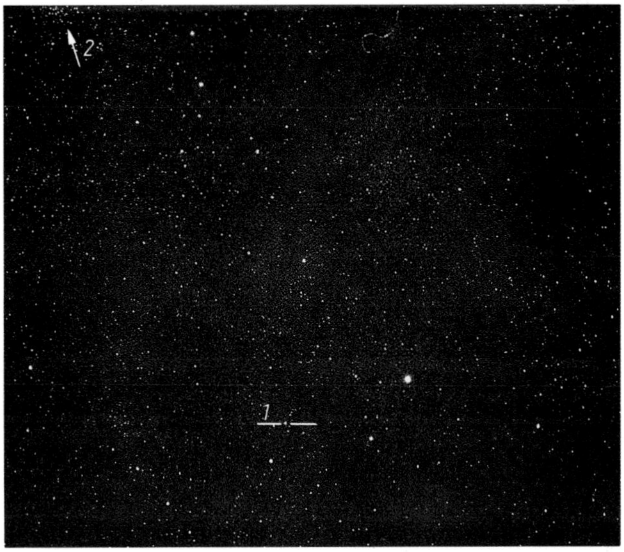

Bild 6.45. Neptun im Sternbild Schlangenträger am 10. 7. 1983 Objektiv: 4/300, Belichtung: 00.20–00.35 Uhr MEZ, Blendenzahl: 4, 27-DIN-Film, Leitfernrohr: 80/1200, Leitokular: orthoskopisches Okular f = 10 mm, Leitstern: 58 Oph (5^m,0), elektrische Nachführung, Negativentwicklung: M-H 28, 1 + 4, 5 min bei 21 °C, Fotopapier: extra-hart, 1 – Neptun; 2 – Sternhaufen M 23

Bild 6.46. Neptun im Sternbild Schlangenträger am 30. 7. 1983 Objektiv: 4/300, Belichtung: 22.15–22.45 Uhr MEZ, Blendenzahl: 4, 27-DIN-Film, Leitfernrohr: 80/1200, Leitokular: orthoskopisches Okular f = 10 mm, Leitstern: 58 Oph (5^m,0), elektrische Nachführung, Negativentwicklung: M-H 28, 1 + 4, 5 min bei 20 °C, Fotopapier: extra-hart, 1 – Neptun; 2 – Sternhaufen M 23

Die Entwicklung des Negativs erfolgt wie bei den Sternfeldaufnahmen. Ein hinreichend kontrastreiches Papierbild erhalten wir mit Hilfe der Papier-Gradation „extra hart".

Der Planet Uranus wird von mindestens 15 Monden umkreist. Ihre mittleren Oppositionshelligkeiten liegen jenseits der 14. Größenklasse. Die Monde Titania (14^m) und Oberon (14^m,2) lassen sich eventuell durch Nutzung eines Fernrohrs ab etwa 200 mm Öffnung aufnehmen.

6.10.7. Neptun

Sein geringer scheinbarer Durchmesser von 1 bis 2″ ermöglicht in der Amateurastronomie keine flächenhafte Abbildung. Dagegen ist er schon auf einer mittels Nor-

am besten auf hochempfindlichem Schwarzweißfilm (> 27 DIN oder hypersensibilisiertem Kodak TP 2415) bzw. Farbfilm wie z. B. Agfachrome RS 1000 oder Fujichrome P 1600 D.

6.10.8. Pluto

Der sonnenfernste Planet bewegt sich in rund sechs Milliarden Kilometer Entfernung um die Sonne. Seine scheinbare Helligkeit liegt im Bereich der 14. Größenklasse. Damit ist Pluto ein schwieriges fotografisches Objekt für den Amateurastronomen. Aber gerade deshalb bedeutet eine gelungene Fotografie davon ein großes Erfolgserlebnis.

Infolge der großen Bahnexzentrizität ist ein relativ star-

Bild 6.47. Pluto im Sternbild Jungfrau am 19. 4. 1985 (13^{m}7)
Objektiv: 110/750 (Fokalaufnahme), Belichtung: 23.45–00.50 Uhr
MEZ, Blendenzahl: 6,8, 27-DIN-Film, Leitfernrohr: 130/1950,
Leitokular: Okular-Schraubenmikrometer, elektrische Nachfüh-
rung, Negativentwicklung: M-H 28, 1 + 4, 12 min bei 20 °C, Foto-
papier: extra-hart

Bild 6.48. Pluto im Sternbild Jungfrau am 21. 4. 1985 (13^{m}7)
Objektiv: 110/750 (Fokalaufnahme), Belichtung: 22.55–00.10 Uhr
MEZ, Blendenzahl: 6,8, 27-DIN-Film, Leitfernrohr: 130/1950,
Leitokular: Okular-Schraubenmikrometer, elektrische Nachfüh-
rung, Negativentwicklung: M-H 28, 1 + 4, 12 min bei 20 °C, Foto-
papier: extra-hart

kes Schwanken der Entfernung Pluto – Sonne bzw. Pluto
– Erde möglich. In den Jahren von 1979 bis 1999 befindet
er sich sogar innerhalb der Neptunbahn. Diese günstige
Perihelstellung sollte man nutzen, wenn ein entsprechen-
des Instrumentarium vorhanden ist, denn zur nächsten
Perihelstellung kommt es erst im 23. Jahrhundert. Wel-
cher Voraussetzungen bedarf es zum Fotografieren des
Pluto?

1. Genaue Kenntnis seiner Position. Der jeweils erforderliche Genauigkeitsgrad in Rektaszension und Deklination richtet sich nach der Objektivbrennweite
   und dem Aufnahmeformat. Bis etwa 1000 mm Brennweite ist ein Abweichen in Rektaszension oder Deklination im Bereich von etwa 30′ auf 6 cm × 6 cm-Auf-
   nahmeformat noch vertretbar. Die Koordinaten können aus einem astronomischen Jahrbuch ermittelt
   werden.
2. Eine Sternkarte für das Aufsuchen des Pluto auf dem
   Foto: Eine solche Karte, welche noch die 14. Größenklasse zeigt, läßt sich jedoch oft nur schwer beschaffen. Den Planeten können wir aber auch durch das
   Vergleichen zweier Aufnahmen ausfindig machen, so
   daß nicht unbedingt die Sternkarte gebraucht wird.
   Der zeitliche Abstand zweier Aufnahmen mit der Objektivbrennweite von 700 bis 1000 mm soll zwei Tage
   nicht unterschreiten. Andernfalls ist wegen der geringen Ortsveränderung des Pluto pro Tag das Identifi-
   zieren schwierig.
3. Öffnung ab etwa 100 mm (die Bilder 6.47 und 6.48
   entstanden mit Hilfe eines 110/750-Kometensuchers
   [Fokalaufnahme] am Stadtrand von Bautzen). Somit
   ist Pluto während der Perihelstellung bei guten atmosphärischen Bedingungen auch schon unter Ver-

wendung eines Teleobjektivs 5,6/500 fotografisch
erfaßbar. Die Belichtungszeit beim 27-DIN-Film liegt
dabei etwa in einem Bereich von 70 bis 90 min.

4. Zumeist eine Dunkel- oder Hellfeldbeleuchtung für
   die Nachführkontrolle.
5. Möglichkeiten der Feinkorrektur in Stunde und Deklination.
6. Gute atmosphärische Bedingungen wie:
   – geringe Dunsthöhe (die Sichtstufe liegt im Bereich
     der Fernsicht),
   – geringe Himmelshintergrundhelligkeit,
   – möglichst geringe Luftunruhe.
7. Ausreichend empfindliches Aufnahmematerial > 25
   DIN oder hypersensibilisierte Filme.

Im Unterschied zu Uranus und Neptun befindet sich
Pluto gegenwärtig in der Nähe des Himmelsäquators, so
daß der Planet während der Kulmination ausreichend
hoch über dem Horizont steht.

6.11. Der Planet auf der Sternfeldaufnahme

Diese Art der Planetenfotografie erfordert keine auf-
wendige fototechnische Ausstattung. Es genügt eine
Kamera mit Normalobjektiv. Infolge der kurzen Aufnahmebrennweite und Belichtungszeit (etwa 8 ... 10 s) brauchen wir die Kamera nicht nachzuführen. (Das Aufnahmeverfahren wird in Abschnitt 2.1 beschrieben.)
Planeten sind Himmelskörper, die sich relativ schnell vor
den Hintergrundsternen bewegen. Sie wandern sozusagen durch die Sternbilder und werden darum auch als

Wandelsterne (griech. Umherschweifende) bezeichnet. Von der Erde aus gesehen bewegen sie sich größtenteils rechtläufig, das heißt von West nach Ost. Diese West-Ost-Bewegung wird durch einen scheinbaren Stillstand unterbrochen. Danach folgt der sogenannte rückläufige Bahnabschnitt, also von Ost nach West, bis zum zweiten Stillstand oder Umkehrpunkt. Schließlich nimmt der Planet allmählich die rechtläufige Bewegung wieder auf. Am Himmel hat der Planet infolge dieser scheinbaren Bewegung eine Schleife beschrieben. Die Ursache liegt in der wahren Bewegung der Erde und des Planeten um die Sonne. Die für uns als Betrachter damit verbundenen scheinbaren Bewegungen lassen sich auf Sternfeldaufnahmen dokumentieren. Wie groß muß dazu der zeitliche Abstand zweier Aufnahmen mit einem Objektiv von 50 mm Brennweite sein? Gehen wir davon aus, daß sich durch eine 15fache Vergrößerung des Negativs eine gut erkennbare Ortsveränderung von 4 mm auf zwei Papierbildern ergibt, dann ist die Positionsänderung auf dem Negativ 15 mal kleiner, also 0,26 mm. Mit folgender Beziehung erhalten wir als „Mindestwert" eine Ortsveränderung des Planeten am Himmel von 0,3°:

$$b = \frac{0,26\,\text{mm} \cdot 360°}{2 \cdot \pi \cdot f}$$

b Ortsveränderung des Planeten am Himmel in Bogengrad

f Objektivbrennweite in mm

Die Umlaufzeiten der Planeten sind der einschlägigen Literatur zu entnehmen. So bewegt sich beispielsweise der Mars in 687 Tagen einmal um die Sonne, das heißt, in 687 Tagen 360°. Im Verlauf eines Tages ergibt sich so eine mittlere Bewegung von 0°,5. Jupiter dagegen benötigt für einen Umlauf 4333 Tage, so daß die Ortsveränderung pro Tag nur 0°,08 beträgt. Saturn umläuft unser Zentralgestirn in 29,46 Jahren oder 10 759 Tagen einmal vollständig. Daraus folgt pro Tag eine mittlere Positionsveränderung von 0°,03.

Uranus und Neptun bewegen sich schließlich nur noch um 0°,01 bzw. 0°,006 je Tag vor dem Himmelshintergrund weiter. Die sich aus den aufgeführten Ortsveränderungen ergebenden zeitlichen Abstände sind in Tabelle 17 angegeben.

Tab. 17. Erforderlicher Aufnahmeabstand zur Dokumentation der Planetenbewegung

Planet	Zeitlicher Abstand zwischen zwei Aufnahmen mit einem Normalobjektiv von 50 mm Brennweite (genäherte Werte)		
Mars	mindestens	1 ... 2	Tage
Jupiter	mindestens	4	Tage
Saturn	mindestens	10	Tage
Uranus	mindestens	30	Tage
Neptun	mindestens	50	Tage

Diese Angaben haben indessen wegen der minimalen Positionsveränderung im Bereich der Umkehrpunkte keine Gültigkeit. Eine scheinbare Bremsung der Planetenbewegung erfolgt dann, wenn die Erde auf der Innenbahn einen Planeten überholt. Dieser Effekt zeigt sich besonders beim Mars infolge seiner relativ geringen Entfernung. Fast zu vernachlässigen ist er bei Saturn, Uranus, Neptun und Pluto. Die Positionsveränderung der Venus läßt sich an einem Beobachtungsabend innerhalb von drei bis vier Stunden beobachten. Das setzt jedoch voraus, daß der Planet in scheinbarer Nähe eines gut sichtbaren Sterns leuchtet.

Um die fotografische Beobachtung gut vorzubereiten, entnehmen wir zunächst die Daten der Planetenkoordinaten einem astronomischen Jahrbuch.

Neben den Vorübergängen von Planeten an helleren Sternen sind Planetenkonjunktionen besonders interessant. Die Bilder 6.1 bis 6.5 wurden ohne Nachführung mit einem Normalobjektiv 1,8/50 hergestellt. Deutlich erkennbar sind die Positionsveränderungen der Planeten Mars – Jupiter und Mars – Venus.

6.12. Planetoiden

Diese Himmelskörper erscheinen von der Erde aus so klein wie Sterne, daß sie mit Amateurinstrumenten nur punktförmig sichtbar sind. Nur wenige Planetoiden leuchten heller als 9^{m}. Die Vesta erreicht zeitweise eine solche Helligkeit, daß sie mit bloßem Auge erkennbar wird. Die meisten Planetoiden aber sind Objekte jenseits der 13. Größenklasse.

Im allgemeinen ist für die Planetoidenfotografie, wie wir sie unter amateurgemäßen Bedingungen verstehen, keine spezielle Fotoausrüstung notwendig. Mit Hilfe der Sternfeld- und Fokalfotografie sind Planetoiden gut erfaßbar (s. Abschnitt 2.3.4., 2.4.). Besonders zu empfehlen sind hier Teleobjektive ab etwa 100 mm Brennweite. Die Bilder 6.49 und 6.50 vom Planetoiden Ceres entstanden im Abstand von zwei Tagen mit einem Sonnar 2,8/180. Deutlich erkennbar ist die Positionsveränderung. Sollte keine elektrische Nachführung vorhanden sein, so kann auch mit etwas Übung, bis etwa 200 mm Objektivbrennweite, per Hand nachgeführt werden. Der Vorteil relativ kurzer Brennweiten besteht hier darin, daß wir für die Nachführung keine langen Leitrohr-Brennweiten benötigen. Bei entsprechender Fernrohrausstattung ist indessen das Fotografieren mit langen Objektivbrennweiten (ab etwa 500 mm) von besonderem Reiz. Teleobjektive, Kometensucher sowie Newton-Spiegelteleskope leisten dabei gute Dienste. Relativ schnellaufende Planetoiden verraten sich bei langen Belichtungszeiten durch eine kurze Strichspur. Sie wird allerdings nur dann erzeugt, wenn man die Kamera den Sternen nachführt. Andernfalls würde der Kleinplanet punktförmig und die Sterne dagegen als Striche abgebildet.

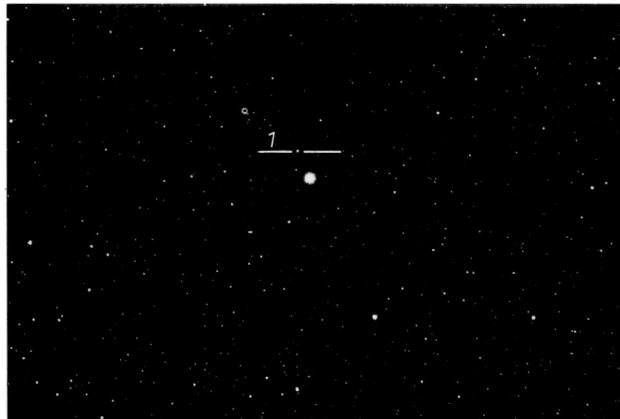

Bild 6.49. Planetoid Ceres am 14. 5. 1982
Objektiv: 2,8/180, Belichtung: 00.00–00.30 Uhr MEZ, Blendenzahl: 2,8, 27-DIN-Film, Leitfernrohr: 80/1200, Leitokular: orthoskopisches Okular $f = 10$ mm, Leitstern: β Lib, elektrische Nachführung, Negativentwicklung: Feinstkornentwickler A 49, 16 min
bei 20 °C, Fotopapier: hart, weiß

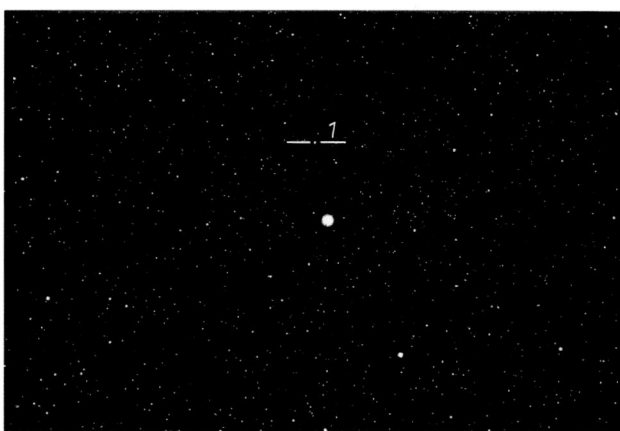

Bild 6.50. Planetoid Ceres am 16. 5. 1982
Objektiv: 2,8/180, Belichtung: 23.00–23.30 Uhr MEZ, Blendenzahl: 2,8, 27-DIN-Film, Leitfernrohr: 80/1200, Leitokular: orthoskopisches Okular $f = 10$ mm, Leitstern: β Lib, elektrische Nachführung, Negativentwicklung: Feinstkornentwickler A 49, 16 min
bei 20 °C, Fotopapier: extra-hart

Vor der Aufnahme ist ein gründliches Studium der Ephemeriden in einem astronomischen Jahrbuch empfehlenswert. Die Entscheidung über die Auswahl der Aufnahmeoptik, der Belichtungs- und Aufnahmezeit sowie über
das Aufnahmematerial wird dadurch wesentlich erleichtert. Planetoiden der 10. Größenklasse erzeugen bei
etwa 10 min Belichtungszeit auf höchstempfindlichem
Film- oder Plattenmaterial eine ausreichend starke
Schwärzung. Filter werden bei der Planetoidenfotografie unter amateurgemäßen Bedingungen nur selten verwendet. Neben Schwarzweißaufnahmematerial können
auch hochempfindliche Umkehr-Farbfilme für Dias, besonders für die Projektion z. B. in der Schulastronomie,
eingesetzt werden.

7. Sonnenfotografie

Das Zentralgestirn des Sonnensystems ist von der Erde aus der nächste Fixstern. Wegen ihrer relativ geringen Entfernung von lediglich etwa 150 Millionen Kilometer erscheint uns die rund 1,4 Millionen Kilometer große Sonnenkugel unter einem verhältnismäßig großen mittleren Durchmesser von 31'59", also ähnlich groß wie der Mond, was für die visuelle und fotografische Beobachtung von großem Vorteil ist. Dadurch können schon mit kleinen Objektivöffnungen wie z. B. 50 mm gut auswertbare Sonnenscheibchen auf dem Negativ gewonnen werden; auf ihnen lassen sich – je nach verwendeter Brennweite und damit Vergrößerung – Sonnenflecken und Randverdunklung und sogar die Granulation der Sonnenoberfläche erkennen. Vor allem die Dokumentation der wechselnden Häufigkeit von Sonnenflecken über längere Zeiträume ist für Astrofotografen eine reizvolle Aufgabe. Im Vergleich zu den anderen Himmelsobjekten leuchtet die Sonne für uns extrem hell, so daß wir im allgemeinen ihre Lichteinwirkung stark reduzieren müssen. Während einer kurzen Zeitspanne nach Sonnenaufgang bzw. vor Sonnenuntergang ist sie aber auch ohne lichtdämpfendes Zubehör visuell und fotografisch beobachtbar. Jedoch ist auch hier, wie überhaupt beim Beobachten der Sonne, größte Vorsicht geboten, um Augenschädigungen auszuschließen.

7.1. Sonnenaufnahmen ohne Lichtdämpfung

Werden keine hohen Anforderungen an die Bilddetailauflösung gestellt, dann können wir unser Zentralgestirn kurz nach Sonnenaufgang bzw. vor Untergang mit einfachen Aufnahmeoptiken ohne eine Lichtdämpfung fotografieren. Es muß nur darauf geachtet werden, daß uns die Sonne im Kamerasucher nicht als stark blendendes Objekt erscheint, da sonst die Gefahr der Zerstörung, z. B. des Schlitzverschlusses, und des Blendens des Auges besteht. Welche Objektive sind bevorzugt einsetzbar? Extrem lange Brennweiten ergeben infolge der starken Luftunruhe in horizontnahen Himmelsgebieten keine befriedigende Aufnahmequalität. Außerdem kommt man dabei mit der Belichtungszeit in nicht vertretbare Bereiche, oder es wäre ein Nachführen erforderlich. Die Sonnenfotografie ohne Lichtdämpfung kann oft besondere ästhetische Reize vermitteln, wenn man neben dem Hauptobjekt Sonne die Landschaft ins Bild einbezieht. Bevorzugt lassen sich dazu Teleobjektive bis etwa 500 mm Brennweite verwenden. Sie bieten den Vorteil, daß man sie z. B. auch in den Urlaub mitnehmen kann. Allerdings erweist sich ein 500er Teleobjektiv doch

schon als ziemlich schwer und voluminös, und mancher mag, durchaus begründet, einem solchen Optik-Riesen ein Teleobjektiv mittlerer Brennweite, z. B. mit 200 mm, vielleicht in Verbindung mit einem Zweifach-Konverter (s. Abschnitt 5.2.2.3.), im Urlaub vorziehen. Die Bilder 7.1, 7.2, 7.3, 7.6 und 7.7 entstanden unter Verwendung der Kombination Teleobjektiv 4/200 – Zweifach-Konverter ohne Stativ.

Sternfreunde mit einer geeigneten Transportmöglichkeit können auch ein kleineres Fernrohr mit Stativ und Montierung nutzen. Als Aufnahmemethode eignet sich die Fokal- und Projektionsfotografie (s. Abschnitt 5.2.1., 5.2.2.2., 5.2.2.3.). Das Bild 7.8 entstand mit Hilfe eines Refraktors 63/840 ohne Nachführung.

Die eben beschriebenen einfachen Möglichkeiten der Sonnenfotografie geben neben ihrer ästhetischen Wirkung auch atmosphärische Erscheinungen wie Szintillation, Extinktion und Refraktion gut wieder (Bild 7.9).

Aufnahmen dieser Art sind unter anderem auch für den Astronomieunterricht und für astronomische Arbeitsgemeinschaften zur Informationsgewinnung sehr wertvoll. Schließlich sei noch das Fotografieren des Sonnenbildes vom Sonnenprojektionsschirm oder von einer weißen Fläche erwähnt, auf die die Sonne mit einem Fernrohr projiziert wird. Bevorzugt einsetzbar sind Refraktoren und Newton-Reflektoren. Der Sonnenprojektionsschirm kann käuflich erworben oder auch selbst hergestellt werden. Die Projektion erfolgt mit einem Huygens-Okular (z. B. 25-H oder 40-H). Bei orthoskopischen und monozentrischen Okularen besteht dabei die Gefahr der Zerstörung der Linsenverkittung. Das Schulfernrohr 63/840 erzeugt bei mittlerer Sonnenentfernung mit dem Okular 25-H und einem Projektionsabstand von 370 mm ein Sonnenbild von etwa 115 mm Durchmesser. Das Aufnahmeverfahren ist denkbar einfach. Das Sonnenbild wird mit einer handelsüblichen Kamera fotografiert, wobei Spiegelreflexkameras in ihrer bequemeren Handhabung zu bevorzugen sind. Dies kann mit oder ohne Stativ geschehen. Im Interesse des Kontrasts ist es vorteilhaft, wenn sich das Fernrohr in einem abgedunkelten Raum befindet. Dadurch erscheint die Sonnenabbildung deutlicher auf dem Schirm. Diese Art der Sonnenfotografie ist gefahrlos und deshalb für die Schulastronomie empfehlenswert.

Für Sonnenauf- und -untergangsaufnahmen verwendet man größtenteils Farbfilme ab etwa 21 DIN. Selbstverständlich kann auch ein hochempfindlicher Farbnegativfilm wie z. B. der Kodak Ektar 1000 zum Einsatz kommen. Dagegen verwendet der Amateur beim Einsatz lichtdämpfender Mittel hauptsächlich feinkörnige Schwarzweißfilme mit möglichst hoher Kontrastwirkung.

Links von oben nach unten:
Bild 7.1. Die Sonne, aufgenom-
men am 11. 8. 1984
Objektiv: 4/200, Brennweitenver-
längerung durch Konverter
2fach, Belichtungszeit: $\frac{1}{15}$ s,
Blendenzahl: 8, Film: Tageslicht-
Umkehrfarbfilm: UT 20, ohne
Nachführung

Bild 7.2. Die Sonne, fotografiert
am 11. 8. 1984
Objektiv: 4/200, Brennweitenver-
längerung durch Konverter
2fach, Belichtungszeit: $\frac{1}{8}$ s,
Blendenzahl: 8, Film: Tageslicht-
Umkehrfarbfilm: UT 20, ohne
Nachführung

Bild 7.3. Die Sonne, aufgenommen am 12. 8. 1984
Objektiv: 4/200, Brennweitenverlängerung durch Konverter
2fach, Belichtungszeit: $\frac{1}{8}$ s,
Blendenzahl: 8, Film: Tageslicht-
Umkehrfarbfilm: UT 20, ohne
Nachführung. Die Filmentwicklung der Bilder 7.1, 7.2, 7.3
erfolgte in einem Dienstleistungsbetrieb, Bereich Foto. Gut
sichtbar auf den Bildern 7.1 …
7.8 sind die Auswirkungen der
Refraktion, Extinktion und
Szintillation.

Rechts oben:
Bild 7.4. Untergehende Sonne
am 24. 6. 1987, 20.45 Uhr MEZ
Objektiv: 50/540 mit Konverter
2fach, Belichtungszeit: $\frac{1}{4}$ s,
Tageslicht-Umkehrfarbfilm:
UT 21, ohne Nachführung. Man
beachte die scheinbare Verformung der Sonne infolge Refraktion!

Bild 7.5. Untergehende Sonne
am 24. 6. 1987, 20.46 Uhr MEZ
Objektiv: 50/540 mit Konverter
2fach, Belichtungszeit: $\frac{1}{4}$ s,
Tageslicht-Umkehrfarbfilm:
UT 21, ohne Nachführung. Man
beachte die scheinbare Verformung der Sonne infolge Refraktion!

Bild 7.6. Die scheinbare Verformung der Sonne infolge der Refraktion
Objektiv: 4/200, Brennweitenverlängerung durch Konverter 2fach, Belichtungszeit: $\frac{1}{30}$ s, Blendenzahl: 8, 20-DIN-Film, ohne Nachführung, Negativentwicklung: Feinstkornentwickler A 49, 11 min bei 20 °C, Fotopapier: normal, weiß

Bild 7.7. Die scheinbare Verformung der Sonne infolge der Refraktion
Objektiv: 4/200, Brennweitenverlängerung durch Konverter 2fach, Belichtungszeit: $\frac{1}{15}$ s, Blendenzahl: 8, 20-DIN-Film, ohne Nachführung, Negativentwicklung: Feinstkornentwickler A 49, 11 min bei 20 °C, Fotopapier: normal, weiß

Rechte Seite:
Bild 7.8. Sonnenuntergang
Objektiv: 63/840, (Fokalaufnahme) Belichtungszeit: $\frac{1}{4}$ s, Film: Tageslicht-Umkehrfarbfilm: UT 20, ohne Nachführung. Die Filmentwicklung erfolgte in einem Dienstleistungsbetrieb, Bereich Foto.

fotografische oder visuelle Sonnenbeobachtung dem Instrument und den Augen des Beobachters großen Schaden zufügen kann, wurde bereits erwähnt.) Die folgenden Ausführungen beziehen sich auf lichtdämpfende Zusatzeinheiten, die in der Schul- und Amateurastronomie oft verwendet werden und eine hohe Bildauflösung gewährleisten.

7.2.1. Objektivfilter

Für die fotografische und visuelle Sonnenbeobachtung gibt es unterschiedliche Methoden der Lichtdämpfung. Wie kann das Licht um einen Faktor von etwa 1000 … 10 000 geschwächt werden, ohne die freie Öffnung des

Bild 7.10. Objektiv-Sonnenfilter

Bild 7.9. Refraktions- und Szintillationserscheinungen der Sonne am 26. 6. 1987, 20.35 Uhr MEZ
Objektiv: 50/540 und Konverter 2fach, Belichtungszeit: $\frac{1}{15}$ s, Tageslicht-Umkehrfarbfilm: UT 21, ohne Nachführung. Die Filmentwicklung erfolgte in einem Dienstleistungsbetrieb, Bereich Foto.

7.2. Lichtdämpfung

Wir erhalten von der Sonne infolge ihrer gewaltigen Energieabgabe und relativ geringen Entfernung zur Erde eine intensive Strahlung, die sich mit lichtdämpfendem Zubehör stark reduzieren läßt. (Daß eine direkte

Fernrohrs reduzieren zu müssen? Das Problem ist mit einem Objektivfilter lösbar, welches vor dem Objektiv bzw. an der Taukappe des Fernrohrs befestigt wird (Bild 7.10). Dadurch gelangt z. B. mit einem dafür geschaffenen Zeiss-Objektivfilter nur etwa 0,01 % des Sonnenlichts in das Fernrohrobjektiv. Das Filter besteht aus einem hochwertigen Planglas, welches mit einer dichten Chromschicht bedampft ist. Der so entstandene Spiegel reflektiert die meiste Licht- und Wärmeenergie, so daß nur ein geringer Wärmeanteil in das Fernrohr gelangt. Damit haben wir die Voraussetzung für eine gefahrlose fotografische und visuelle Beobachtung. Weitere Filter zur Lichtabschwächung sind dann für das Fotografieren nicht mehr notwendig. Je nach Öffnungsverhältnis der Aufnahmeoptik werden im Handel u. a. auch Glas-Objektivfilter mit Transmissionen von 0,001 % und 0,1 % angeboten. Je kleiner das Öffnungsverhältnis, desto größer soll die Transmission des Filters sein. Zur Erinnerung: großes Öffnungsverhältnis z. B. 1:3, kleines Öffnungsverhältnis z. B. 1:50.

Ein weiterer Vorteil entsprechender Objektivfilter besteht in ihrer Anwendbarkeit für Newton- und Cassegrain-Spiegelteleskope. Das Filter wird am Tubusanfang, das heißt vor dem Fangspiegel, angebracht. Es entsteht ein geschlossener Rohrkörper, in dem keine starken Turbulenzen infolge erwärmter Luft auftreten. Die extrem gedrosselte Wärmeentwicklung im Fernrohr bewirkt auch auf den Spiegeloberflächen nur minimale Verformungen, die im allgemeinen nicht stören. Der Filterdurchmesser soll möglichst mit dem Objektivdurchmesser identisch, auf alle Fälle aber nicht kleiner sein. Nur dann kann die Leistung des Objektivs voll genutzt werden. Die etwa 10 000fache Reduzierung des Sonnenlichts ist für fotografische Beobachtungen abgestimmt. Das Objektivfilter kann in der Fokal- und Projektionsfotografie eingesetzt werden. Durch die starke Lichtreduzierung sind orthoskopische und monozentrische Okulare nicht gefährdet.

Gelegentlich werden bei Sternfreunden auch billige Folienfilter eingesetzt. Diese Filter haben allgemein eine geringere Abbildungsqualität und können bei einem eventuellen Einreißen die Aufnahmeoptik oder sogar unser Auge zerstören.

7.2.2. Lichtdämpfung mit Prismen

Diese Art der Lichtdämpfung ermöglicht eine extrem kurze Belichtungszeit, die sich vorteilhaft auf die Bilddetailauflösung auswirkt. Die optischen Folgen der Luftunruhe werden sozusagen eingefroren; der Fotograf kann mit der vollen Objektivöffnung arbeiten.

Im Sonnenprisma nach Herschel gelangen 95 % der Licht- und Wärmeenergie durch eine im 45°-Winkel montierte Glasplatte nach außen. Um störende Doppelbilder zu vermeiden, ist diese Glasplatte nicht planparallel (Bild 7.11) bearbeitet. Der in das Okular eintretende

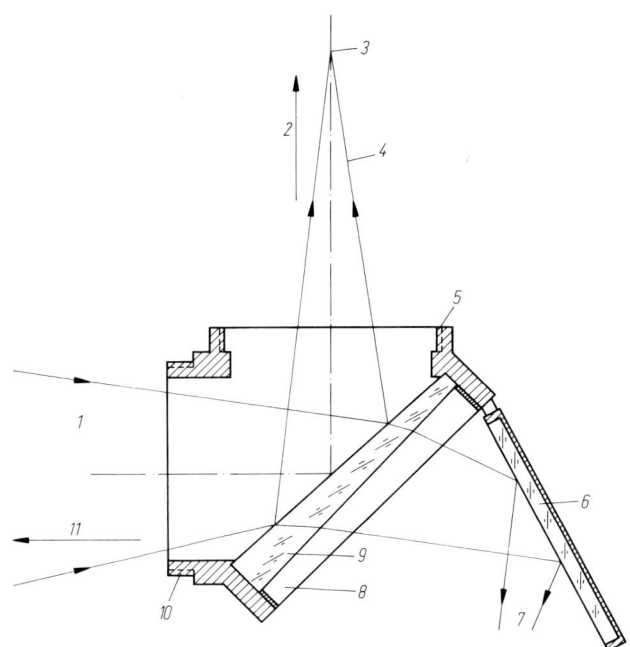

Bild 7.11. Sonnenlichtdämpfung mit einer nicht planparallelen Glasplatte
1 – Gesamtstrahlung 100 %; 2 – zum Okular; 3 – Fokus; 4 – etwa 5 % der Gesamtstrahlung; 5 – Innengewinde M 44 × 1; 6 – planer Ablenkspiegel; 7 – etwa 95 % der Gesamtstrahlung; 8 – Haltering für Glasplatte; 9 – Glasplatte (nicht planparallel); 10 – Außengewinde M 44 × 1; 11 – zum Fernrohr

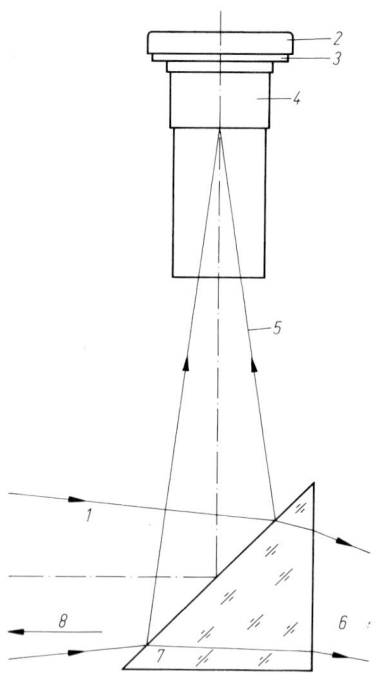

Bild 7.12. Sonnenlichtdämpfung mit einem rechtwinkligen Reflexionsprisma
1 – Gesamtstrahlung 100 %; 2 – Dämpfglas; 3 – Augenmuschel; 4 – Okular; 5 – etwa 5 % der Gesamtstrahlung; 6 – etwa 95 % der Gesamtstrahlung; 7 – rechtwinkliges Reflexionsprisma; 8 – zum Fernrohr

Lichtrest ist für die Beobachtung allerdings noch zu hell und muß mit einem zusätzlichen Filter (z. B. Neutralfilter) weiter gedämpft werden.

Das Sonnenprisma nach Herschel wird vor dem Brennpunkt des Fernrohrobjektivs in den Strahlengang gebracht. Aus Gründen des Arbeitsschutzes kann man außerdem noch, vom Fernrohr aus gesehen nach der Glasplatte, einen planen Ablenkspiegel befestigen, so daß die Wahrscheinlichkeit der ungewollten Blendung des Auges stark vermindert wird.

Eine weitere Möglichkeit zur Dämpfung des Sonnenlichts besteht in der Anwendung eines rechtwinkligen Reflexionsprismas (Bild 7.12). Ein solches Prisma ist z. B. das Zenitprisma, das hauptsächlich zur Beobachtung im Zenitbereich Verwendung findet. Die folgenden Ausführungen sind der Herstellung eines Sonnenprismas mit Hilfe des ausgebauten Zenitprismas gewidmet.

Das Gehäuse des Sonnenprismas kann, je nach finanzieller und technischer Voraussetzung, auf unterschiedliche Weise konstruiert werden. Eine Möglichkeit zeigt Bild

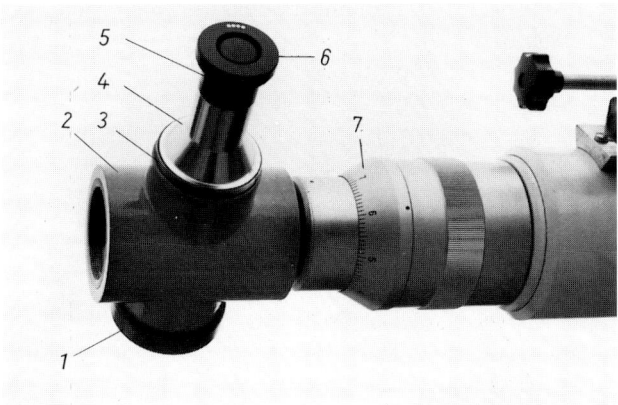

Bild 7.14. ... 7.17. Aufbau der Okularprojektionsanlage für die Sonnenfotografie

Bild 7.14. 1 – Staubdeckel; 2 – Sonnenprisma; 3 – Außengewinde M 48 × 1 auf der ehemaligen Rändelung der Metall-Okularsteckhülse; 4 – Okularsteckhülse; 5 – Steckokular 12,5–O; 6 – Dämpfglas vom Neutralfiltersatz; 7 – Okularauszug

Bild 7.13. Gehäuse des Sonnenprismas (Konstruktion: Autor)
1 – Innengewinde M 44 × 1; 2 – Sonnenprisma; 3 – Innengewinde M 44 × 1; 4 – Okularauszug; 5 – Anschlußgewinde M 44 × 1; 6 – Außengewinde M 44 × 1

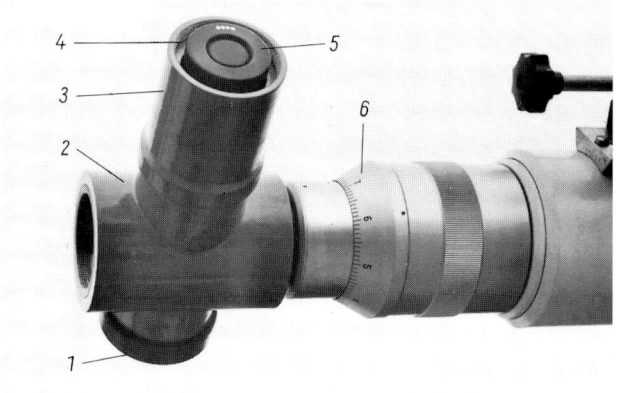

Bild 7.15. 1 – Staubdeckel; 2 – Sonnenprisma; 3 – Verbindungsring; 4 – Innengewinde M 44 × 1; 5 – Dämpfglas vom Neutralfiltersatz; 6 – Okularauszug

7.13. Das Gehäuse besteht aus Aluminium-Rohrmaterial sowie aus zwei Innen- und Außengewinden M 44 × 1. Die Länge des größeren durchgehenden Rohrs beträgt 86 mm, der Außendurchmesser 65 mm. Es wird an einer Seite von einem Außengewindering M 44 × 1 begrenzt, der zum Anschrauben des Sonnenprismas an den Okularauszug des Fernrohrs dient. Ein Innengewinde M 44 × 1 auf der anderen Seite dient zur Aufnahme der Okularsteckhülse für die Beobachtung mit dem Sonnenprisma als Zenitprisma. Deshalb sind in dem Gehäuse nicht drei, sondern vier Öffnungen vorhanden. In seiner lichtdämpfenden Eigenschaft kann das Prisma auch für die Mondbeobachtung, besonders während des Vollmondes, eingesetzt werden. Senkrecht zum durchgehenden Rohr sind zwei 24 mm lange Alumi-

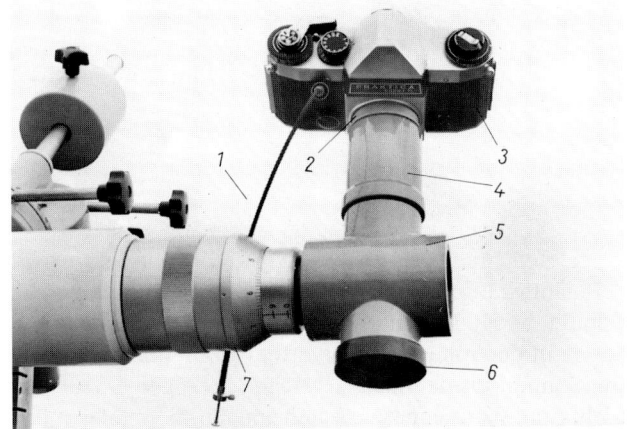

Bild 7.16. 1 – Drahtauslöser; 2 – Zwischenring (Carl Zeiss JENA); 3 – Kleinbild-Spiegelreflexkamera; 4 – Verbindungsring; 5 – Sonnenprisma; 6 – Staubdeckel; 7 – Okularauszug

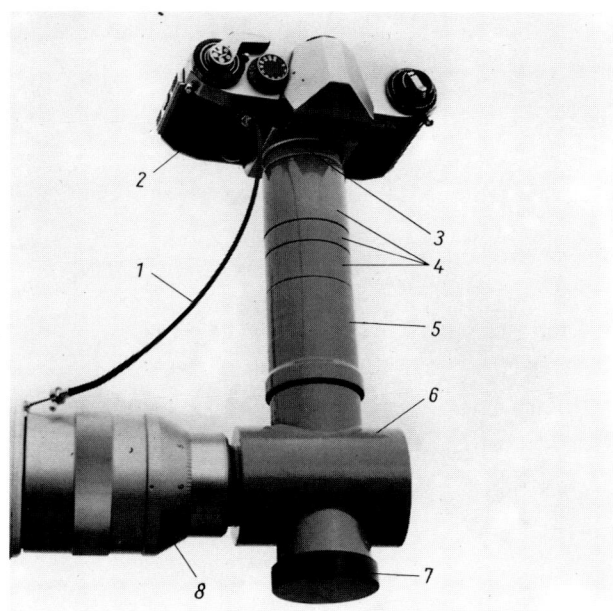

Bild 7.17. 1 – Drahtauslöser; 2 – Kleinbild-Spiegelreflexkamera; 3 – Zwischenring (Carl Zeiss JENA); 4 – Verlängerungsringe; 5 – Verbindungsring; 6 – Sonnenprisma; 7 – Staubdeckel; 8 – Okularauszug

nium-Ringe mit einem Außendurchmesser von 50 mm aufgeklebt, welche ein Innen- und Außengewinde M 44 × 1 haben. In das Innengewinde wird für die fotografische und visuelle Sonnenbeobachtung die Okularsteckhülse geschraubt. Ein Staubdeckel nimmt das Außengewinde M 44 × 1 während der Sonnenbeobachtung auf. Bei der Anwendung als Zenitprisma wird das Außengewinde des 24 mm langen Aluminium-Rings mit dem Okularauszug verschraubt. Damit kein Streulicht in die Optik fällt, werden zwei Staubdeckel in die freien Öffnungen gedreht. Das Prisma darf im Gehäuse keinem Druck durch die Halterung ausgesetzt sein, da sonst die Abbildungsqualität leidet. Die Bilder 7.14 bis 7.17 verdeutlichen die Reihenfolge des Zusammensetzens der aufnahmetechnischen Anordnung. Bild 7.17 zeigt eine zusätzliche Verlängerung der Äquivalentbrennweite mit drei Verlängerungsringen. Der größte Teil des Sonnenlichts (95 %) wird vom Prisma gebrochen und durch die freie Öffnung abgestrahlt. (Nach dieser Öffnung kann, analog zu Bild 7.11, aus Arbeitsschutzgründen ein plangeschliffener Ablenkspiegel befestigt werden.) Nur noch 5 % der ursprünglichen Lichtenergie erreichen das Okular. Für fotografische und visuelle Beobachtungen aber sind sie immer noch zuviel. Mit einem oder zwei Dämpfgläsern (z. B. Neutralgrau) reduzieren wir das Sonnenlicht weiter bis zu einer Intensität, welche ein gutes Beobachten und damit Fokussieren der Sonne ermöglicht. Ein Dämpfglas kann ohne Hilfsmittel auf die Okular-Augenmuschel gesteckt werden. Sollte ein Dämpfglas nicht ausreichen, so besteht die Möglichkeit der Befestigung eines zweiten Dämpfglases mit einem

Verbindungsring (Bild 7.18), der auf das erste Dämpfglas aufgesteckt wird.

Diese stufenförmige zusätzliche Lichtdämpfung gestattet noch sehr kurze Belichtungszeiten für die Aufnahmen. Ebenfalls sehr kurze Belichtungszeiten ermöglicht die Nutzung von jeweils zwei Polarisationsfiltern anstelle der Dämpfgläser. Die optische Anordnung eines solchen Polarisationshelioskops zeigt Bild 7.19.

Infolge der Reflexion an der Hypotenuse des rechtwinkligen Reflexionsprismas gelangen 5 % der in das Fernrohr einfallenden Lichtenergie zum fest eingebauten Polarisationsfilter. Ein zweites Polarisationsfilter ist drehbar angeordnet, so daß die zusätzliche Lichtdämpfung stufenlos erfolgen kann. Das vom Prisma reflektierte

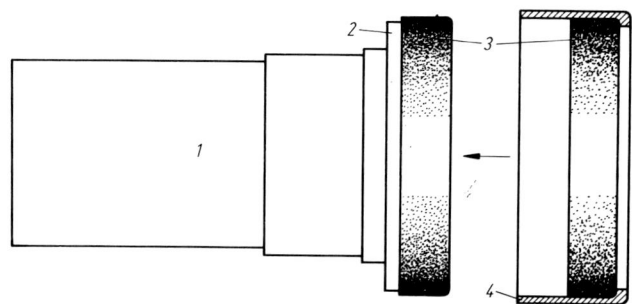

Bild 7.18. Befestigung von Dämpfgläsern am Okular
1 – Okular; 2 – Augenmuschel; 3 – Dämpfglas vom Neutralfiltersatz; 4 – Verbindungsring

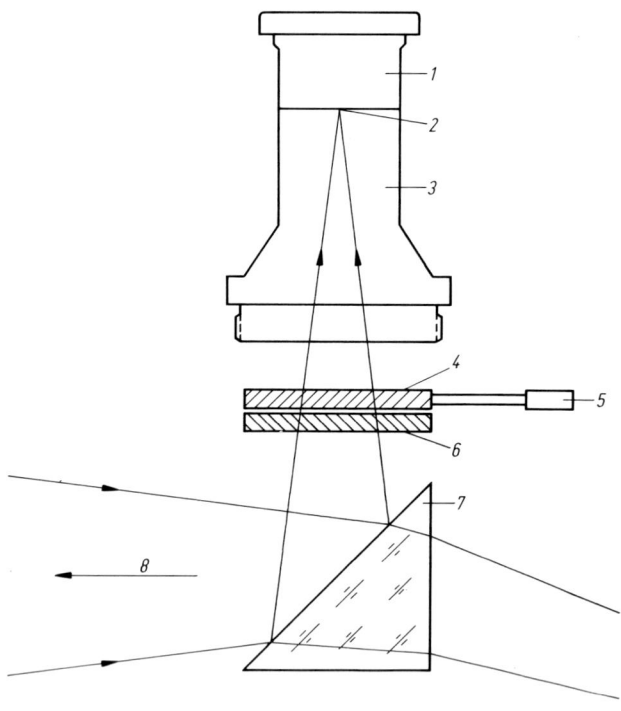

Bild 7.19. Strahlengang im Polarisationshelioskop
1 – Steckokular; 2 – Fokus; 3 – Okularsteckhülse; 4 – verstellbares Polarisationsfilter; 5 – Verstellhebel; 6 – unbewegliches Polarisationsfilter; 7 – rechtwinkliges Reflexionsprisma; 8 – zum Fernrohr

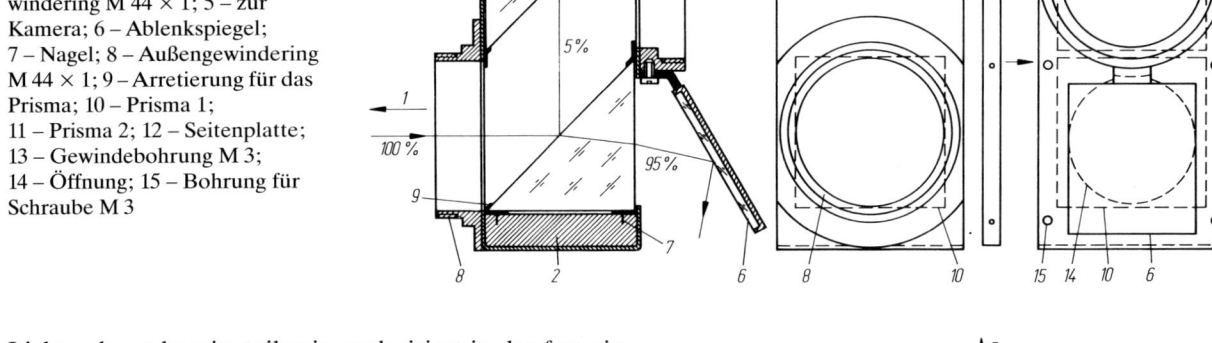

Bild 7.20. Sonnenlichtdämpfung mit zwei rechtwinkligen Reflexionsprismen
1 – zum Fernrohr; 2 – eingeklebte Holzeinlage; 3 – Stahl- oder Aluminiumblech; 4 – Innengewindering M 44 × 1; 5 – zur Kamera; 6 – Ablenkspiegel; 7 – Nagel; 8 – Außengewindering M 44 × 1; 9 – Arretierung für das Prisma; 10 – Prisma 1; 11 – Prisma 2; 12 – Seitenplatte; 13 – Gewindebohrung M 3; 14 – Öffnung; 15 – Bohrung für Schraube M 3

Licht gelangt bereits teilweise polarisiert in das fest eingebaute Polarisationsfilter. Deshalb muß es in der Fassung richtig orientiert sein, also maximal durchlässig für die vom Prisma reflektierte Lichtenergie.

Das Polarisationshelioskop gestattet deshalb mit feinkörnigen Filmen die Anwendung langer äquivalenter Brennweiten bei kurzen Belichtungszeiten. Die Beurteilung der Abbildungsschärfe erfolgt mit dem Blick in den Sucher der einäugigen Spiegelreflexkamera. Dazu kann die Bildhelligkeit auf einen für das Auge angenehmen Wert vermindert werden. Nach der Fokussierung vergrößern wir die Durchlässigkeit des beweglichen Polarisationsfilters durch Drehen um den entsprechenden Winkel auf einen Betrag, welcher uns Belichtungszeiten von etwa $1/250 \ldots 1/1000$ s ermöglicht.

Eine weitere Variante der Sonnenlichtdämpfung besteht im Anwenden zweier rechtwinkliger Reflexionsprismen. Die optische Anordnung ist aus Bild 7.20 ersichtlich. Die ungedämpfte Sonnenstrahlung gelangt auf die Hypotenuse des ersten Prismas. Davon werden 5 % zur Hypotenuse des zweiten Prismas weitergeleitet, von dem schließlich nur noch 0,25 % oder der $1/400$ Teil des ungedämpften Sonnenlichts bzw. der Wärme das Okular erreicht. Mit zwei Polarisationsfiltern oder einem Dämpfglas vom Neutralfiltersatz ist der Restanteil des Lichts zusätzlich regulierbar.

Der Nachteil dieser Lichtdämpfung durch zwei Prismen besteht in dem langen Lichtweg innerhalb der optischen Anordnung, was einen großen Fokussierbereich voraussetzt. Demgegenüber haben wir den Vorteil einer guten Abbildungsqualität von Sonnenflecken und -fackeln.

Ähnlich verhält es sich mit der Notwendigkeit eines großen Fokussierbereichs beim Verwenden eines fünfeckigen Prismas (Pentaprisma) als Sonnenprisma. 0,25 % des Sonnenlichts gelangen dabei in das Okular (Bild 7.21). Dieses für die Beobachtung noch zu starke Licht erhält eine weitere Dämpfung mit den schon aufgeführten optischen Mitteln. Wegen seines relativ großen Gewichts ist das Pentaprisma bevorzugt bei mittleren und großen Amateurfernrohren einzusetzen. Ferner sei noch

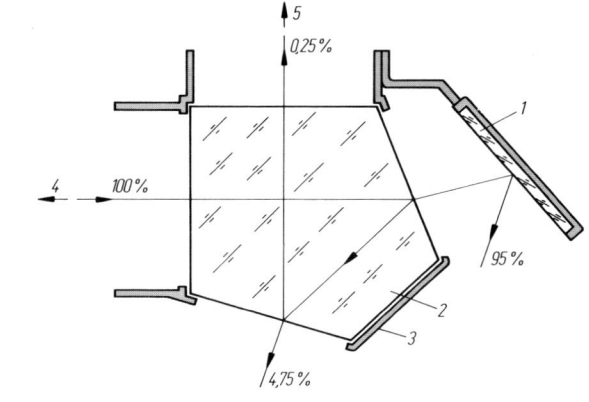

Bild 7.21. Sonnenlichtdämpfung mit dem Pentaprisma
1 – Ablenkspiegel; 2 – Pentaprisma; 3 – Gehäuse; 4 – zum Fernrohr; 5 – zur Kamera

das Sonnenprisma nach Herschel von Carl Zeiss JENA erwähnt. Auch dieses Prisma setzt einen großen Fokussierbereich (etwa 180 mm) voraus und reduziert die Sonnenstrahlung um etwa 12,6 Größenklassen. Die Polarisation des Lichts, und somit die Helligkeit, läßt sich hier durch Drehen des Okularansatzes stufenlos verändern.

7.3. Fokalaufnahmen der Sonne

Die Wahl der Aufnahmebrennweite richtet sich im wesentlichen nach dem jeweils gestellten Ziel, dem Aufnahmeformat und der Objektivbrennweite. Unser Zentralgestirn hat, wie bereits erwähnt, einen mittleren scheinbaren Durchmesser von 31′59″. Daraus ergibt sich bei 1 m Aufnahmebrennweite ein Sonnenbild von rund 9 mm Durchmesser, welches sich bei Aufnahmen mit feinkörnigem Filmmaterial stark vergrößern läßt. Damit werden Sonnenflecken, Sonnenfackeln und die Randverdunklung in den Bildern gut sichtbar. Die optische und

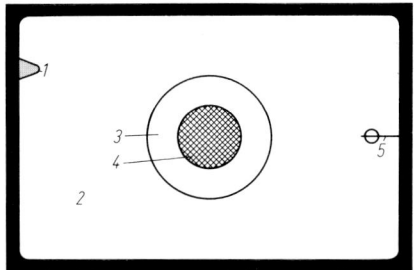

Bild 7.22. Suchersehfeld einer Kleinbild-Spiegelreflexkamera
1 – Signal; 2 – bildaufhellende Fresnellinse; 3 – Mattscheibenringfeld; 4 – Mikroprismenraster; 5 – Meßwertzeiger mit Kreismarkierung

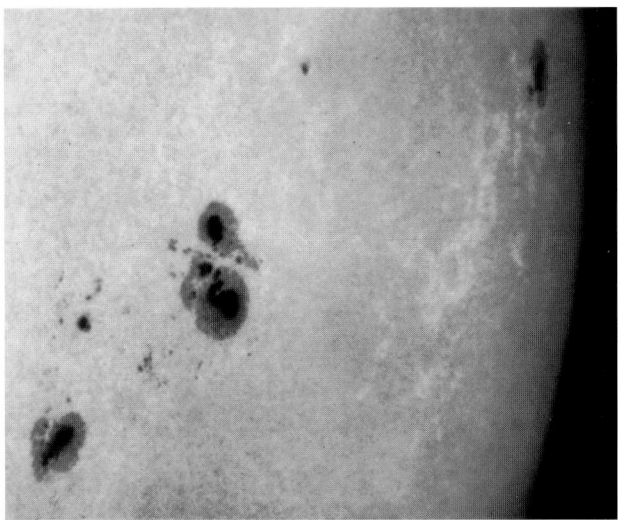

Bild 7.23. Sonnenfotografie ohne Nachführung der Kamera am
5. 9. 1988, 09.45 Uhr MEZ
Objektiv: 63/840, Okular: orthoskopisches Okular: f = 12,5 mm, Lichtdämpfung: Sonnenprisma + Dämpfglas (2 markierte Punkte), l = 193 mm, $f_{\ddot{A}}$ = 12970 mm, $D:f_{\ddot{A}}$ = 1:206, Belichtungszeit: ¹⁄₅₀₀ s, Mikro-Aufnahmefilm: MA 8, Negativentwicklung: E 102, 1 + 6, 4 min bei 23 °C, Fotopapier: normal, weiß

Neutralfilter, das vor der Lichteintrittsöffnung der Kamera befestigt wird. Eine weitere Möglichkeit der Strahlungsdämpfung besteht im Verringern der Objektivöffnung auf den Betrag von höchstens $D_{Ob}/2$ in Verbindung mit einem starken Neutralfilter vor der Kamera. Das Filter soll etwa die Durchlässigkeit eines Chromfilters (0,01 %) besitzen. Die Nutzung dieser Methode ist zwar verhältnismäßig preisgünstig, wegen der Verringerung

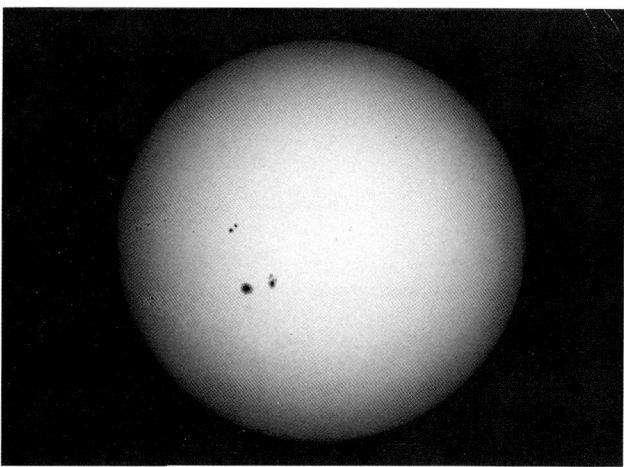

Bild 7.24. Die Sonne, aufgenommen am 29. 10. 1982, 12.00 Uhr MEZ
Objektiv: 50/540, Okular: orthoskopisches Okular f = 12,5 mm, Lichtdämpfung: Sonnenprisma + Dämpfglas (4 markierte Punkte), l = 60 mm, $f_{\ddot{A}}$ = 2592 mm, $D:f_{\ddot{A}}$ = 1:52, Belichtungszeit: ¹⁄₂₅₀ s, Mikro-Aufnahmefilm: MA 8, Negativentwicklung: E 102, 1 + 6, 4 min bei 23 °C, Fotopapier: weich

Bild 7.25. Die Sonne, aufgenommen am 13. 7. 1982, 09.00 Uhr MEZ
Objektiv: 63/840, Okular: orthoskopisches Okular f = 12,5 mm, Lichtdämpfung: Sonnenprisma + Dämpfglas (4 markierte Punkte), l = 60 mm, $f_{\ddot{A}}$ = 4032 mm, $D:f_{\ddot{A}}$ = 1:64, Belichtungszeit: ¹⁄₅₀₀ s, Mikro-Aufnahmefilm: MA 8, ohne Nachführung, Negativentwicklung: E 102, 1 + 6, 4 min bei 23 °C, Fotopapier: weich

fotografische Anordnung wird im Abschnitt 5.2.1. beschrieben. Sie ist bis auf die Lichtdämpfung die gleiche wie bei der Mondfotografie. Besonders in der Schulastronomie spielt auf Grund der Arbeitsschutzbestimmungen die Reduzierung des ins Gerät gelangenden Sonnenlichts eine dominierende Rolle. Ein vor das Fernrohrobjektiv auf den Tubus bzw. die Taukappe aufgesetztes Chromfilter (wie es oben beschrieben wurde) gewährleistet die gefahrlose visuelle und fotografische Sonnenbeobachtung. Infolge der bisweilen unterschiedlichen Durchlässigkeit solcher Chromfilter ermittelt man die Belichtungszeit am besten durch Probebelichtungen. Steht ein Chromfilter nicht zur Verfügung, besteht die Möglichkeit der Lichtdämpfung mit einem im Abschnitt 7.2.2. beschriebenen Prisma. Das für die Fokussierung noch zu helle Sonnenbild erfährt eine weitere Lichtreduzierung durch ein nachfolgendes Polarisations- oder

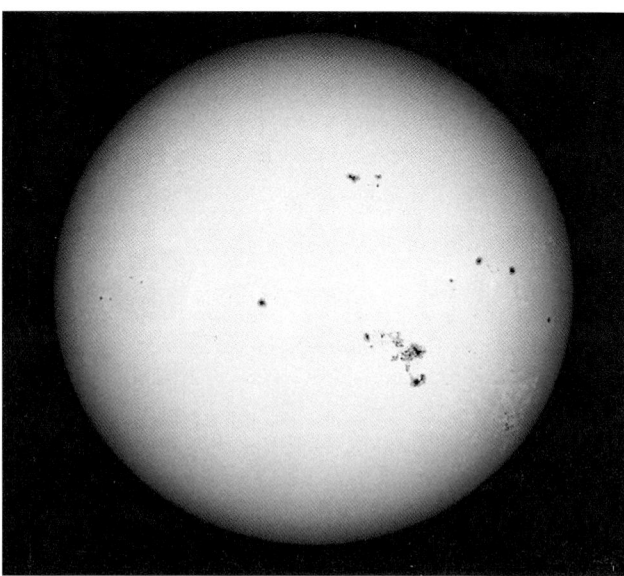

der freien Öffnung des Objektivs aber vermindert sich auch das Detailauflösungsvermögen. Wie bei der Mondfotografie werden auch bei der Sonnenfotografie bevorzugt einäugige Spiegelreflexkameras ohne deren Objektive eingesetzt. Das Scharfstellen erfolgt je nach Kameratyp meistens im Mattscheibenringfeld. Indikatoren, wie der Mikroprismenraster oder das Meßkeilpaar, sind dafür ungeeignet. Auch ein Klarfleck in der Bildfeldlinse bietet hier keine Vorteile. Das Auge akkomodiert, und das Ergebnis kann eine Fehleinstellung sein. Der Klarfleck muß also eine Markierung in Form eines Strichs oder Fadenkreuzes haben. Vor dem Scharfeinstellen mit Orientierung auf den Sonnenrand oder auf große Flekken dosieren wir die Helligkeit des Sonnenbildes auf einen für die Fokussicrung günstigen Wert. Zu empfehlen sind Belichtungszeiten im Bereich $\frac{1}{125}$ ... $\frac{1}{1000}$ s, welche allerdings bei Nutzung von Chromfiltern in Verbindung mit sehr geringempfindlichen Filmen (z. B. beim Dokumentenfilm) nicht immer erreicht werden. Bei mittel- und hochempfindlichen Emulsionen dagegen sind diese kurzen Belichtungszeiten möglich. Dabei sind selbstverständlich Probeaufnahmen zu empfehlen. Refraktor-Objektive (Fraunhofer-Typ und Achromate) haben noch ein

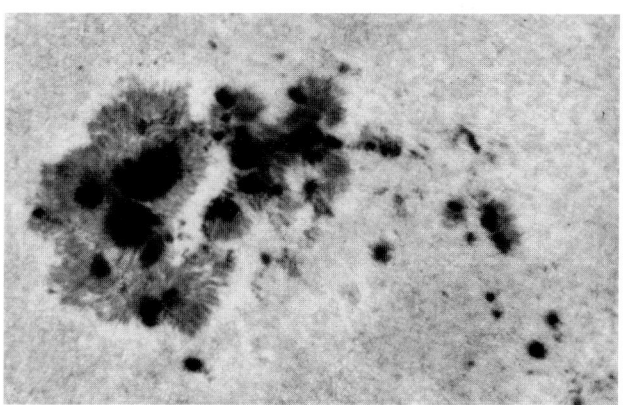

Bild 7.27. Sonnenfleckengruppe, aufgenommen am 19. 6. 1982, 09.45 Uhr MEZ
Objektiv: 130/1950, Okular: orthoskopisches Okular $f = 12{,}5$ mm, Lichtdämpfung: Sonnenprisma + Dämpfglas (3 markierte Punkte), $l = 135$ mm, $f_{\text{Ä}} = 21060$ mm, $D : f_{\text{Ä}} = 1 : 162$, Belichtungszeit: $\frac{1}{250}$ s, Dokumentenfilm: DK 5, Negativentwicklung: E 102, 1 + 6, 4 min bei 23 °C, Fotopapier: normal, weiß

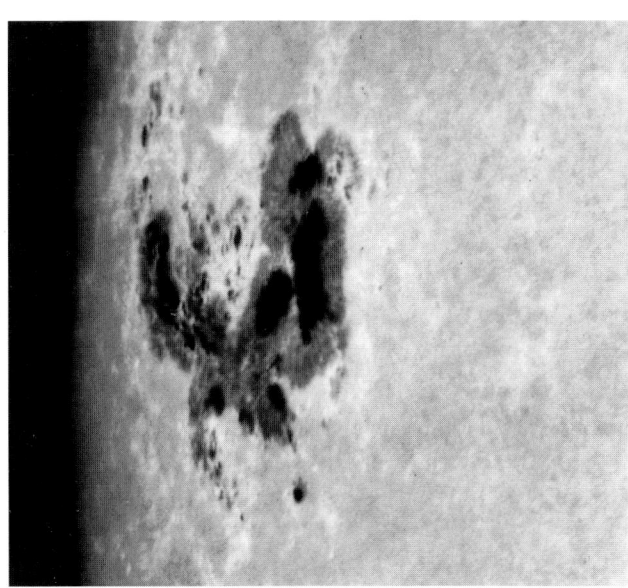

Bild 7.26. Sonnenflecken und Sonnenfackeln in der Nähe des Sonnenrands am 13. 6. 1982, 10.00 Uhr MEZ
Objektiv: 130/1950, Okular: orthoskopisches Okular $f = 12{,}5$ mm, Lichtdämpfung: Sonnenprisma + Dämpfglas (3 markierte Punkte), $l = 135$ mm, $f_{\text{Ä}} = 21060$ mm, $D : f_{\text{Ä}} = 1 : 162$, Belichtungszeit: $\frac{1}{250}$ s, Dokumentenfilm: DK 5, Negativentwicklung: E 102, 1 + 6, 4 min bei 23 °C, Fotopapier: normal, weiß

geringes sekundäres Spektrum, welches sich in Form des schwachen farbigen Saums am Beobachtungsobjekt bemerkbar macht. Dieser die Abbildungsqualität mindernde blaue Anteil des Lichts ist am AS-Objektiv gering. Er kann mit einem vor der Kamera eingebauten

Gelbfilter zurückgehalten werden. Spiegelteleskope dagegen haben von vornherein keine solche Farbabweichung (chromatische Aberration).

Die Objektivbrennweiten der Amateurfernrohre sind selten länger als 2000 mm. Somit paßt das damit gewonnene gesamte Sonnenbild auf das 24 mm × 36 mm-Aufnahmeformat. Infolge der nur geringen Verzeichnung eignen sich Fokalaufnahmen unter anderem auch für Meßarbeiten.

Je nach Ziel kann der belichtete Film normal nach der Gebrauchsanleitung oder mit einem hart arbeitenden Entwickler verarbeitet werden. Besonders kontrastreiche Negative ergeben sich bei der Anwendung von Papierentwicklern. Die meisten Negative der Sonnenfotos in diesem Buch wurden mit einem Papierentwickler erarbeitet.

7.4. Aufnahmen im sekundären Fokus

Einen größeren Gewinn an Einzelheiten auf Bildern der Sonnenoberfläche bringt die Projektionsfotografie (s. Abschnitt 5.2.2.2.). Schon kleine Fernrohre erreichen eine Detailauflösung bis etwa $1''$, so daß bereits die granulare Struktur in den Aufnahmen sichtbar wird (Bild 7.30). Die erforderliche Brennweitenverlängerung ergibt sich aus der Okularprojektion (Bilder 7.14 bis 7.17). Bevorzugt werden hier wegen ihrer guten Korrektion orthoskopische Okulare der Brennweiten von 25 bis 10 mm eingesetzt. Zusätzliche Verlängerungsringe (Bild 7.17) ergeben eine variable Verlängerung der Äquivalentbrennweite. Die Lichtfülle unseres Zentralgestirns verleitet manchen oft zur Arbeit mit extrem langen äquiva-

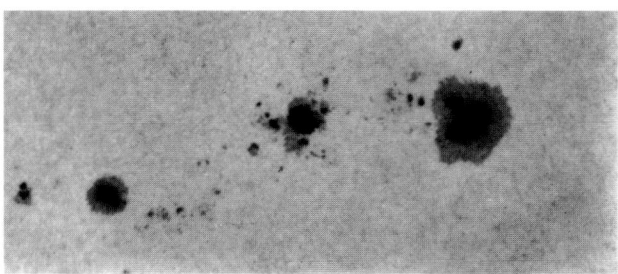

Bild 7.28. Die Sonne am 2. 7. 1981, 13.15 Uhr MEZ. Umbren und Penumbren sind, im Gegensatz zur Granulation, gut getrennt sichtbar.
Objektiv: 63/840, Okular: orthoskopisches Okular $f = 12,5$ mm, Lichtdämpfung: Sonnenprisma + Dämpfglas (3 markierte Punkte), $l = 175$ mm, $f_{\mathrm{\ddot{A}}} = 11\,760$ mm, $D:f_{\mathrm{\ddot{A}}} = 1:186$, Belichtungszeit: $\frac{1}{250}$ s, Dokumentenfilm: DK 5, Negativentwicklung: E 102, 1 + 6, 4 min bei 23 °C, Fotopapier: weich

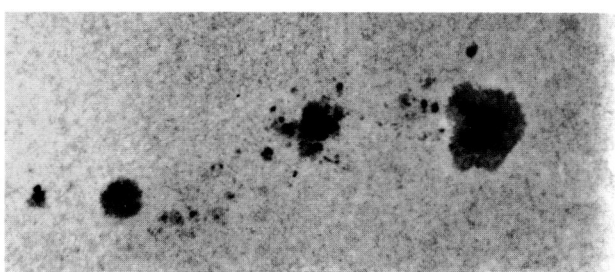

Bild 7.29. Sonne, aufgenommen am 2. 7. 1981, 13.15 Uhr MEZ. Die Umbren und Penumbren „verschmelzen" bei hartem oder extra-hartem Fotopapier z. T. miteinander. Beim Vergleich der Bilder 7.28., 7.29. und 7.30. ist dieser Effekt sichtbar. Die Granulation tritt deutlicher hervor. Fotopapier: hart, weitere Daten s. Bild 7.28.

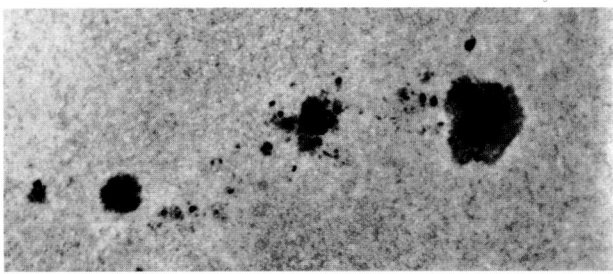

Bild 7.30. Sonne, aufgenommen am 2. 7. 1981, 13.15 Uhr MEZ. Die Umbren und Penumbren „verschmelzen" besonders bei extra-hartem Fotopapier z. T. miteinander. Dagegen tritt die Granulation deutlicher hervor. Fotopapier: extra-hart, weitere Daten s. Bild 7.30.

lenten Brennweiten. Das aber setzt sehr gute meteorologische, optische und mechanische Bedingungen voraus. Das Aufnahmeinstrument muß stabil montiert sein und eine Nachführung haben. Erfahrungsgemäß ist die Luftunruhe in den Morgenstunden bzw. am Vor- und Nachmittag im allgemeinen geringer. Im Einzelfall entscheide man über die Aufnahmezeit nach eigenen Erfahrungswerten an seinem Beobachtungsort. Je größer die Äqui-

valentbrennweite, um so geringer die Helligkeit des Sonnenbildes im Sucherfeld der Spiegelreflexkamera. In Verbindung mit dem Objektivfilter können dabei Belichtungszeiten erforderlich werden, die wegen der Luftunruhe mangelhafte Aufnahmen ergeben. Mit dem Sonnenprisma dagegen (Bilder 7.11, 7.12, 7.14) lassen sich trotz des großen Abbildungsmaßstabs durch die zusätzliche regulierbare Lichtdämpfung nach dem Prisma kurze Belichtungszeiten im Bereich von etwa $\frac{1}{250}$ bis $\frac{1}{1000}$ s auch auf geringempfindlichem Filmmaterial erreichen. Wir können dabei bis an die Grenze des Auflösungsvermögens der Optik gelangen. Die Belichtungszeit in der Sonnenprojektions-Fotografie ermitteln wir am besten durch Probeaufnahmen. Dabei werden alle wichtigen Daten wie die Filmsorte, das äquivalente Öffnungsverhältnis, die Entwicklung, der Filtertyp, die atmosphärische Beschaffenheit und Belichtungszeit notiert. Wir erhalten damit eine tabellarische Grundlage zur Bestimmung der genäherten Belichtungszeit für spätere Aufnahmen.

Die Innenmessung einiger Kameras ermöglicht auch hier die Ermittlung der Belichtungszeit. Vorteilhaft sind dabei große Abbildungsmaßstäbe, welche das Filmformat zum großen Teil oder ganz ausfüllen. Dadurch erfolgt eine gute Ausleuchtung des Meßfeldes. Ein wesentlicher Vorteil der Innenmessung liegt im Erfassen aller lichtverändernden Faktoren. Aus verschiedenen Gründen ist es trotzdem möglich, daß der gemessene Wert nicht der optimalen Belichtungszeit entspricht. Deshalb ist neben der Aufnahme mit dem meßtechnisch ermittelten Wert ein Variieren des gemessenen Belichtungswerts notwendig. Schließlich sei noch an einem Beispiel die rechnerische Methode zur genäherten Ermittlung der Belichtungszeit erwähnt. Zur Verfügung stehen:
Refraktor 100/1000
Okular: 12,5–O
Chromfilter (Durchlässigkeit: etwa 0,01 %, ergibt Verlängerungsfaktor von 10^4)
15-DIN-Film (gleich 25 ASA)
Projektionsabstand $l = 100$ mm
(K für die Sonne: $7 \cdot 10^7$)
Die Äquivalentbrennweite geht aus der schon erläuterten Beziehung hervor:

$$f_{\mathrm{\ddot{A}}} = \frac{f_{\mathrm{Ob}} \cdot l}{f_{\mathrm{Ok}}}$$

Sie beträgt in unserem Beispiel 8 m. Daraus folgt die Belichtungszeit mit:

$$t = \frac{N^2}{E \cdot K} = 3 \cdot 10^{-6}\,\mathrm{s} \cdot 10^4 = 0,03 = \frac{1}{30}\,\mathrm{s}$$

t Belichtungszeit
N Öffnungszahl = $f_{\mathrm{\ddot{A}}}$/Objektivöffnung
E Empfindlichkeit des Aufnahmematerials in ASA
K dimensionsloser Faktor
f_{Ok} Okularbrennweite
f_{Ob} Objektivbrennweite

Die relativ reichliche Belichtungszeit setzt voraus, daß es während der Belichtung keine starke Luftunruhe gibt. Bei der Verwendung eines empfindlicheren Films wie etwa um 21 oder 27 DIN würde sich die Belichtungszeit auf etwa $\frac{1}{125}$ bzw. $\frac{1}{500}$ Sekunde verkürzen. Empfehlenswert sind die Schwarzweißfilme KB-17, KB-14, Kodak Technical Pan 2415, Ilford XP1 400 und, wenn er noch zu beschaffen ist, der Mikroaufnahme-Film MA 8 (ehemalige DDR-Produktion).

Dem Fokussieren von Detailaufnahmen sei ebenfalls besondere Aufmerksamkeit gewidmet. Wir warten mit dem Scharfstellen, bei dem wir uns auf den Sonnenrand oder eine Penumbra orientieren, bis die Luftunruhe möglichst gering erscheint. Wie bei der Fokalfotografie wird das Sonnenbild mit dem Okularauszug im Mattscheibenringfeld der Spiegelreflexkamera scharfgestellt (Bild 7.22). Im allgemeinen reicht das Sucherbild der Spiegelreflexkamera zum einwandfreien Scharfstellen aus. Eine Verbesserung der Fokussiergenauigkeit ermöglicht das Verwenden eines Einstellfernrohrs am Sucherokular des Prismensuchers. Der Einblick in das Sucherokular ist vor allem bei größerer Sonnenhöhe oft recht unbequem. Dies macht sich besonders bei kleinen Refraktoren bemerkbar. Hier schafft man mit einem Winkelsucher an der Kleinbildspiegelreflexkamera Abhilfe. Er gestattet das Drehen um die Achse des Sucherokulars und ermöglicht uns zum Beispiel auch den Einblick senkrecht zur Fernrohrobjektivachse. Man überblickt im Winkelsucher das volle Sucherbild in gleicher Vergrößerung wie am Prismeneinsatz. Mit Hilfe der Dioptrieneinstellung ist auch ein Anpassen an das fehlsichtige Auge gewährleistet. Vorteilhaft sind auswechselbare Bildfeldlinsen. Zu empfehlen wäre die Bildfeldlinse mattiert oder die Bildfeldlinse mattiert mit Klarfleck und Fadenkreuz. Eine zusätzliche Einstell-Lupe erhöht die Fokussiergenauigkeit. Bei größeren Amateurfernrohren können wir die optimale Scharfeinstellung auch anhand der Granulen kontrollieren, indem das Fernrohr ein klein wenig hin- und herbewegt wird. Dabei erkennt man im gut ausgeleuchteten Kamera-Sucherbild die Lageveränderung der Granulen relativ zum Mattscheibenkorn oder den Kreismarkierungen der Schärfeindikatoren.

Wie schon beschrieben, erhalten wir bei Verwendung des Sonnenprismas sehr kurze Belichtungszeiten. Dabei kann das Sonnenbild im Sucherbildfeld der Kamera sehr hell sein, so daß das Fokussieren Schwierigkeiten bereiten würde. Abhilfe schafft ein Neutralfilter vor dem Sucherokular.

Von großer Bedeutung für ein gleichmäßig geschwärztes Negativ einer Sonnen-Aufnahme ist der einwandfreie Ablauf des Schlitzverschlusses. Ein ungleichmäßiger Ablauf dagegen ergibt ungleichmäßig belichtete Negative, von denen sich nur sehr schwer einwandfreie Positive herstellen lassen. Reflexlichter in der optischen Anordnung bringen ebenfalls Qualitätsverluste. Sie werden durch einen mattschwarzen Innenanstrich des Fernrohrs

und der Projektionseinrichtung vermieden. Weitere Störquellen sind Luftschlieren. Sie erscheinen im Aufnahmefeld entweder als lokale Unruhegebiete, oder das ganze Bild wird von ihnen erfaßt. Ein Beobachten dieser Schlieren im Sucherbildfeld der Kamera ist kaum möglich. Sie haben ein unscharfes und verformtes Abbilden der Granulen und Sonnenflecken zur Folge (Bild 7.33). In diesem Fall warten wir am besten einen Zeitabschnitt mit geringer Luftunruhe ab und belichten dann mehrere Bilder.

Wie bei der Mondfotografie können auch in der Sonnenfotografie Linsensysteme wie die Barlow-Linse (s. Abschnitt 5.2.2.4.) oder der Zweifach-Konverter zur Brennweitenverlängerung genutzt werden. Zur Lichtdämpfung eignet sich besonders ein Chromfilter. Das Zentralgestirn wird vor allem mit der Barlow-Linse, auch bei mittleren Aufnahmeformaten (z. B. 6 cm × 6 cm) bis in die Randgebiete scharf gezeichnet. Mehr über die technische Realisierung ist in den Abschnitten 5.2.2.3. und 5.2.2.4. beschrieben.

Die folgende Übersicht enthält wichtige Punkte für das Gelingen hochaufgelöster Detailaufnahmen:
1. feinkörniges Aufnahmematerial;
2. präzise Scharfeinstellung im Sucherbildfeld;
3. Abwarten eines Zeitabschnitts mit möglichst geringer Luftunruhe bzw. Windgeschwindigkeit (große Windgeschwindigkeiten bringen das Teleskop in Schwingungen);
4. motorisch betriebene Nachführeinrichtung;
5. kurze Belichtungszeiten im Bereich von etwa $\frac{1}{125}$ bis zu $\frac{1}{1000}$ s.

Stellt man keine hohen Ansprüche an die Bilddetailauflösung, so ist das Fotografieren der Sonne mit der Fokal- und Projektionsmethode auch ohne Nachführung möglich. Das Bild 7.23 wurde auf diese Weise gewonnen. Als Alternativlösung kann das Fernrohr auch mit etwas Übung handnachgeführt werden. Die fotografischen Ergebnisse unterscheiden sich von denen der motorisch nachgeführten bis zum Bereich von $f_{\ddot{A}}$ etwa 15 m nur unwesentlich. Je größer die Aufnahmebrennweite, desto kürzere Belichtungszeiten sind für scharfe Abbildungen erforderlich, das heißt, bei etwa 1 m Aufnahmebrennweite nicht länger als $\frac{1}{15}$ s und im Bereich von 20 m etwa nur $\frac{1}{1000}$ s belichten. Diese Belichtungszeiten stellen an die Aufstellgenauigkeit des Fernrohrs keine großen Ansprüche. Eine parallaktische Montierung ist nicht notwendig. Es gilt aber darauf zu achten, daß das Fernrohr und die fotografische Anordnung stabil montiert sind. Gegenüber den negativen Auswirkungen von Luftturbulenzen über Kuppelgebäuden haben frei aufgestellte Teleskope hier ihre Vorteile.

Für die Papierbild-Herstellung sind wiederum verschiedene Gradationen zu nutzen, um den Bildkontrast in gewünschter Weise beeinflussen zu können. Ein hartes Negativbild (z. B. auf Dokumenten- oder Mikro-Aufnahmefilm) in Verbindung mit dem Fotopapier der Gradation „weich" ergibt eine gute Abbildung der Umbra und Penumbra. Die Granulation tritt geringer hervor (Bild 7.28). Fackeln und die Randverdunklung werden neben dem scharf abgebildeten Sonnenrand gut sichtbar (Bilder 7.24, 7.25). Kontrastreiche Fackelgebiete, Sonnenflecken und Granulen erreicht man mit dem Dokumenten- oder Mikro-Aufnahmefilm auf Papier „normal" (Bilder 7.26, 7.27, 7.32, 7.39). Fotopapiere „hart" und „extra hart" bringen eine weitere Kontrastverstärkung. Besonders bei harten und extraharten Fotopapieren verschmelzen aber eng benachbarte Umbren miteinander, so daß der Sonnenfleck verformt wird. Dieser Entwicklungseffekt ist durch den Vergleich der Bilder 7.28, 7.29 und 7.30 gut zu erkennen, welche vom selben Negativ entstanden.

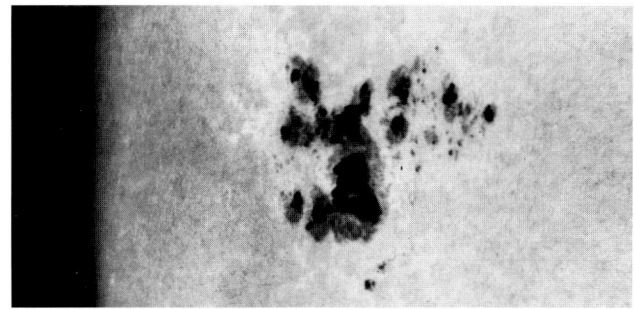

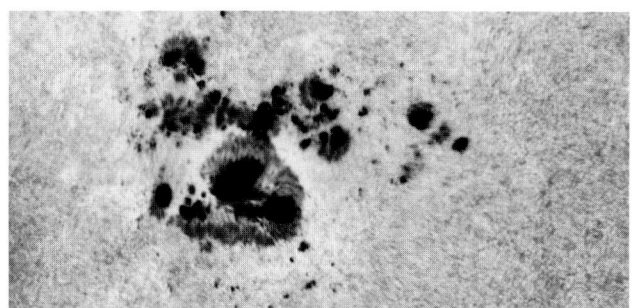

7.5. Ausgewählte Arbeitsgebiete der Sonnenfotografie

Hauptanliegen der Sonnenfotografie in der Amateur- und Schulastronomie ist es im allgemeinen, die Ergebnisse zielgerichtet auszuwerten und sie weiterzuvermitteln. Dabei steht im Mittelpunkt die Fotografie der Sonnenaktivität, also die Gesamtheit der veränderlichen kurzzeitigen Erscheinungen, die man mit amateurgemäßen Instrumenten erfassen kann. An erster Stelle sind hier die Sonnenflecken und -fackeln zu erwähnen. Ihre ständige Überwachung mit Amateurmitteln kann auch heute noch der Wissenschaft von Nutzen sein. Im Rahmen dieser Überwachung wird z. B. die Anzahl der Sonnenflecken ermittelt. Besonders mit größeren Amateurfernrohren erhalten wir hochaufgelöste Detailfotos von Sonnenflecken und -fleckengruppen, die ein genaues Studium der Veränderlichkeit pro Zeiteinheit erlauben. Für den Betrachter der Aufnahmen (z. B. im Rahmen des Astronomie-Unterrichts) werden hierbei Erscheinungen sichtbar, die in ihrer wahren Größe für uns unvorstellbar sind (Bilder 7.31 ... 7.41).

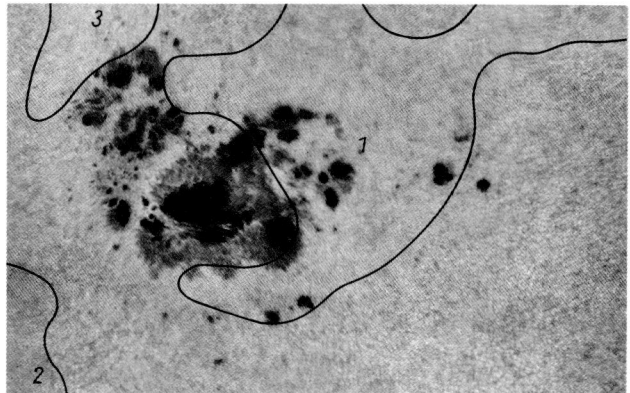

Unsere Aufnahmen gestatten auch die Bestimmung der Fleckenrelativzahl $R = k (10 g + f)$ als Maß für die Häufigkeit von Sonnenflecken. (Näheres dazu findet man u. a. im „Brockhaus ABC Astronomie".) Besonders reizvoll ist die Beobachtung des Wilson-Schülenschen Effekts an Sonnenflecken in der Nähe des Sonnenrandes. Der Beobachter erkennt den Sonnenfleck als trichterförmiges Gebilde, vergleichbar mit einer scheinbaren Vertiefung in der Sonnenoberfläche (Bild 7.42). Turbulente Vorgänge zeigen sich zum Teil in Gestalt der Flares (Lichtausbrüche) an den Umbren und Penumbren. Bevorzugt an größeren Amateurfernrohren können Lichtbrücken und Veränderungen in der Umbra, z. B. eine Teilung der Umbra, fotografisch auf Reihenaufnahmen festgehalten werden.

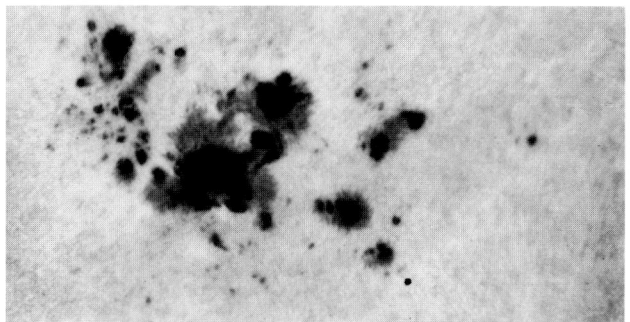

Das Ermitteln der Arealzahl AR gibt uns einen Über-

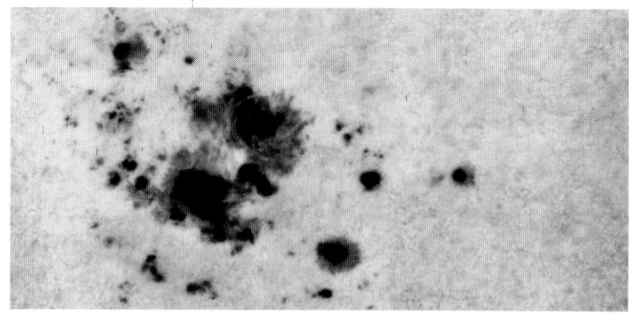

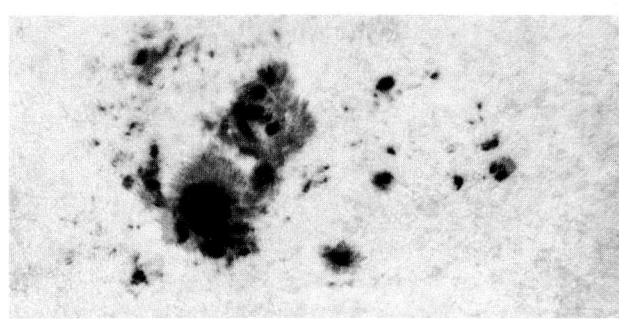

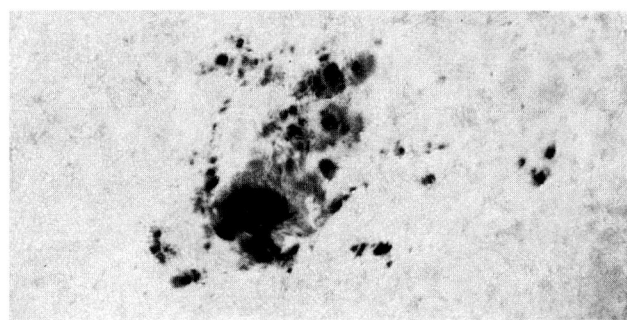

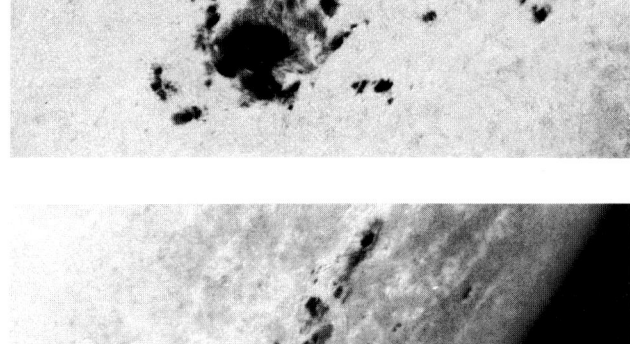

◀ Bild 7.31 ... 7.39 (von links oben nach rechts unten). Entwicklung einer größeren Sonnenfleckengruppe im Juni 1982
Objektiv: 130/1950, Okular: orthoskopisches Okular $f = 12,5$ mm, Lichtdämpfung: Sonnenprisma + Dämpfglas (3 markierte Punkte), $l = 133$ mm, $f_\text{Ä} = 20\,748$ mm, $D : f_\text{Ä} = 1:160$, Dokumentenfilm: DK 5, Negativentwicklung: E 102, 1 + 6, 4 min bei 23 °C, Fotopapier: normal, weiß

	Belichtungs-zeit s	Bemerkungen
Bild 7.31	$\frac{1}{250}$ s	
Bild 7.32	$\frac{1}{250}$ s	
Bild 7.33	$\frac{1}{250}$ s	In den Gebieten 1, 2, 3 deformieren Luftschlieren scheinbar die Granulation, so daß sie unscharf und z. T. unsichtbar wird.
Bild 7.34	$\frac{1}{250}$ s	
Bild 7.35	$\frac{1}{500}$ s	
Bild 7.36	$\frac{1}{500}$ s	
Bild 7.37	$\frac{1}{250}$ s	
Bild 7.38	$\frac{1}{250}$ s	
Bild 7.39	$\frac{1}{250}$ s	Der hart arbeitende Dokumentenfilm DK 5 (auch der MA 8) in Verbindung mit einer harten Entwicklung zeigt die Erscheinung der Sonnenfackeln besonders gut.

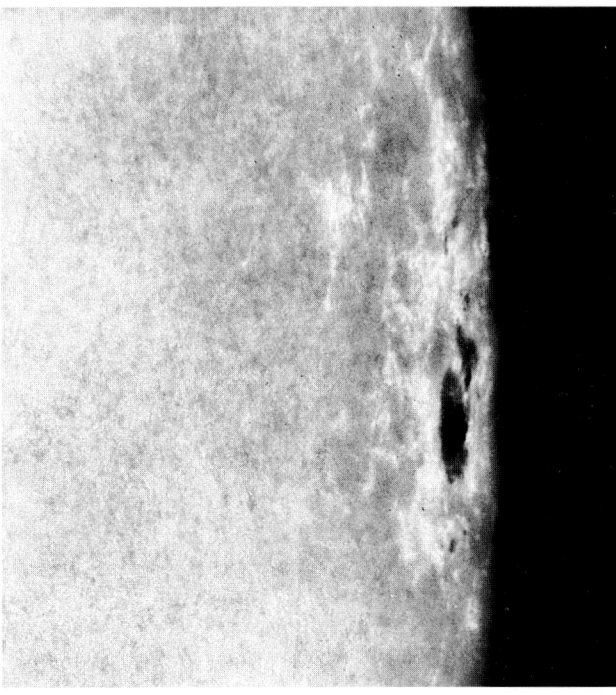

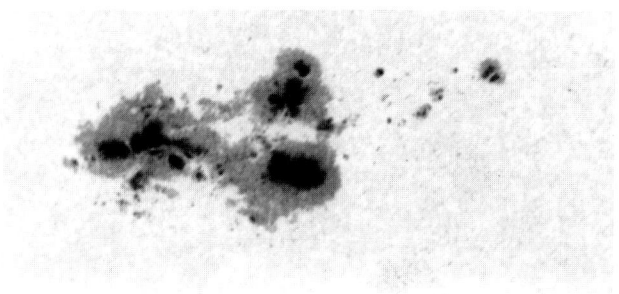

Bild 7.40. Sonnenfleckengruppe am 30. 6. 1988, 08.10 Uhr MEZ
Objektiv: 80/1200, Okular: orthoskopisches Okular $f = 16$ mm, Lichtdämpfung: Sonnenprisma + zwei Polarisationsfilter, ein Orange-Filter, Belichtungszeit: $\frac{1}{250}$ s, Mikro-Aufnahmefilm: MA 8, Negativentwicklung: E 102, 1 + 10, 5 min bei 20 °C, Fotopapier: hart, Aufnahme: Frank Schäfer

Bild 7.41. Sonnenfleckengruppe, aufgenommen am 20. 9. 1979, 10.00 Uhr MEZ
Objektiv: 130/1950, Okular: orthoskopisches Okular $f = 12,5$ mm, Lichtdämpfung: Sonnenprisma + Dämpfglas (3 markierte Punkte), $l = 135$ mm, $f_\text{Ä} = 21\,060$ mm, $D : f_\text{Ä} = 1:162$, Belichtungszeit: $\frac{1}{250}$ s, Dokumentenfilm: DK 5, Negativentwicklung: E 102, 1 + 6, 4 min bei 23 °C, Fotopapier: normal, weiß

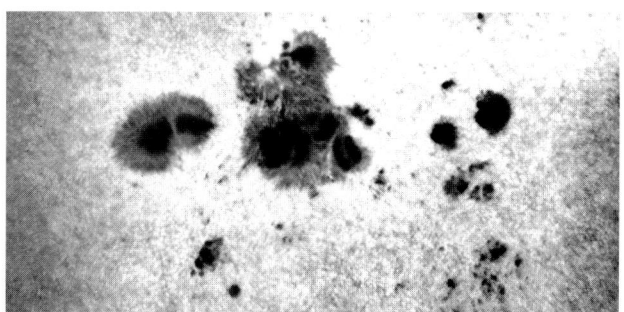

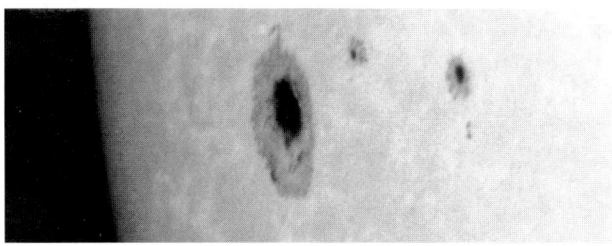

Bild 7.42. Trichterförmig aussehender Sonnenfleck – der Wilson-Schülensche Effekt
Objektiv: 130/1950, Okular: orthoskopisches Okular *f* = 12,5 mm, Lichtdämpfung: Objektivfilter (Carl Zeiss JENA), Belichtungszeit: ¹⁄₁₅ s, 20-DIN-Film, Negativentwicklung: Feinstkornentwickler A 49, 11 min bei 20 °C, Fotopapier: hart, weiß

blick über den geschätzten flächenhaften Bedeckungsgrad der Sonne mit Flecken. Dabei wird die Größenbewertung der einzelnen Fleckengruppen von 1 bis 10 vorgenommen. Ein gerade noch sichtbarer Fleck oder eine Fleckengruppe erhält die Bewertung ar = 1, eine mittelgroße ar = 5 und eine mit dem bloßen Auge punktförmig sichtbare die Bewertung ar = 9. Ist sie mit dem bloßen Auge flächenhaft zu sehen, dann wird ar = 10. Nach der Sonnenbeobachtung addiert man die ar-Werte, und wir erhalten die Arealzahl AR.

Schließlich sei noch das Herstellen von Sonnenpositionsfotos erwähnt, mit denen man die Position von Objekten auf der Sonne bestimmen kann. Bei den Positionsaufnahmen ist eine Doppelbelichtung des Negativs empfehlenswert, welche wegen der nur geringen Verzeichnung im Primärfokus vorgenommen wird. Vorteilhaft ist dabei

Bild 7.43. Sonnenfleckengruppe und Erde im Größenvergleich
Datum: 18. 3. 1991, Zeit: 11.15 Uhr MEZ, Instrument: Refraktor 130/1950, Okular: orthoskopisches Okular *f* = 12,5 mm, Lichtdämpfung: Sonnenprisma, Film: Mikro-Aufnahmefilm: MA 8, Belichtungszeit: ¹⁄₂₅₀ s

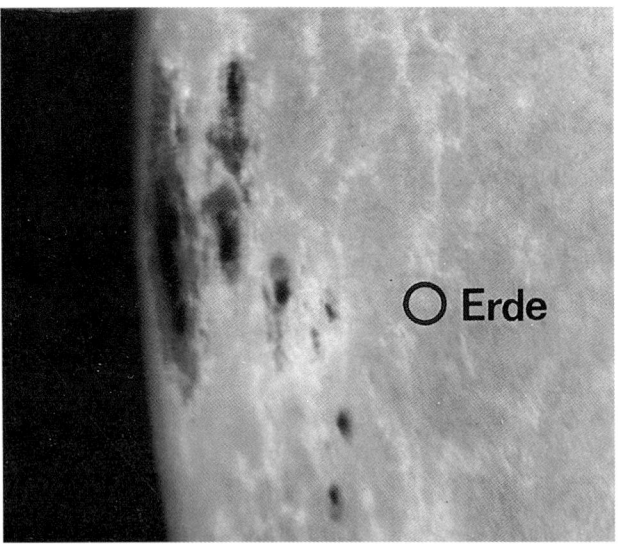

eine Spiegelreflexkamera mit Doppelbelichtungsautomatik. Es geht aber auch ohne diese Automatik, indem wir in die Kamera ein zurechtgeschnittenes Stück Planfilm bzw. Film-Meterware einlegen, und zwar so, daß das Filmblättchen nicht in den Transportmechanismus gerät. Nun verfahren wir folgendermaßen:

1. Das erste Sonnenbild wird bei eingeschalteter Nachführung belichtet und die Uhrzeit notiert.
2. Die Nachführung wird ausgeschaltet. Dann folgen: Spannen des Kameraverschlusses; Einschalten der Nachführung; Belichtung der zweiten Aufnahme; Notieren der Uhrzeit.

Zwischen der ersten und zweiten Aufnahme warten wir etwa 90 bis 120 s. Man erhält ein Negativ, das für die meßtechnisch-mathematische Bearbeitung zur Positionsbestimmung von Objekten geeignet ist. In der Zeit zwischen den beiden Aufnahmen wandert die Sonne weiter, so daß die Ost-West-Richtung bestimmt werden kann. Infolge der Überlappung der beiden Sonnenfotos auf dem Negativ erhalten wir die Nord-Süd-Richtung durch Verbinden der beiden Kreuzungspunkte.

7.6. Sonnenspektrum

Mit relativ geringem Aufwand lassen sich von unserem Zentralgestirn gut auswertbare Spektralaufnahmen herstellen, welche die Absorptionslinien vor dem Kontinuum zeigen. Wir benötigen dafür:

ein Fernrohr,
einen etwa 0,6 mm breiten und etwa 40 mm langen Spalt vor dem Objektiv,
eine Halterung für das Okularspektroskop,
ein Okularspektroskop (z. B. das Okularspektroskop [ohne Zylinderlinse] von Carl Zeiss JENA),
eine komplette Kamera mit Halterung,
eine Fotoschraube.

Im allgemeinen wird die Kamera- und Okularspektroskophalterung vom Amateur selbst hergestellt. Eine einfache Konstruktionslösung ist aus Bild 7.44 ersichtlich. Das Okularspektroskop befindet sich in einer ringförmigen Halterung, die wiederum in einen M 44 × 1-Gewindering eingepaßt wurde. Ein Winkel aus 2,5 mm starkem Stahlblech stellt die Verbindung zwischen dem M 44 × 1-Gewindering und der Kamera her. Mit Hilfe der Fotoschraube wird die Kamera am Stahlwinkel festgeschraubt. Damit das Fokussieren am Kameraobjektiv problemlos geschehen kann, feilen wir die Bohrung für die Fotoschraube länglich (etwa 20 mm lang) aus. Bevorzugt einsetzbar sind klein- oder mittelformatige Spiegelreflexkameras. In Abhängigkeit des Aufnahmeformats wählt man die Objektivbrennweite der Kamera so aus, daß die Länge des erzeugten Spektrums annähernd das Aufnahmeformat ausfüllt. Bild 7.45 entstand mit der

Bild 7.44 (rechts). Aufbau einer Spektroskopanlage für die Herstellung von Sonnenspektren
1 – Außengewinde M 44 × 1; 2 – Winkel aus Stahlblech; 3 – Gewindering mit Außen- und Innengewinde M 44 × 1. Als Gewindering kann auch ein Zwischenstutzen aus der Produktion von Carl Zeiss JENA genutzt werden; 4 – Haltering für das Okularspektroskop; 5 – Okularspektroskop; 6 – Normalobjektiv 1,8/50; 7 – Konverter 2fach; 8 – Spiegelreflexkamera; 9 – Aussparung für Fotoschraube; 10 – Fotoschraube; 11 – 0,6 mm breiter und 40 mm langer Spalt; 12 – Metall- oder Pappscheibe; 13 – Taukappe des Fernrohrs; 14 – Fernrohrtubus; 15 – zum Okularauszug des Fernrohrs

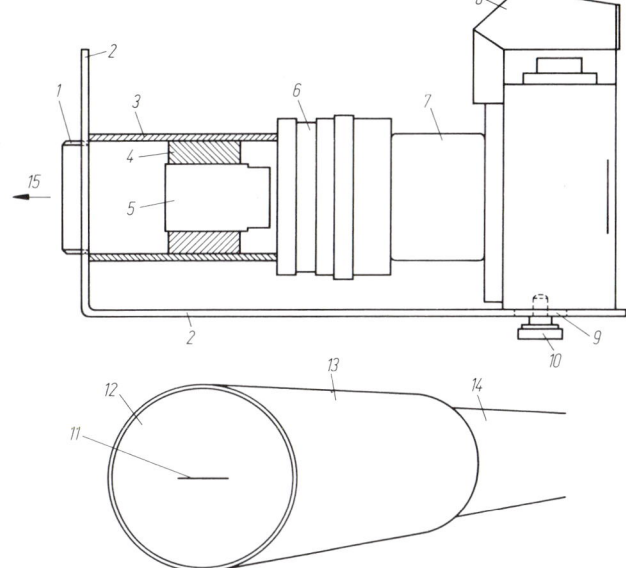

Bild 7.45. Sonnenspektrum
Reihenfolge der fotografischen Anordnung: Spalt, Fernrohr, Okularspektroskop, Kameraobjektiv 1,8/50, Konverter 2fach, Kamera, Tageslicht-Umkehrfarbfilm: UT 20, Belichtungszeit: 1/125 s

Kombination Normalobjektiv 1,8/50 und Konverter 2fach, also mit 100 mm Aufnahmebrennweite.

Das Kontrollieren der Schärfeeinstellung erfolgt allgemein im Kamerasucher am scharf begrenzten Rand des Spektrums. Die Befestigung des Spalts in der Taukappe vor dem Fernrohrobjektiv zeigt Bild 7.44. Als Material kann uns dünnes Blech oder auch dünne, gut beschnittene Pappe dienen. Die Beobachtung selbst ist unkompliziert. Man richtet das Fernrohr (ohne Sonnenfilter) in die Nähe der Sonne auf den Himmel, so daß sich die Sonne relativ zum eingestellten Ort einige Grade westlich davon befindet. Eine elektrische Nachführung ist nicht notwendig. Die Belichtungszeit ist durch Probeaufnahmen zu ermitteln. Sie kann bei mittelempfindlichem Schwarzweiß- und Colormaterial je nach Zielstellung und Winkeldistanz des Fernrohrs zur Sonne im Bereich von etwa 1/8 bis 1/100 s liegen. Sollen die Absorptionslinien im roten und gelben Spektralbereich auf dem Film sichtbar werden, belichten wir kurz. Längere Belichtungszeiten benötigt der blaue Spektralbereich. Selbstverständlich ist es auch möglich, nur Ausschnitte vom gesamten Spektrum mit längeren Aufnahmebrennweiten (z. B. 200 mm und darüber) zu fotografieren.

Wählen wir separat den kurz- und langwelligen Ausschnitt des Sonnenspektrums, so erleichtern wir uns damit auch die folgende Papierbildherstellung, denn die unterschiedlich lange belichteten Teilspektren sind relativ zum Gesamtspektrum auf dem Film gleichmäßiger geschwärzt.

7.7. Totale Sonnenfinsternisse

Zweifellos zählen die totalen Sonnenfinsternisse zu den schönsten Himmelserscheinungen. Leider finden sie am selben Ort durchschnittlich nur etwa alle 360 Jahre statt. Unser Mond hat fast denselben scheinbaren Durchmesser, so daß die Sonne total, ringförmig-total oder ringförmig durch den Mond verfinstert werden kann. Eine ringförmige Verfinsterung tritt dann ein, wenn der Mond infolge seiner elliptischen Bahn einen relativ großen Abstand zur Erde hat und die Mondscheibe dadurch kleiner als die Sonnenscheibe am Himmel erscheint. Während der Totalität, die Sekundenbruchteile bis zu 7,6 min dauern kann, wird die äußere Sonnenatmosphäre, die Korona, sichtbar. Die nächste totale Sonnenfinsternis über dem Gebiet der Bundesrepublik ist am 11. 8. 1999 von Süddeutschland aus zu verfolgen. Vorher stehen bei uns noch zwei partielle Finsternisse auf dem Programm, am 10. Mai 1994 vor Sonnenuntergang (Bedeckungsgrad etwa 50 Prozent) und am Nachmittag des 12. Oktober 1996 (Bedeckungsgrad etwa 60 Prozent).

Das seltene Ereignis einer totalen Sonnenfinsternis (Bild 7.49) bedarf der gründlichen Vorbereitung, damit die zur Verfügung stehenden wenigen Minuten visuell und fotografisch optimal genutzt werden können. Dabei ist es empfehlenswert, sich nicht zu viele Programme zu erarbeiten. Ein oder zwei reichen vollkommen aus. Alle

Bild 7.46. Sonnenfinsternis, fotografiert am 29. 4. 1976
Objektiv: 130/1950 (Fokalaufnahme), Lichtdämpfung: Objektivfilter (Carl Zeiss JENA), Belichtungszeit: ¹⁄₁₂₅ s, 20-DIN-Film, Negativentwicklung: Feinstkornentwickler A 49, 10 min bei 20 °C, Fotopapier: weich

Handgriffe müssen exakt ausgeführt werden.
Die Palette dafür geeigneter Aufnahmeoptiken ist reichhaltig. Das Himmelshintergrund-Leuchten und seine Veränderung während der Finsternis ist mit einem Weitwinkel- oder Normalobjektiv gut zu fotografieren. Aufnahmen mit Teleobjektiven ab etwa 300 mm Brennweite zeigen je nach Belichtungszeit die unterschiedliche Ausdehnung der Korona und das rote Licht der Protuberan-

zen. Das Fernrohr (ohne Okular) als Teleobjektiv läßt Details am Sonnenrand (Perlschnurphänomen, Protuberanzen) erkennen. Die Erscheinung des Perlschnurphänomens wird unmittelbar zu Beginn und zum Ende der Totalität durch das Sonnenlicht hervorgerufen, das noch durch die Täler und andere Vertiefungen in der Mondoberfläche den Beobachter erreicht.

Fernrohraufnahmen im Fokus können aber auch Nachteile mit sich bringen. Es ist möglich, daß bei Aufnahmebrennweiten größer als 1 m die äußere Korona auf dem Kleinbildformat nicht mehr vollständig erfaßt wird oder eine Nachführung infolge langer Belichtungszeiten (¹⁄₄ s und länger) gebraucht wird.

Schließlich sei noch die spektrographische Beobachtung der Chromosphäre (Flash-Spektrum) im Bereich des 2. Kontakts (Beginn der Totalität) und des 3. Kontakts (Ende der Totalität) erwähnt. Das mit einem Flintglasprisma vor dem Teleobjektiv erzeugte Spektrum enthält im Gegensatz zu dem üblichen Sonnenspektrum sogenannte Emissionslinien. Mond- und Chromosphärenrand bilden für wenige Sekunden einen natürlichen Lichtspalt, so daß wir keinen Spalt in die optische Anordnung einbauen müssen. Für die Flash-Spektrographie eignen sich besonders Teleobjektive ab etwa 300 mm Brennweite oder lichtstarke Refraktoren. Das Prisma erhält eine senkrechte Ausrichtung (senkrecht zur Dispersionsrichtung) relativ zum kurzzeitig entstehenden Chromosphärenbogen. Für Vergleichszwecke sind auch Aufnahmen von Absorptionsspektren etwa eine Minute vor dem zweiten Kontakt und nach dem dritten Kontakt zu empfehlen. Als Aufnahmematerial eignen sich Schwarzweiß- und Farbfilme.

Die verschiedenen faszinierenden Erscheinungen bei einer totalen Sonnenfinsternis treten unterschiedlich hell auf und müssen deswegen auch variabel belichtet werden. So ist das Perlschnurphänomen auf einem 20-DIN–Film und Blende 5,6 mit ¹⁄₂₅₀ ... ¹⁄₁₀₀₀ s erfaßbar.

Bild 7.47. Sonnenfinsternis am 2. 12. 1956
Objektiv: 4/300, Belichtungszeit: ¹⁄₁₅ s, 20-DIN-Film, Aufnahme: P. Hanisch

Bild 7.48. Partielle Sonnenfinsternis am 30. 5. 1984, 19.35 Uhr MEZ
Objektiv: 4/200 mit Konverter 2fach, Blendenzahl: 8, Belichtungszeit: ⅟₁₅ s, Tageslicht-Umkehrfarbfilm: UT 20

Chromosphäre und Protuberanzen strahlen größtenteils im roten H_α-Licht und sind für einige Sekunden (außer sehr hohen Protuberanzen, die während der gesamten Totalitätszeit sichtbar sind) in fotografischer Reichweite. Günstige Belichtungszeiten liegen bei Verwendung eines 20-DIN-Films und Blende 8 im Bereich von ⅟₁₀₀₀ . . . ⅟₃₀ s. Die Belichtungszeit der inneren und äußeren Korona und der Protuberanzen läßt sich mit folgender Formel nach Levy berechnen:

$$t = \frac{N^2}{E \cdot K}$$

N Öffnungszahl
E Empfindlichkeit der Emulsion in ASA
K dimensionsloser Faktor
t Belichtungszeit in s

Der veränderliche Faktor K bestimmt die Flächenhelligkeit des Objektes und beträgt für die:

innere Korona: $K = 25$
äußere Korona: $K = 0,2$
Protuberanzen: $K = 100$

Es ist vorteilhaft, neben der Aufnahme mit dem ermittelten Wert weitere Aufnahmen mit zwei bis drei Belichtungsstufen um den errechneten Wert zu pendeln. Die Belichtung der partiellen Phase einer totalen Sonnenfinsternis erfolgt wie bei sonst üblichen Aufnahmen der Sonne (Bilder 7.46, 7.47).

Bild 7.49. Totale Sonnenfinsternis am 31. 7. 1981
Objektiv: 100/1000 (Fokalaufnahme), Belichtungszeit: ⅟₅ s, 15-DIN-Film, Negativentwicklung: Feinstkornentwickler A 49, 1 + 1, verdünnt, 25 min bei 20 °C, Aufnahme: Kockel, Raumflugplanetarium Halle/Saale

7.8. Protuberanzen

Beeindruckende Erscheinungen am Sonnenrand sind flammen- oder wolkenartige Gebilde, die Protuberanzen, die teilweise gigantische Höhen und seltsame Formen annehmen können. Diese hauptsächlich im Wasserstoff–Licht selbstleuchtende dünne Sonnenmaterie erhebt sich über die Chromosphäre und ist bei einer totalen Sonnenfinsternis zu sehen, wenn die Sonnenscheibe völlig verdeckt ist. Totale Sonnenfinsternisse sind aber eben relativ selten. Zur Protuberanzenbeobachtung gibt es indessen eine Möglichkeit, die Sonne künstlich optisch zu verdecken. Das geschieht mit Hilfe einer Kegelblende im Protuberanzenfernrohr oder in einem Protuberanzenansatz.

Dabei ist zumeist nur ein schmales Gebiet des Sonnenrandes erkennbar (Bilder 7.50, 7.51), das durch die elektromotorische Nachführung gleich schmal gehalten wird. Mit einem Refraktor auf stabiler Montierung und präziser Nachführung hat man die besten Voraussetzungen zum Herstellen von Protuberanzen-Fotografien. Ohne eine solche Nachführung bewegt sich die Sonne dagegen (vom Okular aus gesehen) ständig hinter der Kegelblende hervor und erzeugt dadurch unangenehme Blenderscheinungen.

Zum Herstellen eines Protuberanzenfernrohrs werden zwei Objektive, eine Hilfslinse mit der Kegelblende, die Irisblende, ein Interferenzfilter, das Okular und Tubusblenden benötigt.

Konstruktionshinweise:

1. Das Objektiv O_1, das die Sonne auf dem Kegelblendenrand abbildet, darf keine Beschädigungen, wie z. B. Kratzer, haben; es muß möglichst staubfrei gehalten werden. Andernfalls entsteht Streulicht, das eine Sichtverschlechterung bedeutet. Das Objektiv O_1 kann, da wir im streng monochromatischen (einfarbigen) Rot (Hα, C-Linie des Wasserstoffs) beobachten, aus einer einfachen bikonvexen oder plankonvexen Objektivlinse bestehen, wobei die Planseite in Richtung zum Okular zeigt. Besser aber eignet sich wegen seiner optischen Korrektur das achromatische Objektiv. Mit einem Verhältnis $D:f$ zwischen $1:10 \dots 1:15$ und einer Brennweite um 1 m lassen sich gute Protuberanzenfotos erzielen.

2. Die Tubusblenden (etwa drei bis vier Stück) im Refraktor reduzieren das Streulicht innerhalb des Fernrohrs und erhöhen dadurch den Kontrast zwischen der Protuberanz und dem Himmelshintergrund.

3. Die Kegelblende besteht aus einem Kegel mit angedrehtem Zylinder. Sie kann aus Messing, Stahl, Bronze oder hartem Aluminium hergestellt werden. Die Befestigung erfolgt an einem Gewindestift, welcher im Zentrum der Hilfslinse in einer Bohrung befestigt ist. Das Herstellen der Bohrung bringt oftmals Komplikationen mit sich. A. Grünberg heftete darum eine Stahl-Kegelblende an einen zylindrischen Maniperm-Haftmagneten, der mit hochtemperaturbeständigem Klebstoff auf die Hilfslinse geklebt wurde.

Wegen des unterschiedlichen scheinbaren Sonnendurchmessers im Jahresablauf muß auch der Kegelblendendurchmesser variabel sein, das heißt, wir benötigen etwa vier verschiedene Kegelblendendurch-

Bild 7.51. Die Sonne mit Protuberanzen am 4. 7. 1982
Objektiv: 150/2250 mit Protuberanzenansatz, Belichtungszeit: ⅛ s, Dokumentenfilm: DK 5, Negativentwicklung: R 09, 1 + 25, 8 min bei 20 °C, Fotopapier: extra-hart, Aufnahme J. Lichtenfeld

Bild 7.50. Sonnenfinsternis, aufgenommen am 31. 7. 1981
Objektiv: Sowjetisches Spiegelobjektiv 10,5/1100, Belichtungszeit: ⅟₃₀ s, Negativfarbfilm: NC 19, Aufnahme: J. Lichtenfeld

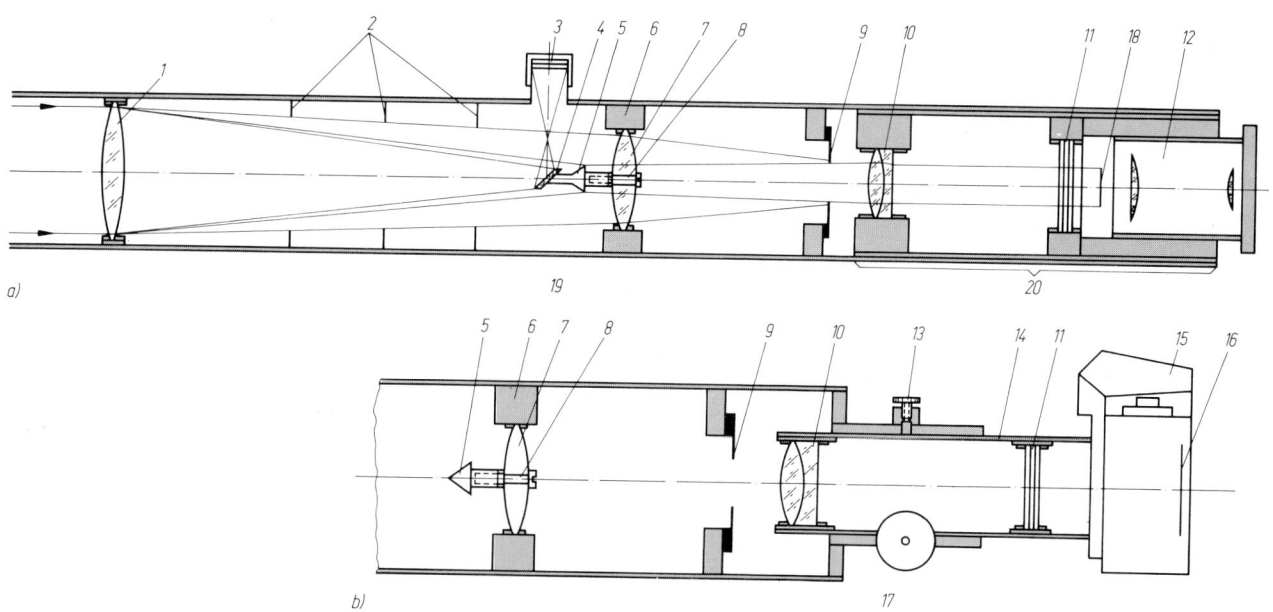

Bild 7.52. Aufbau des Protuberanzenfernrohrs a und Protuberanzenansatzes b
1 – Objektiv O_1; 2 – Tubusblenden; 3 – Lichtfalle aus berußtem Glas; 4 – ovaler Ablenkspiegel; 5 – Kegelblende; 6 – Hilfslinsenhalterung; 7 – Hilfslinse; 8 – Gewindestift; 9 – Irisblende; 10 – Objektiv O_2; 11 – Interferenzfilter; 12 – Okular; 13 – Klemmschraube, 14 – relativ zum Kegelblendenrand verstellbarer Tubus; 15 – Kamera; 16 – Filmebene; 17 – Triebrad zum Fokussieren; 18 – sekundäres Sonnenbild; 19 – primäres Sonnenbild am Kegelblendenrand; 20 – gegenüber der Kegelblende verschiebbar angeordnet

messer. Es ist natürlich auch möglich, mit nur einem Durchmesser zu arbeiten. Das aber bedeutet, daß die Kegelblende gleich dem größten scheinbaren Sonnendurchmesser sein muß. Bei kleineren scheinbaren Sonnendurchmessern muß dann der Sonnenrand „abgefahren" werden. Die vom Objektiv O_1 gesammelte Licht- und Wärmestrahlung wird mit Hilfe der Kegelblende an die Rohrinnenwandung reflektiert, so daß diese Strahlung im Fernrohr verbleibt. Gallagher befestigte vor der Kegelblendenspitze einen planen ovalen Ablenkspiegel im 45°-Winkel zur optischen Achse, der den größten Teil der gesammelten Licht- und Wärmestrahlung durch eine Tubusöffnung nach außen in eine aus einfachem berußten Glas bestehende sogenannte Lichtfalle leitet.

4. Die bikonvexe Hilfslinse bildet das Objektiv O_1 in Höhe einer Blende (meistens Irisblende) ab, trägt gleichzeitig die Kegelblende und reduziert stark das Instrumentenstreulicht im Strahlengang.

5. Die Blende (Lyotblende) ist vorteilhaft als verstellbare Irisblende in den Strahlengang zu bringen. Sie hat die Aufgabe, den das Licht stark beugenden Fassungsrand O_1 abzuschirmen, und gewährleistet durch das Verstellen des Blendendurchmessers auch entsprechend den Sichtverhältnissen die jeweils günstigste und kontrastreichste Abbildung der Protuberanzen.

6. Das Objektiv O_2, kombiniert mit dem Okular, wird auf den Kegelblendenrand fokussiert, der sich in Höhe des fokalen Sonnenbildes befindet. Das Objektiv O_2 und das Okular im Hilfsfernrohr sind also gegenüber der Kegelblende verstellbar montiert. Vorteilhaft ist hier ein achromatisches Objektiv oder ein Objektiv der Kleinbildkamera.

7. Mit dem Filter wird das Erkennen der Protuberanzen bei gleichzeitiger starker Reduzierung des atmosphärischen Streulichts ermöglicht. Schon ein dunkles Rotfilter (z. B. RG 2) läßt dabei lichtstarke Protuberanzen erkennen. Die kontrastreichere Protuberanzenabbildung liefert ein $H\alpha$-Interferenzfilter (IF) mit einer Halbwertsbreite im Bereich von 5 ... 11 nm. Als Halbwertsbreite (HwBr) wird die Differenz der beiden Wellenlängen vor und hinter dem Durchlaßmaximum bezeichnet, bei denen die Transmission (Durchlässigkeit) auf die Hälfte des maximalen Wertes gesunken ist. Das IF-Filter wirkt somit als Monochromator. Für den Amateurbereich findet hauptsächlich ein IF mit der Transmission im Maximum bei $\lambda = 656,3$ nm (H_α) Verwendung.

Der Bau eines Protuberanzenfernrohrs erweist sich gegenüber dem eines Protuberanzenansatzes als aufwendiger. Außerdem ist dieses Instrument nur für die Protuberanzenbeobachtung gedacht. Der Ansatz dagegen kann an dem schon vorhandenen Refraktor befestigt werden, der Refraktor ist also auch für die anderen Bereiche astronomischer Beobachtung verwendbar. Bild 7.52 zeigt nach dem Lyot-Prinzip den Aufbau des Protuberanzenfernrohrs bzw. -ansatzes. Detaillierte Hinweise zur Konstruktion bzw. zum Bau eines Protuberanzenfernrohrs oder -ansatzes geben Nögel [5, 6]; Brandt [1]; Treutner [8]; Grünberg [2]; Hähnel [3,4] und Schöbel [7].

Bild 7.53. Fast wie ein Waldbrand
sah der Sonnenaufgang am
4. 1. 1989 aus. Aufnahmen dieser
Art haben besonders einen
großen ästhetischen Anteil und
können die Liebe zur Natur bzw.
Naturfotografie fördern.
Objektiv: 63/840, Okular: orthoskopisches Okular $f = 25$ mm,
$l = 84$ mm, $f_{\text{Ä}} = 2822$ mm, $D : f_{\text{Ä}}$
$= 1 : 45$, Belichtungszeit: $\frac{1}{30}$ s,
Tageslicht-Umkehrfarbfilm:
UT 21, ohne Lichtdämpfung,
ohne elektrische Nachführung

Das Fotografieren der Protuberanzen kann im Fokus des Objektivs O_2 erfolgen. Die Kamera ohne Objektiv befestigen wir anstelle des Okulars und fokussieren das Sonnenbild im Mattscheibenringfeld des Kamerasuchers mit Hilfe der Einstellung des Fernrohrs.

Wichtig ist, daß Kegelblendenrand und Sonne gleichzeitig scharf erscheinen und annähernd die gesamte Sonnenscheibe zentrisch durch die Kegelblende verdeckt wird (Bild 7.51). Es ist für das Erfassen von Protuberanzen geringer Höhenausdehnung vorteilhaft, wenn ein ganz schmaler Sonnenscheibchenrand im Kamerasucher sichtbar bleibt.

Einen größeren Abbildungsmaßstab erhalten wir mit der Okularprojektion oder unter zusätzlicher Verwendung einer Barlow-Linse. Daraus ergeben sich längere Belichtungszeiten, und man muß Luftturbulenzen als Störfaktor einkalkulieren. Die optimale Belichtungszeit wird am besten durch Probeaufnahmen ermittelt. Wegen der vielen optischen und mechanischen Besonderheiten bei individuellen amateurgemäßen Konstruktionen kann eine Faustregel für die Belichtungszeit nicht gegeben werden. Je nach Aufnahmeverfahren, Durchlaßgrad des Filters, Filmmaterial usw. liegt sie im Bereich von $\frac{1}{500}$ s bis zu einigen Sekunden. Die Belichtung selbst erfolgt unter Verwendung eines Drahtauslösers oder durch das kurzzeitige Entfernen der Staubkappe des Protuberanzenfernrohrs. Ein großer Abbildungsmaßstab hat zur Folge, daß sich der Kegelblendenrand außerhalb des Gesichtsfeldes befindet, so daß eine Möglichkeit zu schaffen ist, den Kegelblendenrand „abzufahren". Dadurch gelangt die Protuberanz wieder in den Bereich der Gesichtsfeldmitte. Dieses Problem läßt sich durch den Anbau eines Exzenters oder Kreuzschlittens lösen. Die optische Achse des Okulars ist dadurch gegenüber der opti-

schen Achse des Objektivs O_2 und des Objektivs O_1 seitlich versetzt. Eine weitere Möglichkeit bietet die Befestigung eines beweglichen Planspiegels im Strahlengang vor dem Okular oder der Kamera. Näheres dazu ist in Hähnel [4] beschrieben.

Natürlich besteht auch die Möglichkeit, einen Protuberanzenansatz für Refraktoren zu kaufen. Zu erwähnen wäre beispielsweise der Baader Planetarium Protuberanzenansatz Mod. II. Er wird mit einem H-alpha Filter Baader 10 Å oder 4 Å geliefert. Die Zentralwellenlänge des Filters von 4 Å (1 Å = Angstrøm = 0,1 nm) stellt man durch Kippen der Filterfassung so gut wie möglich auf die H-alpha Linie bei 6563 Å (656,3 nm) ein.

Zum besseren Abtasten des Sonnenrandes nach Protuberanzen kann ein visueller oder fotografischer Exzenteransatz am Standard-Protuberanzenansatz, der für den Vixen Refraktor 80/910 konstruiert wurde, befestigt werden. Bei allen anderen Refraktoren der Brennweiten von 800–1600 mm besteht die Möglichkeit der Protuberanzenansatz-Einzelanfertigung.

Auch bei der fotografischen und visuellen Sonnenbeobachtung spielt die Halbwertsbreite (Bandbreite) eine große Rolle in bezug auf die Detailauflösung und den Kontrast. Im allgemeinen gilt, je schmalbandiger das H-alpha Filter ist, desto kleiner ist die Halbwertsbreite und desto größer sind die fotografische Auflösung und der Kontrast auf dem Bild. Mit schmalbandigen H-alpha Filtern der Halbwertsbreite kleiner als 0,1 nm können sogar zusätzlich zu den Protuberanzen auf der Sonnenscheibe selbst Objekte wie Flares oder filamentartige Protuberanzen gesehen werden. Den Protuberanzenansatz oder das Protuberanzenfernrohr benötigt man dazu nicht. Ein H-alpha Filter kann an handelsüblichen oder selbstgebauten Amateurfernrohren (Refraktoren, Reflektoren) auch bei dunstigem Himmel oder dünner Cirrus-Bewölkung zum Einsatz kommen. Dabei sind die genaue parallaktische Aufstellung der Fernrohrmontierung sowie eine genaue Nachführung nicht notwendig.

Der bekannteste Hersteller für H-alpha Sonnenfilter ist Daystar. Die Daystar-Filter und Lumicon H-alpha Sonnenfilter brauchen zur Veränderung des Öffnungsverhältnisses (auf etwa 1:25) ein Energie-Schutzfilter, das vor dem Fernrohrobjektiv befestigt wird. Zusätzlich blendet man in den meisten Fällen das Objektiv noch etwas ab. Den für das H-alpha Filter schädlichen Strahlungsanteil, z. B. die UV-Strahlung, beseitigt das Energie-Schutzfilter. Die Zentralwellenlänge des Daystar-Filters reguliert man auf die H-alpha Linie entweder mittels Heizung oder einer Justierschraube. Keine elektrische Heizung benötigt das Lumicon H-alpha Sonnenfilter. Hier geschieht das Justieren auf das H-alpha Licht mit einer Stellschraube.

Als Aufnahmematerial eignen sich rotempfindliche Emulsionen, wie der Schwarzweißfilm Kodak TP 2415, Ilford XP 1 400 und Orwo Pan 400. Besonders für die Dia-Projektion in der Schulastronomie empfiehlt sich die Verwendung von Farbumkehrfilmen mittlerer und hoher Empfindlichkeit (z. B. Fujichrome RD 100, Fujichrome P 1600 D) zur Aufnahme.

8. Meteorfotografie

Vorgänge und Erscheinungen, die beim Eindringen eines außerirdischen Kleinkörpers, eines Meteoroiden, in die Erdatmosphäre hervorgerufen werden, nennt man Meteor. Dabei sind Sternschnuppen Meteore, deren Helligkeit die mittlere Venushelligkeit (-4^m) nicht übersteigt. Ein größerer Meteoroid mit etwa 10 cm Durchmesser verursacht eine Leuchterscheinung, welche heller als -4^m ist und als Feuerkugel bezeichnet wird.

Wir unterscheiden nach dem Aussehen der scheinbaren Meteorbahnen am Himmel zwischen den sporadischen und den Strommeteoren. Die Bahnen der sporadischen Meteore sind regellos über den Himmel verteilt; sie können dort also an jeder beliebigen Stelle erscheinen. Wenn man dagegen von den Strommeteoren, z. B. vom Perseiden-Strom, die scheinbaren Bahnen rückwärts verlängert, so erhält man einen relativ kleinen Bereich am Himmel: den Radianten oder Ausstrahlungspunkt. Je nach dem in dieser Richtung befindlichen Sternbild haben sie ihren Namen erhalten. So besitzen z. B. die Perseiden ihren Radianten im Sternbild Perseus, die Geminiden ihren in den Zwillingen (lat. Gemini) usw. Mit zunehmender Höhe des Radianten über dem Horizont steigt die Anzahl der Sternschnuppen. Bei den sporadischen Meteoren ist in den Morgenstunden eine erhöhte Ergiebigkeit zu verzeichnen, denn der Beobachter bewegt sich mit der Erde den Meteoroiden entgegen. In den Abendstunden indessen sehen wir die uns einholenden Meteorite, so daß sich eine geringere Häufigkeit ergibt (tägliche Variation). Im Mittel kann man etwa acht sporadische Meteore pro Stunde in einer Nacht wahrnehmen. Die Maximumrate (die Raten beziehen sich auf das Sehfeld eines Beobachters bei einer visuellen Grenzhelligkeit von $+6^m$) liegt bei dem bekannten Perseidenstrom in der Nacht vom 12. zum 13. August bei etwa 70 Meteoren pro Stunde (Richtwert).

8.1. Objektive, Kameras, Aufstellung

Obwohl die Aufnahmetechnik im Prinzip einfach ist, sind Überlegungen über die Auswahl des Objektivs wichtig. Da sich ein Meteor während einer kurzen Zeitspanne schnell am Himmel bewegt, muß das Objektiv der Kamera hohe Lichtstärke haben.

Die zurückgelegte scheinbare Bahn ist teilweise relativ lang, so daß, bezogen auf das Aufnahmeformat 24 mm × 36 mm, Normal- und Weitwinkelobjektive der Brennweiten von 50 bis etwa 29 mm empfehlenswert sind. Für die Meteorfotografie eignen sich besonders Kleinbild- und Mittelformat-Spiegelreflexkameras mit Objektiven größerer Öffnung (etwa 1:1,4 bis 1:2,8). Auch ältere Großformat-Kameras mit der Einstellung für lange Belichtungszeiten ermöglichen gute Ergebnisse, sofern das Objektiv eine genügend große Öffnung hat. Die Befestigung der Kamera kann auf einer stabilen Unterlage, einem Fotostativ, am Gegengewicht des Fernrohrs oder am Fernrohr selbst erfolgen. Wichtig sind ein freies Aufnahmefeld und sein optisch bequemes Erfassen mit der Kamera. Das Erkennen einer Meteorspur auf nachgeführten oder nicht nachgeführten Aufnahmen ist etwa gleich gut, das heißt, infolge der unterschiedlichen Spurlängen, -stärken und -richtungen lassen sich die Meteore von den Sternstrichspuren oder punktförmigen Sternabbildungen unterscheiden. Satelliten ergeben eine dünne, zum Teil unterbrochene Spur; Flugzeuge dagegen können sich durch relativ breite und gelegentlich doppelte oder mehrfache parallele Spuren hervorheben, die größtenteils über das gesamte Bildfeld verlaufen.

8.2. Aufnahmematerial, Belichtungszeit, Kameraausrichtung

Damit während der kurzen Aufleuchtzeit des Meteors die Emulsion optimal geschwärzt wird, verwenden wir am besten hochempfindliches Schwarzweiß-Aufnahmematerial oder, besonders für die Schulastronomie, mittel- bzw. hochempfindlichen Farbumkehrfilm. Die Belichtungszeit, s. Abschnitt 2.3.3.6., ist im wesentlichen von der Filmempfindlichkeit, der Objektivöffnung und der Himmelshintergrund-Helligkeit abhängig. Empfehlenswert sind für den jeweiligen Standort einige Probebelichtungen. Als Richtwerte können auf dem Lande etwa 6 min und in Großstadtnähe 2 min bei Blende 1,8 und 27-DIN-Film angenommen werden. Damit auch schwache Meteore noch auf der Filmschicht erkennbar sind, darf der Himmelshintergrund nur minimal als Schwärzung auf dem Negativ hervortreten. Unser Auge ist in der Lage, schwach leuchtende, sich schnell bewegende Meteore noch wahrzunehmen, welche der Film nicht mehr erfaßt. Die visuelle Grenzhelligkeit liegt bei etwa $+6^m$, die des Objektivs 1,8/50 in Verbindung mit einem 27-DIN-Film bei etwa 0^m für eine mittlere scheinbare Winkelgeschwindigkeit von 25°/s.

Die Ausrichtung der Kamera für sporadische Meteore kann in alle Himmelsgebiete erfolgen, wobei sich allerdings in Horizontnähe eine starke Lichtabschwächung des Meteors infolge der Extinktion bemerkbar macht (in 5° Höhe fast 2 Größenklassen im visuellen Bereich). Ab etwa 30° Höhe – als Richtwert – sind gute Beobachtungsvoraussetzungen vorhanden. Strommeteore sind am besten dann fotografierbar, wenn der Radiant in einer Höhe von 40 bis 50° über dem Horizont steht. Die Ausrichtung der Kamera kann somit auf den Radianten oder auf benachbarte Sternbilder, wie z. B. bei den Perseiden auf den Großen Wagen, Drachen, Schwan, Pegasus, Andromeda und Kassiopeia, erfolgen. In der Nähe des Radianten erscheinen die Meteorspuren kürzer und besitzen relativ zum Beobachter eine geringere Winkelgeschwindigkeit. Ein Meteor in Radiantennähe würde also die Emulsion stärker schwärzen als ein gleich heller in größerer Radiantenentfernung.

8.3. Beobachtungsaufgaben, Auswertung

In Abhängigkeit von der instrumentellen Ausrüstung und der Anzahl der Beobachter am Beobachtungsort sind verschiedene Aufgaben durchführbar. Wichtig für die Auswertung ist die genaue Zeitregistrierung des Belichtungsintervalls (Anfang und Ende). Das Rundfunk-Zeitzeichen dient dabei zum genauen Einstellen z. B. der Armbanduhr. Parallel zu den Belichtungen beobachten wir besonders den fotografisch erfaßten Himmelsausschnitt und notieren bei rotem Taschenlampenlicht folgende Erscheinungen (mit Zeitangabe): Meteore (Helligkeit, eventuelle Stromzugehörigkeit), Satelliten, Flugzeuge und kurzzeitige Wolkenvorübergänge. Diese Daten sind zum Auswerten der Aufnahmen von Bedeutung. Die Angabe der genauen Zeit, möglichst bis in den Sekundenbereich, verringert stark die Gefahr einer Verwechslung von Meteoren, welche zeitlich dicht nacheinander aufleuchten.

Von Interesse sind Beobachtungen des Helligkeitsverlaufs und eventueller Lichtausbrüche bzw. Teilungen. Mit Hilfe der Argelander-Schätzmethode [9, 10, 11] ist eine relativ genaue Helligkeitsbestimmung auf dem Negativ möglich, so daß man in Form der Lichtkurve (Meteorhelligkeit über der Bahnlänge in Grad) das unterschiedliche Leuchten verfolgen kann. Eine höhere Genauigkeit ermöglicht die Anwendung eines Fotometers, das aber nur wenigen Sternfreunden zur Verfügung steht. Das Ausmessen der Spurlänge auf dem Negativ liefert die Bahnlänge λ am Himmel mit der Beziehung

$$\tan \lambda = \frac{l_M}{f_{Ob}}$$

λ Bahnlänge am Himmel in Grad
l_M Spurlänge auf dem Negativ in mm
f_{Ob} Objektivbrennweite in mm

Zu den ersten Auswerteschritten zählen das Eintragen der Meteorspur in eine Sternkarte, das Bestimmen der Flugrichtung und der Himmelskoordinaten. Im allgemeinen wird die Spur auf dem Negativ allmählich breiter bis

zu einem Maximum, um dann wieder relativ schnell auf den Null-Wert zurückzugehen. Somit ist das langsame Ansteigen der Helligkeit der Beginn des fotografischen Erfassens des Meteors. Ist die Flugrichtung auf dem Negativ nicht feststellbar, dann hilft uns die erfolgte parallele visuelle Beobachtung weiter. Sind einige Strommeteore fotografiert worden, so besteht dann durch die rückwärtige Verlängerung der Spuren die Möglichkeit des Zuordnens zu einem für die erfaßten Meteore charakteristischen Strom bzw. zur Lage des Radianten am Himmel. Großen Vorteil bei visuellen und fotografischen Meteorbeobachtungen haben jeweils zwei Beobachtergruppen, die in einem Abstand von einige Kilometern zueinander arbeiten. Dabei können Aufnahmen zur Bestimmung der Höhe und Geschwindigkeit eines Meteors hergestellt werden, wobei letzteres einen rotierenden Sektor (Shutter, Bild 8.1.) voraussetzt. Näheres dazu wird in Rendtel [12] beschrieben. Für den Bau eines Shutters benötigen wir eine Kreisscheibe aus leichtem und festem Material. Die Scheibe wird so bearbeitet,

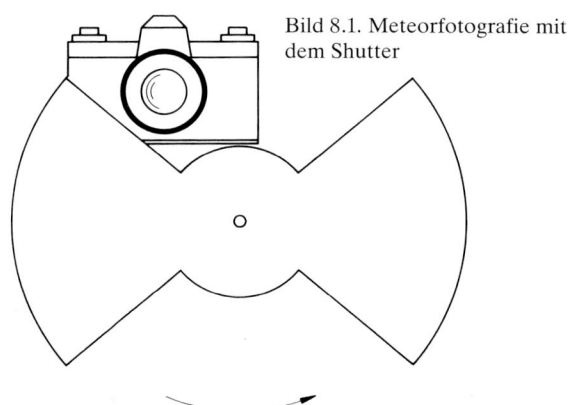

Bild 8.1. Meteorfotografie mit dem Shutter

daß zwei oder mehrere symmetrisch zueinander angeordnete Flügel entstehen: sie haben die Aufgabe, das Objektiv der Kamera mit Hilfe eines Elektromotors periodisch vollständig abzudecken. Damit keine starken Vibrationen auftreten, muß die Anlage gut zentriert sein. Als Elektromotor kann ein Synchron- oder Gleichstrommotor dienen, wobei es ratsam ist, die Drehzahl mit einem Zählwerk zu überwachen. Unterschiedliche Drehzahlen ergeben nach der Rechnung verschiedene Meteorgeschwindigkeiten.

Vorteilhaft ist ein Netzanschluß am Beobachtungsort, so daß der Shutter mit einem Synchronmotor betrieben werden kann. Die Anzahl der Unterbrechungen ist dann:

$$n_u = \frac{n_{Fl}}{n_p} \cdot f$$

n_u Anzahl der Unterbrechungen pro Sekunde
n_{Fl} Anzahl der Shutterflügel
n_p Anzahl der Polpaare des Motors
f Netzfrequenz (in Europa 50 Hz)

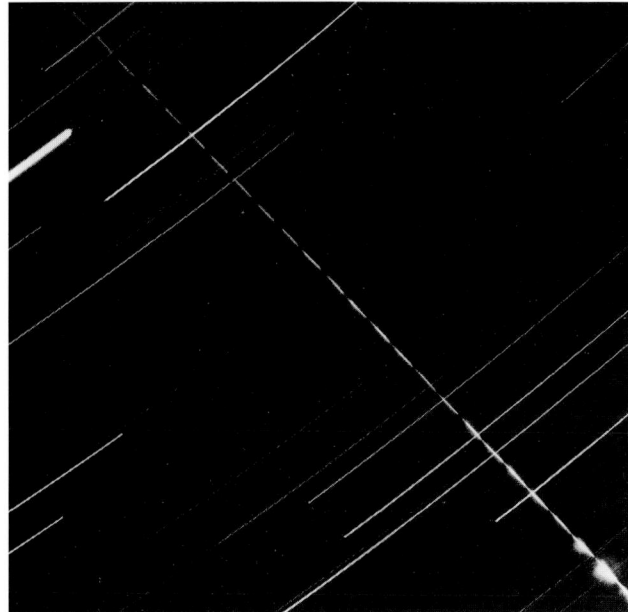

Bild 8.2. Feuerkugel, aufgenommen am 15. 8. 1982, $00^h51^{min}02^s$ MEZ. Sie hatte am Ende der Leuchterscheinung eine Helligkeit um -4^m.
Objektiv: 2,8/35, Belichtung: $00^h14^{min}16^s–00^h56^{min}03^s$ MEZ, 27-DIN-Film, ohne Nachführung, Aufnahme: J. Rendtel

Bild 8.3. Meteor am 7. 8. 1984, 02.07 Uhr MEZ
Objektiv: 2,8/29, Belichtung: 02.07–02.11 Uhr MEZ, 30-DIN-Film, ohne Nachführung, Aufnahme: J. Rendtel

Tab. 18. Meteorströme hoher Raten

| Meteorstrom | Radiant | | Maximum | Maximale Rate (1 Beobachter pro Stunde) | Mittlere Geschwindigkeit km/s |
	Rektaszension	Deklination			
Quadrantiden	15^h28^m	$+ 50°$	3. Januar	100–200	40
β-Cassiopeiden	00^h56^m	$+ 63°$	28. Juli	15	
δ-Aquariden	22^h36^m	$- 17°$	29. Juli	30	41
Perseiden	03^h04^m	$+ 58°$	12. August	70	65
Orioniden	06^h24^m	$+ 15°$	21. Oktober	30–40	60
Geminiden	07^h28^m	$+ 32°$	13. Dezember	58	40

Meistens ergibt sich ein Bereich von 20 bis 50 Unterbrechungen pro Sekunde. Die Anwendung des Shutters ergibt eine gleichmäßig unterbrochene Meteorspur; wir können also aus der Winkelmessung der Spurlänge zwischen zwei Unterbrechungen die Winkelgeschwindigkeit ableiten. Diese Spurlänge ist bei bekannter Höhe auch ein Maß für die Geschwindigkeit in km s^{-1}, (s. Rendtel [12]). Schließlich läßt sich aus der ermittelten Winkelgeschwindigkeit auch die Helligkeit berechnen. Näheres dazu ist ebenfalls in Rendtel [13] ersichtlich. Ferner besteht auch unter amateurgemäßen Bedingungen die Möglichkeit der Spektroskopie heller Meteore mittels Objektivprisma und lichtstarker Teleobjektive sowie des Einsatzes von Filtern; hier ist jedoch auch der Lichtverlust einzukalkulieren. Im allgemeinen verlangt die Meteorfotografie Geduld und Ausdauer, denn nicht jeder Beobachtungsabend wird mit einem fotografisch erfaßten Meteor belohnt.

Bild 8.4. Meteor des Perseidenstroms am 13. 8. 1988 im Sternbild Giraffe. Oberhalb der Meteorstrichspur befindet sich die Strichspur des Sterns β Cam (visuelle Größe: $4^m_.22$).
Objektiv: 2,8/29, Belichtung: 22.10–23.10 Uhr MEZ, 27-DIN-Film, ohne Nachführung, Negativentwicklung: Feinkornentwickler A 03, 6 min bei 20 °C, Fotopapier: extra-hart, Aufnahme: F. Dörfel

9. Reichweite in der Astrofotografie

9.1. Fotografieren punktförmiger Objekte

Das Ziel vieler Amateurastronomen ist eine möglichst große astronomische Reichweite. Um es zu erreichen, sind spezielle optische und fotografische Voraussetzungen zu erfüllen. Es ist nicht möglich, mit ein und derselben Aufnahmeoptik bzw. Film- oder Plattensorte die verschiedenartigen Himmelsobjekte mit gleich hoher Abbildungsqualität und Reichweite zu fotografieren. Der Ausspruch: „Jedes Fernrohr hat seinen Himmel" hat analog auch hier seine volle Berechtigung. Bei der Sternfeldfotografie haben wir es hauptsächlich mit punktförmigen, schwach strahlenden Objekten zu tun. Unsere Aufnahmeoptik sollte für diesen Fall einen möglichst großen Durchmesser haben. Die Objektivbrennweite dagegen hat größtenteils (außer, wie wir noch sehen werden, unter Stadtbedingungen) bei den für die Sternfeldfotografie gebräuchlichen Aufnahmeoptiken eine untergeordnete Bedeutung. Wichtig ist, daß viel Licht pro Zeiteinheit gesammelt wird. Jedes Objektiv hat physikalisch bedingte Abbildungsfehler, das heißt, die Sterne werden nicht als Punkte auf der Emulsion abgebildet, sondern haben ein mehr oder weniger großes Beugungsscheibchen, das mit wachsender Öffnung abnimmt. Der lineare Durchmesser des Beugungsscheibchens auf dem Film ist vom Öffnungsverhältnis und der Wellenlänge des Lichts abhängig. Je größer Brennweite und Wellenlänge sind, desto größer wird auch das Beugungsscheibchen auf der Emulsion. Sehr kleine Öffnungsverhältnisse (etwa < 1 : 30) ergeben große Beugungsscheibchendurchmesser, die ein Verlängern der Belichtungszeit erfordern. Stellaraufnahmen werden mit diesen kleinen Öffnungsverhältnissen in der Amateurastronomie selten durchgeführt.

Würden wir also ein Sternfeld mit zwei Objektiven unterschiedlicher Öffnungen bei gleichem Öffnungsverhältnis fotografieren, so wäre mit der größeren Objektivöffnung eine größere Reichweite zu verzeichnen, vorausgesetzt, daß auch sonst jeweils gleiche Bedingungen bei Aufnahme und Weiterverarbeitung gegeben sind. Ein interessantes Phänomen ist bei der visuellen Beobachtung von punkt- und flächenhaften Objekten feststellbar. Flächenhafte Objekte werden bei einer Vergrößerung, welche stärker über der Normalvergrößerung liegt, lichtschwächer abgebildet (Normalvergrößerung = Öffnung in mm / Pupillendurchmesser in mm = $D/8$). Die in das Fernrohr gelangende Gesamtenergie, abgesehen von

Lichtverlusten im Fernrohr, erreicht die Netzhaut des Auges, wird aber auf einer größeren Netzhautfläche im Gegensatz zur Normalvergrößerung verteilt. Das Ergebnis ist eine geringere Bildhelligkeit gegenüber der Normalvergrößerung. Auch die Himmelshintergrund-Helligkeit erscheint somit bei übernormaler Vergrößerung verringert. Bei der Beobachtung von Fixsternen, also Punktlichtquellen, mit übernormaler Vergrößerung bleibt die Bestrahlungsstärke des Netzhautelements, auf dem das Beugungsscheibchen des Sterns abgebildet wird, im Vergleich zur Normalvergrößerung unverändert. Die Himmelshintergrund-Helligkeit dagegen reduziert sich mit wachsender übernormaler Vergrößerung. Durch eine solche Kontrastwirkung ist es möglich, hell erscheinende Sterne (Wega, Deneb, Rigel usw.) sogar am Tageshimmel mit dem Fernrohr visuell zu beobachten. Dieser Helligkeitsgewinn ist bis etwa zur 5fachen Normalvergrößerung zu verzeichnen. Bei einer Vergrößerung über diesen Wert wird das Beugungsscheibchen des Sterns so groß, daß es nicht mehr nur ein einzelnes Netzhautelement bestrahlt, sondern mehrere. Die Bestrahlungsstärke nimmt also ab. Auch bei Nachtbeobachtungen tritt dieser Verdunkelungseffekt des Himmels auf, und wir können nach der Anpassung des Auges an das dunkle Okularsehfeld noch schwächer leuchtende Sterne erkennen. Zusammenfassend kann festgestellt werden, daß die von einem Objektiv gesammelte Strahlungsenergie mit dem Quadrat der Öffnung D bei gleichem Öffnungsverhältnis wächst. Das vom Objektiv gesammelte Sternlicht konzentriert sich auf die äußerst kleine Fläche des Beugungsscheibchens. Eine große astronomische Reichweite setzt also eine große Objektivöffnung voraus.

Kurios erscheint es zunächst, daß die Aufnahmebrennweite – besonders unter Großstadtverhältnissen – bezüglich auf die Reichweite auch eine Rolle spielt. Ein Beispiel soll uns das verdeutlichen. Der Amateur fotografiert gern mit lichtstarken Objektiven, also bei Blendenzahlen um etwa 2,8. Das bedeutet, daß in einer Großstadt wegen des relativ hellen Himmelshintergrundes die Belichtungszeit kurz (etwa 1–2 min) gewählt werden muß, da sonst der Himmelshintergrund auf der Emulsion zu stark hervortritt und Sterne geringer Helligkeit dadurch „verschluckt" werden. Ein Abblenden des Objektivs auf eine größere Blendenzahl würde in diesem

Fall keinen Reichweitengewinn bringen. Wird dagegen bei gleichem Objektivdurchmesser die Brennweite verdoppelt, so entsteht auf der Emulsion ein Bild mit doppeltem Abbildungsmaßstab und viermal geringerer Flächenhelligkeit. Die Punkthelligkeiten bleiben in unserem Fall konstant. Wir können jetzt also viermal länger belichten mit dem Ergebnis einer größeren Reichweite bzw. Grenzgröße bei punktförmigen Objekten oder Sternen.

Über die folgende mathematische Beziehung kann der erreichbare Zuwachs an Grenzgröße $\triangle m$ bei Punktlichtquellen ermittelt werden. Dabei ist f_1 die Brennweite des einen Objektivs (z. B. des kurzbrennweitigen) und f_2 die Brennweite des anderen (z. B. des langbrennweitigen Objektivs).

$$\triangle m = 5 \log \frac{f_2}{f_1}.$$

Bei dieser Betrachtung wurde ein Schwarzschildexponent $p = 1$ angenommen (s. Abschnitt 9.3). Es kann demnach festgestellt werden, daß sich die Sternfeldfotografie in der Großstadt mit längeren Aufnahmebrennweiten lohnt. Zu nennen sind z. B. achromatische Objektive wie das 80/500 oder 50/540-Bastelobjektiv. Eine Verbesserung der Abbildungsqualität erreichen wir bei den für visuelle Beobachtung korrigierten Fernrohrobjektiven durch das Einschalten eines hellen Gelbfilters vor der Kleinbildkamera. Das bezieht sich hauptsächlich auf Öffnungsverhältnisse > 1:7. Selbstverständlich finden auch Teleobjektive Verwendung. Lichtstarke Teleobjektive blenden wir um eine oder zwei Stufen ab, so daß sie lichtschwächer, aber besser in der Sternabbildung werden. Als geeignete Aufnahmematerialien sind hochempfindliche und mittelempfindliche Emulsionen (etwa 30 und 20 DIN) zu nennen.

9.2. Fotografieren flächenhafter Objekte

Als bekannt darf vorausgesetzt werden, daß die Abbildungsgröße und somit der Abbildungsmaßstab bei einem flächenhaften Objekt neben der Gegenstandsweite von der Brennweite des Objektivs abhängig ist. Besitzt ein Objektiv relativ zu seinem Durchmesser eine große Brennweite, so erzeugt es eine große Abbildung (großer Abbildungsmaßstab) bei einer geringen Lichtstärke. Mit einer Verdopplung der Objektivbrennweite bewirken wir eine vierfache Ausdehnung der Abbildungsfläche in der Brenn- oder Bildebene und eine vierfache Verringerung der Lichtstärke. Die Bestrahlungsstärke in der Brennebene wächst mit dem Quadrat des Öffnungsverhältnisses $(D/f)^2$. Zwei im Durchmesser verschieden große Objektive mit gleichen Öffnungsverhältnissen sind gleich lichtstark. Das bedeutet, daß ein Kleinbildkamera-Objektiv mit der Blendenzahl 3 dieselbe Lichtstärke wie

der 2-Meter-Spiegel des Karl-Schwarzschild-Observatoriums in Tautenburg besitzt (größte Schmidtkamera der Welt). Bei gleichen fotografischen Voraussetzungen sind die erzeugten Schwärzungen gleich. Es ist aber trotzdem nicht möglich, die Galaxien mit einer solchen hohen Auflösung abzubilden, wie es die Tautenburger Schmidtkamera ermöglicht. Die Ursache liegt in der kleinen Winkelausdehnung der Sternsysteme relativ zur Brennweite und Öffnung eines Kleinbildkamera-Objektivs oder einer Amateur-Astrokamera. Je größer der Objektivdurchmesser, desto größer ist auch das Detailauflösungsvermögen der Optik. Sternsysteme mit einer großen flächenhaften Ausdehnung, wie z. B. M 31 und M 33, werden bei Aufnahmen mittels eines Normalobjektivs der Kleinbildkamera als kleine, nebelförmige Objekte sichtbar. Der größte Teil der Galaxien hat aber eine scheinbar sehr kleine flächenhafte Ausdehnung. Diese Sternsysteme sind unter der eben genannten Aufnahmebedingung nur noch nahezu punktförmig oder überhaupt nicht mehr als Schwärzung auf der Emulsion sichtbar. Zusammenfassend können wir feststellen, daß bei flächenhaften Himmelsobjekten das Öffnungsverhältnis die dominierende Rolle einnimmt. Ist das Öffnungsverhältnis groß, dann ist auch die Bestrahlungsstärke in der Bildebene groß. Die Belichtungszeit kann bei einer großen Reichweite und kontrastreichen Abbildung kürzer gewählt werden. Kleine Öffnungsverhältnisse ergeben geringe Lichtstärken und erfordern lange Belichtungszeiten. Die Reichweite ist außerdem von der Himmelshintergrund-Helligkeit abhängig.

Vorteilhafter für die Sternfeldfotografie am Großstadthimmel ist aber der Einsatz eines modernen Nebelfilters. Ein solches Filter absorbiert oder reduziert stark die Strahlung der künstlichen Lichtquellen. Somit erhalten wir eine kontrastreiche Sternfeldaufnahme. Unter dem mannigfaltigen Filterangebot wäre z. B. das Lumicon H-alpha-Pass Filter und das Lumicon Deep Sky Filter in Verbindung mit einem hypersensibilisierten Kodak TP 2415 zu erwähnen.

Wechselobjektive der Kleinbild- und Mittelformat-Spiegelreflexkameras gestatten durch Austauschen ein schnelles Verändern des Abbildungsmaßstabs und Öffnungsverhältnisses.

9.3. Schwarzschildeffekt

Die Reichweite in der Astrofotografie ist nicht nur von den bereits beschriebenen optischen und meteorologischen Voraussetzungen abhängig, sondern auch von den Eigenschaften des Aufnahmematerials. Durch einfache Überlegungen könnte man zu dem Ergebnis kommen, daß bei einer Verdopplung der Belichtungszeit, z. B. von 30 auf 60 min, auch die Schwärzung der Emulsion doppelt so stark wird. Die fotografische Schwärzung ist das

Produkt aus Lichtintensität I und Belichtungszeit t $(S = I \cdot t)$. Danach müßte es also gleich sein, ob wir mit einer starken Lichtintensität kurz oder bei geringer Lichtintensität lange belichten (Voraussetzung: gleiche Lichtmengen). Das trifft auch für Belichtungszeiten bis zu etwa 1 s zu. Der Physiker und Astronom Karl Schwarzschild erkannte, daß bei längeren Belichtungszeiten das Aufnahmematerial in seiner Lichtempfindlichkeit abnimmt. Man spricht vom Schwarzschildeffekt (oder Schwarzschildverhalten), der in seiner Auswirkung bei den verschiedenen Aufnahmematerialien unterschiedlich ist. Karl Schwarzschild ergänzte die obige mathematische Beziehung $S = I \cdot t$ zu

$$S = I \cdot t^p.$$

Der neu hinzugekommene Schwarzschildexponent p kann dabei Werte zwischen 0,65 und annähernd 1 annehmen. Aufnahmematerialien mit $p \approx 1$ besitzen im Gegensatz zu $p = 0{,}65$ einen sehr geringen Schwarzschildeffekt. Somit ist bei unserem Aufnahmematerial keine Verdopplung der Schwärzung durch die Verdopplung der Belichtungszeit zu erwarten. Belichtet man kürzer als etwa 1 s, dann wird im allgemeinen $p = 1$, so daß kein Schwarzschildeffekt vorhanden ist.

Bei der 2-Minuten-Belichtung eines nicht behandelten Films von 27 DIN (Tri-X-Pan beispielsweise) ist eine Empfindlichkeitsreduzierung von etwa 12 DIN zu erwarten. Extrem lange Belichtungszeiten sind relativ zur Reichweitenvergrößerung somit nicht zu empfehlen, weil wenig effektiv. Dagegen sind behandelte, also z. B. hypersensibilisierte Aufnahmematerialien in der Empfindlichkeit höher, d. h., sie haben ein geringeres Schwarzschildverhalten. Sehr gute Ergebnisse, vor allem bei Langzeitbelichtungen, bringt uns der gehyperte Schwarzweißfilm TP 2415 von Kodak bei einem Schwarzschildexponenten $p \approx 1$. Das heißt, der Film hat einen nur geringen Schwarzschildeffekt und wird während der Belichtung nur geringfügig weniger empfindlicher gegenüber einem Film mit $p = 0{,}65$. Für eine gleiche flächenhafte Schwärzungsdichte belichten wir also bei $p \approx 1$ kürzer im Vergleich zu $p = 0{,}65$. Voraussetzung dafür ist die gleiche Filmverarbeitung und dasselbe Öffnungsverhältnis.

10. Filter

Für die wissenschaftliche Astrofotografie haben Filter eine große Bedeutung erlangt, weil man mit ihnen zusätzliche Informationen über die Objekte am Himmel erhält. Aber auch in der Amateur- und Schulastronomie können Filter nutzbringend verwendet werden. Vorteilhaft sind besonders bei lichtschwachen, flächenhaften Objekten große Öffnungsverhältnisse, denn das Farbfilter reduziert die Intensität des einfallenden Lichtstroms infolge der Absorption im Inneren des Filters und der Reflexion an seinen Grenzflächen. Der Grad der Durchlässigkeit oder der Transmissionsgrad ist hier das Verhältnis des aus dem Farbfilter austretenden Lichtstroms Φ_A zum eintretenden Lichtstrom Φ_E. Es gilt:

$$\tau = \text{Transmissionsgrad} = \frac{\Phi_A}{\Phi_E}$$

Daraus ergibt sich stets ein Wert kleiner als 1. Die Durchlässigkeit wird in Prozent oder als Dezimalbruch angegeben. Ein Filter des Transmissionsgrades von 0 % oder 0,00 würde kein Licht durchlassen, bei einem Transmissionsgrad von 100 % oder 1,00 dagegen wäre keine Lichtabschwächung zu verzeichnen. Wir unterscheiden zwischen den Farb- und Neutralfiltern. Farbfilter haben die Aufgabe, bestimmte Wellenlängenbereiche aus dem Spektrum der Lichtstrahlung mehr oder weniger stark hindurchzulassen. Wir sprechen von einem Ausfiltern dieser Wellenlängenbereiche. Nach Pohl rechnet man zur Lichtstrahlung auch die dem sichtbaren Bereich benachbarte unsichtbare Strahlung. Farbfilter ermöglichen ebenfalls ein Aussondern einzelner Spektrallinien aus einem diskontinuierlichen Spektrum. Die Wirkungsweise des Farbfilters kann man sich am folgenden Beispiel verdeutlichen: Trifft weißes oder annähernd weißes Licht (z. B. ein Sonnenstrahl) in geeignetem Winkel auf ein Prisma, so wird es in seine Spektralfarben zerlegt. Nach dem Prisma bringen wir ein Rotfilter in den Strahlengang und können feststellen, daß Rot und Infrarot nahezu unbehindert das Filter passieren. Licht kürzerer Wellenlängen wird geschwächt oder absorbiert (Bild 10.1). Es entsteht auf dem Negativ eine Schwärzung, die hauptsächlich durch den roten Anteil des weißen Lichts hervorgerufen wird. Im Gegensatz zu den Farbfiltern reduzieren die Neutralfilter das auftreffende Licht etwa gleichmäßig im Bereich des sichtbaren Spektrums. Daraus ergibt sich in der Schul- und Amateurastronomie die Anwendung hauptsächlich auf dem Gebiet der fotografischen und visuellen Sonnen- und Mondbeobachtung. Diese Filter werden mit unterschiedlichen Durchlässigkeiten und Durchmessern hergestellt und sind entweder als Objektiv- oder als Okularfilter verwendbar.

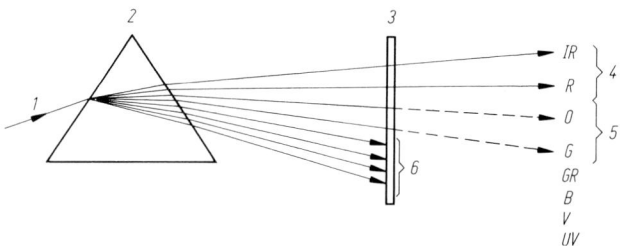

Bild 10.1. Zerlegung des Sonnenlichts in seine farbigen Bestandteile und Anwendung eines Rotfilters
1 – weißes Licht; 2 – Prisma; 3 – Rotfilter; 4 – nahezu unbehinderte Filterpassage; 5 – Orange und Gelb wird durch das Filter geschwächt; 6 – Sperrgebiet; IR Infrarot R Rot O Orange G Gelb GR Grün B Blau V Violett UV Ultraviolett

Die große Gruppe der Farbfilter hat ein breites Anwendungsgebiet. In der folgenden Tabelle sind einige für die Amateurastronomie ausgewählte Filterglasarten aufgeführt. Filterglasarten sind optische Filtergläser mit gemeinsamen charakteristischen Eigenschaften.

Tab. 19. Ausgewählte Farb- und Neutralfilter

Filterglasarten	Kurzzeichen	Filterglastypen	Kurzzeichen
Blaugläser	B	Blauglas	BG 12
Grüngläser	V	Blauglas	BG 14
Gelbgrüngläser	GV	Blauglas	BG 23
Gelbgläser	G	Grünglas	VG 8
Orangegläser	O	Gelbglas	GG 5
Rotgläser	R	Gelbglas	GG 7
Neutralgläser	N	Gelbglas	GG 14
		Orangeglas	OG 1
		Orangeglas	OG 5
		Rotglas	RG 1
		Rotglas	RG 2
		Neutralglas	NG 4

Filter lassen sich unter anderem für folgende astrofotografische Zwecke nutzen:

1. Verstärkung des Kontrasts auf Schwarzweiß-Emulsionen: Sie finden besonders Verwendung bei der Fotografie heller, farbiger Planeten, wie Mars und Jupiter. So ergeben verschiedene Farbfilter unterschiedlich starke Schwärzungen von größeren Details dieser Planeten. Mars leuchtet hauptsächlich im roten Licht, so daß ein Gelbfilter (z. B. GG 7, 1 mm Glasdicke) vorteilhaft ist. (Rotfilter, wie z. B. das RG 2, 1 mm Glasdicke, sind ebenfalls einsetzbar, ergeben aber lange Belichtungszeiten). Durch den Filtereinsatz heben sich die dunkleren, blaugrauen Gebiete besser von den helleren, rötlichen ab. Die Polkappen

des Mars zeigen sich kontrastreicher gegenüber der Umgebung bei der Verwendung eines Gelbfilters.

Der blaue Anteil des Sonnenlichts wird schon von der Marsatmosphäre reflektiert und gestreut, so daß diese Erscheinung mit einem Blaufilter (z. B. BG 14, 1 mm Glasdicke, oder mit einem Violettfilter) auf Emulsionen hoher Blauempfindlichkeit fotografisch erfaßt werden kann. Beim Vergleich zweier Marsaufnahmen, von denen die eine im Orange- und die andere im Blaubereich etwa zur selben Zeit hergestellt wurde, können wir feststellen, daß die Blauaufnahme einen geringfügig größeren Objektdurchmesser zeigt (dafür aber kontrastärmer ist). Der größere Durchmesser resultiert aus der fotografisch erfaßten Marsatmosphäre.

Ein Grünfilter im Strahlengang gibt annähernd das visuelle Aussehen des Mars wieder.

Auf dem Riesenplaneten Jupiter werden in größeren Amateurfernrohren äquatorparallele, rötlich-orange leuchtende Bänder und weiße Zonen sichtbar. Die Wolkenwirbel des Großen Roten Flecks (GRF) präsentieren sich nicht ständig mit derselben Farbe, so daß er sich nicht immer kontrastreich von der Umgebung abhebt. Man kann versuchen, diese farblichen Phänomene in der Jupiteratmosphäre mit Hilfe eines Blaufilters (z. B. BG 25, 1 mm Glasdicke, oder BG 14, 1 mm Glasdicke) auf unsensibilisierten Emulsionen festzuhalten. Somit erzeugen die Bänder und der GRF im Vergleich zu den Zonen eine geringere Schwärzung des Negativs. Sie werden also auf dem Papierbild dunkler abgebildet. Auch mit einem Gelb- oder Orangefilter können die atmosphärischen Erscheinungen auf Jupiter und Saturn besser hervorgehoben werden.

Die Filteranwendung erfordert eine längere Belichtungszeit, so daß man je nach Umständen zwischen relativ kontrastarmen oder durch die Luftunruhe bedingten, mehr oder weniger stark verwaschenen Bildern zu entscheiden hat. Farbfilter ermöglichen auch eine Kontrastverstärkung beim Abbilden von Gasnebeln, die hauptsächlich im roten Licht leuchten (Orionnebel, Nordamerika-Nebel usw.). Wie bereits erwähnt, sind dabei Öffnungsverhältnisse größer als 1:5 zu bevorzugen. Schon lichtstarke Normalobjektive in Verbindung mit einem Gelb- oder Rotfilter leisten hier Beachtliches auf panchromatischen und superpanchromatischen Emulsionen. (Der Nachteil besteht hier im kleinen Abbildungsmaßstab.) Bei Verwendung handelsüblicher Aufnahmefilter ist jedoch eine zum Teil geringere Abbildungsqualität der Sterne zu verzeichnen. Rotfilter werden in der Amateur- und Schulastronomie seltener eingesetzt, denn der große Verlängerungsfaktor bedingt sehr lange Belichtungszeiten. Der Nutzer einer Schmidt-Kamera, etwa 1:2 oder 1:3, ist von diesem Fall wegen der großen Lichtstärke im Vorteil. Auch andere gut korri-

gierte lichtstarke Objektive ab etwa 100 mm Brennweite lassen besonders bei Aufnahmen größerer Gasnebel (California-Nebel, Nordamerika-Nebel, Orionnebel, hellere HII-Gebiete der Milchstraße) in Verbindung mit einem Rotfilter (z. B. RG 1, 1 mm Glasdicke) auf rotempfindlichem Material (TP 2415) bemerkenswerte Ergebnisse erwarten. Je nach Glastyp wird das Licht ab etwa 600 nm in Richtung zum kurzwelligen Bereich gesperrt; das bedeutet zum Beispiel, daß das Rotfilter die Hg-Linien der Quecksilberdampflampen nicht hindurchläßt. Dadurch kann man auch unter Stadtbedingungen helle Gasnebel fotografieren. Neben den Quecksilberdampflampen steigt auch die Anzahl der Natriumdampflampen im Straßennetz an, die intensiv im gelben Bereich des Spektrums bei einer Wellenlänge von 383, 570 und 600 nm leuchten. Mit den schon erwähnten Nebelfiltern von Lumicon, aber auch von Zeiss oder Meade, kann das Stadtstreulicht weitestgehend reduziert bzw. absorbiert werden, so daß die ausgewählten Objekte in der folgenden Tabelle ab etwa 200 mm Brennweite kontrastreich und genügend groß auf einem hochempfindlichen oder hypersensibilisierten Film erfaßt werden können.

Tab. 20. Beispiele für interessante Gasnebel

Objekt	Rekt- aszension	Dekli- nation	Aus- dehnung
NGC 7000 (Nordamerika-Nebel)	$20^h57^m,0$	$+44°08'$	$100' \times 120'$
NGC 5067-0 (Pelikan-Nebel)	$20^h46^m,9$	$+44°11'$	$75' \times 85'$
NGC 1499 (California-Nebel)	$04^h00^m,1$	$+36°17'$	$40' \times 145'$
NGC 6992-5 (Cirrus-Nebel)	$20^h54^m,3$	$+31°30'$	$8' \times 78'$
NGC 1318	$20^h14^m,7$	$+41°39'$	$17' \times 24'$
M 8 (Lagunen-Nebel)	$18^h01^m,6$	$-24°20'$	$35' \times 60'$
NGC 2237-9 (Rosetten-Nebel)	$06^h29^m,6$	$+04°40'$	$61' \times 64'$
M 16	$18^h16^m,2$	$-13°48'$	$28' \times 35'$
M 42 (Orionnebel)	$05^h32^m,9$	$-05°25'$	$60' \times 66'$
NGC 434 (Pferdekopf-Nebel)	$05^h38^m,6$	$-02°26'$	$10' \times 60'$

Neben Gasnebeln mit stärkerem Rotanteil gibt es im Weltall auch Reflexionsnebel, die das Licht benachbarter Sterne besonders im blauen Bereich streuen. In den Plejaden befindet sich der bekannteste unter ihnen; er kann mit einem Deep Sky- oder Blaufilter, z. B. BG 14, 1 mm Glasdicke) kontrastreich fotografiert werden.

2. Reduzierung des sekundären Spektrums bei visuell korrigierten Refraktorobjektiven: Im Vergleich zu den Spiegelteleskopen besitzen Refraktorobjektive mit Korrektur für visuelle Zwecke Farbabweichungen im kurzwelligen Violett und im Ultraviolett, also noch im fotografisch wirksamen Spektralbereich.

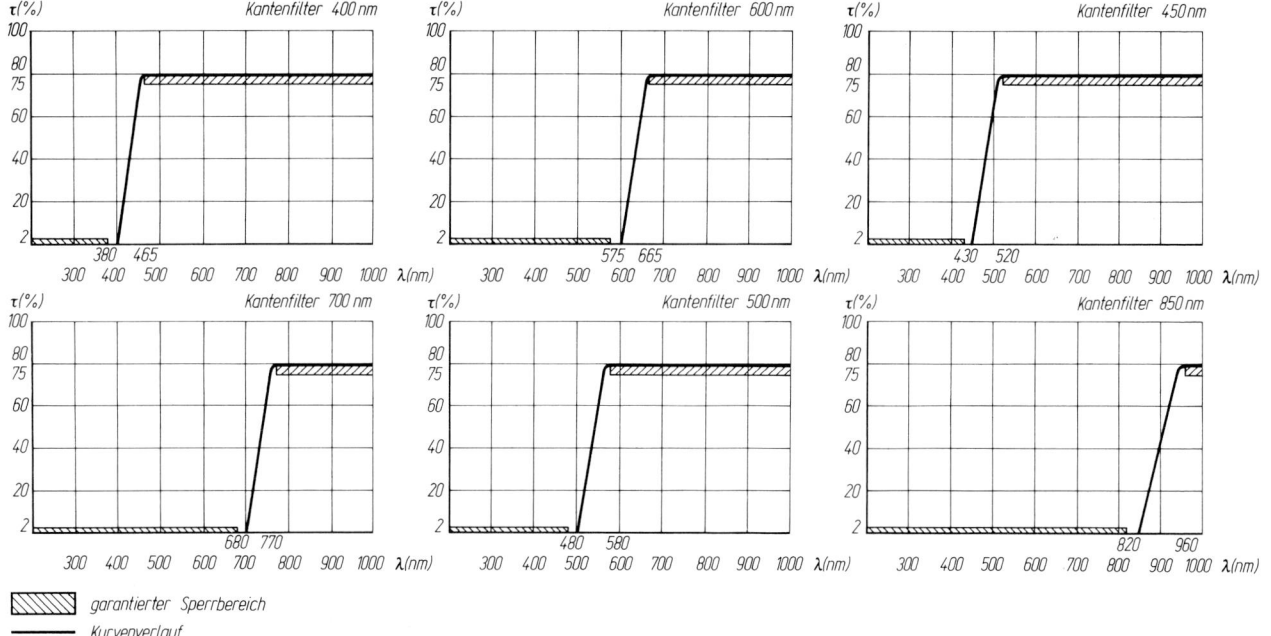

garantierter Sperrbereich

Kurvenverlauf

garantierter Durchlaßbereich

Bild 10.2. Filterkurven verschiedener Kantenfilter (aus Druckschrift Nr. 46-006-1 von Carl Zeiss JENA)

Diese als Farbsaum wirkende Erscheinung läßt sich mit einem hellen Gelbfilter GG 5, 2 mm Glasdicke, oder GG 14, 2 mm Glasdicke, verringern bzw. beseitigen. Wir erhalten auf rotsensibilisierten Filmen scharfe Bilder, die dem visuellen Eindruck näherkommen.

3. Reduzierung der atmosphärischen Dispersion (Farbzerstreuung) in geringen Höhen über dem Horizont: Erreicht z. B. das Licht eines Planeten unsere Atmosphäre, so bewegt es sich von einem optisch dünneren (interplanetarer Raum) in ein optisch dichteres Medium (Erdatmosphäre). Dabei wird es nicht nur gebrochen (Refraktion), sondern auch in seine farbigen Bestandteile zerlegt. Das äußert sich in einer Unschärfe des Planetenabbildes, welche mit abnehmender Höhe über dem Horizont immer größer wird. (Die Refraktion erreicht am Horizont selbst den größten Wert [etwa 35'] und im Zenit mit 0' 00" den geringsten Betrag. Dabei werden die blauen Anteile stärker gebrochen und scheinbar angehoben; dagegen erfährt das rote Licht eine schwächere Ablenkung.) Je größer der Empfindlichkeitsbereich in nm eines Aufnahmematerials ist, desto störender wirkt sich die atmosphärische Dispersion aus. Darum ist es empfehlenswert, beim Fotografieren von Objekten in geringer Höhe über dem Horizont das Licht bestimmter Wellenlängen auszufiltern. Dadurch verringern sich störende Auswirkungen der atmosphärischen Dispersion. Gut eignen sich dafür vor allem Kantenfilter (Bild 10.2). Das sind optische Filter, die das

sichtbare Licht unterhalb einer bestimmten Grenzwellenlänge absorbieren. Oberhalb dieser Wellenlänge haben sie dagegen hohe Durchlässigkeit, so daß der Transmissionsgrad τ bis etwa 2200 nm immer noch 80 % ± 5 % beträgt. Im Sperrbereich ist die Durchlässigkeit geringer als 2 %. Vorteilhaft ist die Anschaffung eines Filtersatzes mit sechs verschiedenen Kantenfiltern unterschiedlicher Transmissionsbereiche. Das wirksame Element dieser Kantenfilter, eine Folie, befindet sich zwischen zwei Glasscheiben.

4. Messung spektraler Helligkeiten von Fixsternen mit Hilfe der Mehrfarbenfotometrie: Weit verbreitet, allerdings in der wissenschaftlichen Astronomie, ist das UBV-System, bei dem die Helligkeiten, also Schwärzungen, im ultravioletten (U), blauen (B) und visuellen (V) Spektralbereich gemessen werden.

Das Verfahren sei hier nur der Ausführlichkeit halber genannt, denn unter amateurgemäßen Bedingungen ist es wegen seiner Kompliziertheit nur von Sternfreunden mit außergewöhnlicher Erfahrung erfolgreich nutzbar.

10.1. Interferenzfilter

Diese Filter werden in der Amateur- und Schulastronomie größtenteils für die Sonnen-, Sternfeld- und Einzelobjektbeobachtung genutzt. Sie haben die Aufgabe, einen schmalen Wellenbereich aus einem Kontinuum auszufiltern. Somit erlangen diese Filter infolge ihrer Sperrwirkung für bestimmte Lichtwellenlängen, die bei der Beobachtung nicht erwünscht sind, auch in der Amateurastronomie immer mehr an Bedeutung. Die sogenannten Nebelfilter (z. B. von Lumicon und Meade), die am Okular bzw. in seiner Nähe oder am Teleobjektiv befestigt werden, absorbieren einen Großteil des Stadtstreulichtes, so daß auch am Großstadthimmel erfolgreich Stellarfotografie betrieben werden kann. Zum Glück haben die meisten kosmischen Objekte Lichtausstrahlungen nicht im Frequenz- bzw. Wellenlängenbereich der allgemeinen Lichtverschmutzung des Himmels. Interferenzfilter eignen sich ebenfalls sehr gut für Sonnenbeobachtung besonders im schmalbandigen Bereich. So können Protuberanzen und die allgemeine Sonnenoberfläche im Bereich kleiner Halbwertsbreiten (z. B. 0,7 Å) mit hohem Kontrast fotografiert werden.

10.2. Polarisationsfilter

Das Atom sendet seine Lichtwellen in ständig wechselnden Schwingungsebenen aus. Wir sprechen hier vom gewöhnlichen Licht, das also nicht polarisiert ist. Fällt dieses Licht auf ein Polarisationsfilter, so passiert nur eine Schwingungsebene das Filter. Durch Drehen des Filters um seine optische Achse können wir verschiedene Schwingungsebenen nacheinander hindurchlassen, das

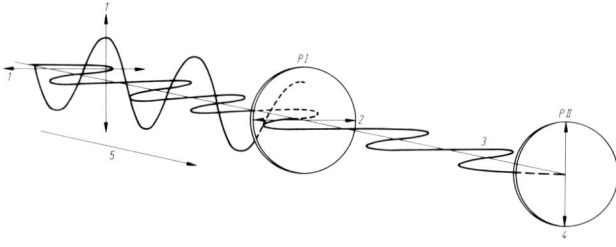

Bild 10.3. Polarisation und Auslöschung des Lichts
PI Polarisationsfilter I; PII Polarisationsfilter II; 1 – Schwingungsebenen; 2 – Polarisationsebene; 3 – polarisiertes Licht; 4 – Polarisationsebene; 5 – Ausbreitungsrichtung des in alle Richtungen schwingenden Lichtes

heißt, nach der Passage dieses Filters ist das Licht polarisiert. Setzen wir nun ein zweites Polarisationsfilter drehbar um seine optische Achse ein, dann läßt sich das hindurchdringende Licht stufenlos reduzieren (Bild 10.3). (Da dieses Filter wie ein optisches Gitter wirkt, ist eine gewisse Lichtreduzierung auch schon mit einem einzigen Polarisationsfilter möglich.)
Je nach Ausführung erkennt man das allmähliche Auslöschen im sichtbaren Spektralbereich in Dunkelblau (Polarisationsfilter mit Bernotarfolie) oder in Tief-

schwarz (Polarisationsfilter mit Mikrofolie). Polarisationsfilter eignen sich unter anderem für die visuelle und fotografische Sonnenbeobachtung sowie zur Lichtreduzierung des Himmelshintergrundes bei Tagesbeobachtungen der Venus, des Mondes und heller Sterne nach Koordinateneinstellung. Bei einer bestimmten Drehstellung des Polarisationsfilters erscheint das Himmelsblau dunkler.
Im Handel werden u. a. Polarisationsfilter zum Einschrauben in Okulare angeboten. Sie können aber auch vor dem Okular, im Easy Guider oder im Reduzieradapter befestigt werden. Je nach Öffnungsverhältnis der Aufnahmeoptik sind beispielsweise beim Mond, vor allem in den Phasen um den Vollmondbereich, 1 oder 2 Polarisationsfilter verwendbar. Das gleiche gilt je nach den Erfordernissen der Lichtdämpfung für die Sonnenbeobachtung.

10.3. Objektiv- und Okularfilter

Wie schon der Name besagt, werden Objektivfilter in Verbindung mit dem Objektiv genutzt. Für kleinere Objektive (einige Teleobjektive) lassen sich auch handelsübliche Fotofilter verwenden. Vor unserem Fernrohrobjektiv befestigen wir am besten für die visuelle und fotografische Sonnenbeobachtung ein Glasfilter für weißes Licht (Neutralfilter), das im Handel mit unterschiedlichen Transmissionen wie z. B. 0,001 %, 0,01 % oder 0,1 % angeboten wird. Je nach Öffnungsverhältnis und Filmempfindlichkeit kann man es also optimal nutzen. Die Sonnenfotos in diesem Buch sind bei einer Filtertransmission von 0,01 % hergestellt worden. Die Filter erlauben eine gefahrlose Beobachtung.
Preislich günstiger für die Sonnenbeobachtung ist der Einsatz von Folienfiltern. Die Folie befindet sich in einem Rahmen, der vor dem Objektiv befestigt wird. Der Nachteil dieser Filter besteht in der größeren Gefahr der Zerstörung (z. B. Einreißen) der Folie. Verwendbar sind sie an Refraktoren und Reflektoren.
Okularfilter werden je nach Ausführung unterschiedlich am Okular befestigt. Dies kann durch ein Aufstecken oder Schrauben geschehen. Somit ist eine Befestigung verschiedener Filtersorten wie Nebelfilter, Farbfilter, Neutral- oder Graufilter und Polarisationsfilter am Okular möglich. Äußerste Vorsicht ist geboten bei der Nutzung von Okular-Neutralfiltern für die Sonnenbeobachtung, wenn keine zusätzliche Lichtdämpfung (wie das Objektivfilter) vorhanden ist. Es besteht die Gefahr des Zerplatzens. Hier empfiehlt sich eine Lochblende von höchstens D/2 Lochdurchmesser vor dem Fernrohrobjektiv, so daß ein kleineres Öffnungsverhältnis und dadurch eine geringere Wärmekonzentration in der Bild- bzw. Brennebene entsteht.
Für die Sonnen- und Mondbeobachtung gibt es Neutral-

filter unterschiedlicher Durchlässigkeit. Okular-Farbfilter werden u. a. in den Farben Blau (BG 12), Grün (VG 8), Gelb (GG 7) und Rot (RG 2) aufsteckbar produziert. Das Marsglas (OG 5) dient zur Kontraststeigerung und wird auf das Steckokular geschraubt.

10.4. Filtermontage

Der Einbau eines Farbfilters in den Strahlengang des Fernrohrs geschieht am besten in der Nähe der Bildebene. Dadurch lassen sich eventuelle, die Abbildungsqualität beeinträchtigende Filterfehler am wirksamsten unterdrücken, denn nicht alle Filter haben exakt ebene und parallele Flächen. Die Montage des Filters für die Stellar-, Sonnen-, Mond- und Planetenfotografie ist je nach fotografischer Ausstattung unterschiedlich. Das

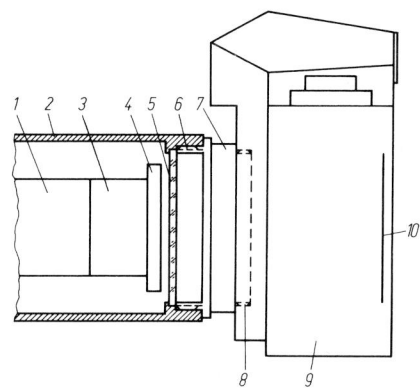

Bild 10.4. Filterhalterung für die Sonnen-, Mond- und Planetenfotografie
1 – Okularsteckhülse; 2 – Verbindungsring; 3 – orthoskopisches Steckokular; 4 – Augenmuschel; 5 – Filter; 6 – Gewinde M 44 × 1; 7 – Zwischenring (Carl Zeiss JENA); 8 – Gewinde M 42 × 1; 9 – Kamera; 10 – Filmebene

Bild 10.5. Filterhalterung in der Fokal- und Projektionsfotografie
1 – Okularsteckhülse; 2 – Okular; 3 – Verbindungsring; 4 – Augenmuschel; 5 – Filter; 6 – Gewinde M 44 × 1; 7 – handelsüblicher Zwischenring; 8 – Kleinbildkamera; 9 – zylindrische Maniperm-Haftmagnete; 10 – am Filter anliegende, dreieckförmige Teile; 11 – Stirnfläche des Einschubspaltes; 12 – Verbindungsring aus Stahlrohr; 13 – Bohrung 2 mm ⌀, für das Hinausdrücken des Filters mit einem Stift; 14 – Filterauflage; 15 – Begrenzung des Einschubspalts. Der Spalt kann mit einer Hand-Eisensäge hergestellt werden; 16 – Zweikomponenten-Kleber; 17 – Fotogewinde M 42 × 1; 18 – Filmebene; 19 – Schnitt A; 20 – Aluminiumbügel (Innenseite); 21 – Aluminiumbügel (Stirnseite)

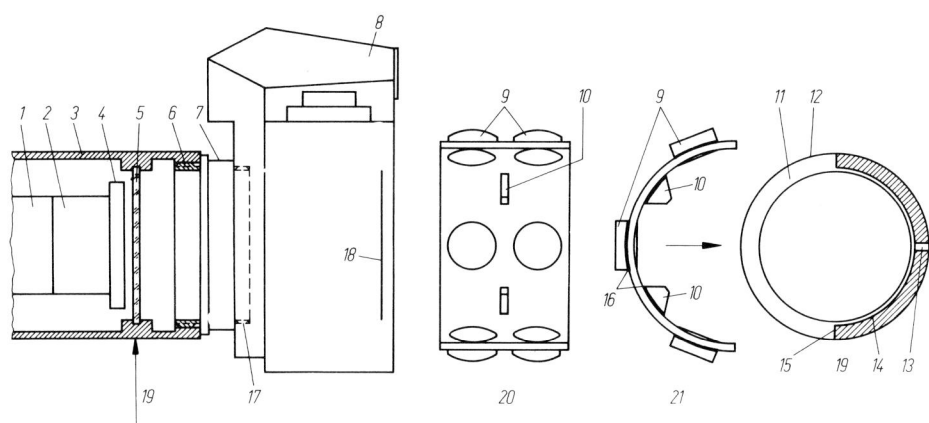

Filter kann auf das Okular gesteckt, geschraubt oder in einen Kameraadapter eingeschraubt werden. Im Handel werden entsprechende Möglichkeiten angeboten. Filter für Teleobjektive montiert man im allgemeinen vor der Objektivlinse. Objektivfilter zur Sonnenbeobachtung werden an der Taukappe oder der Objektivfassung meistens durch ein Aufstecken, Hineinschieben oder Anschrauben befestigt. Analog geschieht dies bei Astrokameras.
Mit ein bißchen Geschick und Ausdauer fertigt sich der Sternfreund auch selbst eine Filterhalterung. Bild 10.4 zeigt eine von mir erarbeitete Konstruktionsvariante. Auch bei handelsüblichen Fotozwischenringen besteht die Möglichkeit der Befestigung eines Farbfilters. Die Filterhalterung läßt sich natürlich auch so konstruieren, daß ein Austausch des Filters ohne Abnehmen oder Lokkerdrehen der Kamera erfolgen kann (Bild 10.5). Ein

Herausfallen des Filters aus der Halterung verhindert der aus 2 mm starkem Aluminiumblech bestehende Bügel. In ihm sind sechs Haftmagnete in Bohrungen eingeklebt. Zwei dreieckförmige Metallteile, die mit Zweikomponenten-Kleber am Bügel befestigt sind, liegen am Filter leicht an. Das Filter läßt sich bequem aus der Halterung herausnehmen. Mit einem 2 mm starken Metallstift, der in eine Bohrung gegenüber dem Einschubspalt eingeführt wird, drücken wir das Filter leicht in Richtung Einschubspalt, bis es sich mit der Hand herausziehen läßt. Um Kratzer auf dem Glasfilter zu vermeiden, ist es ratsam, die Stirnseiten des Einschubspalts mit weichem Material wie Filz oder Samt zu bekleben.

11. Beobachtungsbuch

Die Dokumentation astronomischer Beobachtungen stellt eine wichtige Grundlage für weitere Beobachtungen dar. Wir können damit auf bereits vorhandene Informationen zurückgreifen und bestimmte Aufnahmedaten miteinander vergleichen. Die dabei zu gewinnenden Erkenntnisse lassen sich dann bei weiteren Aufnahmen nutzen. In der Amateurastronomie gibt es verschiedene Dokumentationsmöglichkeiten und damit verbundene Reihenfolgen. Die nachstehende hat sich gut bewährt.

Objekt: M 31 (als Beispiel)
Koordinaten: α: 0^h40^m, δ: $+41°,0$
Datum: 1992 Okt. 1
MEZ: 22^h30^{min}–23^h00^{min}
Aufnahmeinstrument: Kleinbildkamera + Normalobjektiv
Projektion: –
Leitfernrohr + Kontrollokular: 80/1200 + 10–O
Aufnahme-Äquivalentbrennweite: –
Belichtung: 30 min
Film: Kodak TP 2415 hypersensibilisiert
Platte: –
Filter: LUMICON H-alpha-Pass Filter
Luft: 2
Wetter: wolkenfreier Himmel, etwa Windstärke 1, Temperatur: + 7° C, niedrige Dunstgrenze
Negativ-/Plattennummer: 21. Nummer der Aufnahme: 30
Beobachter: W. Lehmann. Laborbearbeitung: W. Lehmann
Negativentwicklung: Kodak D 19, 6 min bei 20° C
Positiventwicklung: E 102, 1 + 7, 20° C, extra-hartes Fotopapier
Bemerkungen: Während der Belichtung kurzzeitiges Fremdlicht durch Kraftfahrzeuge; sie hatten keinen störenden Einfluß auf die Aufnahmequalität.

Damit die Parameter bei jeder nachfolgenden Aufnahme nicht ständig neu geschrieben werden müssen, ist die Anfertigung eines Stempels vorteilhaft; das empfiehlt sich besonders für Schul- und Volkssternwarten.

12. Verarbeitung des Aufnahme-materials

12.1. Negativ- und Positivherstellung

Mit dem Aufnehmen allein ist ein fotografisches Bild noch nicht fertig. Diese Feststellung klingt zunächst wie eine Binsenweisheit. Doch sie ist wichtig, denn was nach dem Aufnehmen zu geschehen hat und vor allem wie es geschieht, das dürfte für das Endergebnis ebenfalls von wesentlicher, manchmal sogar von ausschlaggebender Bedeutung sein. Über die Weiterverarbeitung fotografischer Aufnahmen lassen sich ganze Bücher schreiben, und es gibt sie sogar, und zwar für Fotofreunde mit unterschiedlichsten Vorkenntnissen. Aufgabe dieses Kapitels kann und soll es darum keineswegs sein, den ganzen Inhalt solcher Bücher wiederzugeben. Es will vielmehr zwei recht unterschiedlichen Erwartungen entgegenkommen:

Zum einen will es jenen Sternfreunden, die sich bisher kaum oder gar nicht damit befaßten, das Prinzip der fototechnischen Weiterverarbeitung erläutern. Zum anderen will das Kapitel über einige spezielle Verfahrensweisen informieren, die sich für die astrofotografische Praxis besonders anbieten.

Zuerst also etwas über die Grundlagen der fototechnischen Weiterverarbeitung im Negativ-Positivprozeß: Zunächst wird das in der Kamera belichtete Material entwickelt, und zwar zumeist bei völliger Dunkelheit. Weil das damit entstehende Negativbild optisch und chemisch noch nicht beständig ist, folgt nach kurzem Wässern das Fixieren. Man erhält damit ein lichtbeständiges Negativ, das nach vorschriftsmäßigem Wässern und Trocknen zum Positiv weiterverarbeitet wird. Bei der Herstellung des Positivbildes erfährt das Negativ selbst im allgemeinen keine Veränderung mehr. Es dient lediglich als eine Art Maske unterschiedlicher Deckung, mit deren Hilfe sich im Prinzip beliebig viele Positivkopien anfertigen lassen. Dazu gibt es zweierlei Varianten:

Variante 1: Man bringt das Negativ durch eine beschwerende Glasplatte, durch einen Kontaktrahmen oder ein spezielles Kopiergerät in engen Kontakt mit lichtempfindlichem Fotopapier und belichtet eine bestimmte Zeit. Dabei entsteht, ähnlich wie bei der fotografischen Aufnahme, auf dem Fotopapier ein latentes (noch nicht sichtbares) Bild, das durch anschließendes Entwickeln, Zwischenwässern, Fixieren (ähnlich der oben beschriebenen Weise) hervorgerufen, das heißt sichtbar und stabilisiert wird. Auch hier folgen Endwässerung und Trock-

nen. Bei diesem Verfahren gewonnene Bilder haben dieselbe Größe wie das Negativ; sie sind also bei den heute unter amateurgemäßen Bedingungen üblichen Aufnahmeformaten im allgemeinen noch zu klein für bildhafte Eindrücke. Fürs Archivieren und dergleichen können sie indessen sehr gute Dienste leisten.

Variante 2: Das Negativ wird (ähnlich einem Dia bei der Projektion) mit Hilfe eines Vergrößerungsgeräts auf Fotopapier projiziert. Das so belichtete Fotopapier erfährt dann die gleiche Weiterverarbeitung wie unter Variante 1. Durch das Projektionsprinzip lassen sich hier also unterschiedliche Bildvergrößerungen (bzw. Verkleinerungen, z. B. für Diavorführungen) erreichen.

Nun noch einige technische Hinweise zu den hier erwähnten Verfahren. Für die Entwicklung der gebräuchlichsten Filme verwendet man zumeist eine Entwicklungsdose, die es in unterschiedlichen Ausführungen gibt. Das Öffnen der Filmkassette oder des Rollfilms und das Aufspulen muß in einem gut abgedunkelten Raum erfolgen. Nach dem Entwickeln des Films wird der Entwickler in die lichtgeschützte Aufbewahrungsflasche aus braunem oder anderem dunkel gefärbten Glas zurückgegossen. Nun lassen wir in die Dose durch die im Deckel befindliche Einfüllöffnung etwa 60 s lang Leitungswasser hineinfließen. Die Spule drehen wir, soweit (je nach Dosentyp) von außen möglich, bei diesem Vorgang. Durch dieses Zwischenwässern wird der Film weitgehend vom Entwickler befreit. Die Zeit zwischen dem Ausgießen des Entwicklers und dem eigentlichen Zwischenwässern soll so kurz wie möglich sein. Andernfalls können ungleichmäßige Schwärzungen des Filmmaterials oder Schleierbildung auftreten. Nach der Zwischenwässerung wird die Dose entleert und mit Fixiersalzlösung gefüllt. Sie hat die Aufgabe, das entwickelte Filmmaterial zu klären und zu stabilisieren. Nach dem Fixieren, das etwa 10 bis 15 min dauert, gießen wir die Fixierlösung in die Aufbewahrungsflasche zurück. Anschließend ist das Filmmaterial von den Restanteilen des Fixierbades zu trennen, indem es in der Dose unter fließendem Wasser etwa 20 bis 30 min gewässert wird (Schlußwässerung). Damit der Film eine möglichst geringe Oberflächenspannung hat und fleckenfrei trocknet, werden etwa 2 ml, das sind etwa 15 Tropfen, Netzmittel in die mit Wasser gefüllte Dose gegeben. Dabei drehen wir die Spule, damit sich das Netzmittel gut verteilen kann (Baddauer: 30 bis 60 s). Nun kann der entwickelte Film von der Spule entfernt und zum Trocknen in einem möglichst staubfreien Raum aufgehängt werden.

Für das Ansetzen der Verarbeitungslösungen verwenden wir am besten einen 500-ml-Meßzylinder und ein Thermometer. Die Gebrauchsanleitungen beschreiben ausführlich das Ansetzen des Entwicklers.

Folgende Entwickler können vorzugsweise empfohlen werden: Feinst- und Feinkornentwickler.

Diese Entwickler sind hauptsächlich für die Kleinbildfilmverarbeitung und für hochempfindliche Filme bestimmt und verhelfen zu verhältnismäßig feinem Korn. Dadurch ist es möglich, von Kleinbildnegativen relativ großformatige Papierbilder ohne störende Korngröße bis zum Format von etwa 30 cm × 40 cm herzustellen. Mit diesen Entwicklern erhalten wir zugleich gut ausgeglichene Negative.

Beste Ergebnisse erhält der Astrofotograf u. a. mit dem Entwickler Kodak D-19. Die Negative werden kontrastreich und hochauflösend bezüglich des Detailreichtums entwickelt. Der Entwickler kann in Form einer 5-Liter-Packung käuflich erworben werden. Das Ansetzen des D-19 geschieht am besten in einer lichtgeschützten braunen Flasche bei 38° C in 4 Litern Wasser. Anschließend wird auf 5 Liter aufgefüllt. Der gehyperte Technical Pan 2415 oder auch unbehandelter kann beispielsweise folgendermaßen entwickelt werden: 4 min oder 5 min bei 20° C. Die Filmeigenschaften werden vom Kodak D-19 gut ausgeschöpft.

Als ein ebenfalls gut geeigneter Ausgleichsentwickler für Schwarzweiß-Negative hat sich der Kodak Technidol LC flüssig herausgestellt. Er kann z. B. in einer 4 × 600-Milliliter-Packung erworben werden und ist speziell auf den Technical Pan Film abgestimmt, welcher bei 20° C etwa 8 bis 10 min lang entwickelt werden kann. Möchten wir die Filmempfindlichkeit steigern oder mindestens voll ausnutzen, dann wären Rapidentwickler wie beispielsweise der Agfa Rodinal flüssig bei geringerer Verdünnung vorteilhaft. Die Gradation (γ-Wert) erfährt eine Steigerung, die Korngröße dagegen bleibt in Grenzen. Der konzentriert gelieferte Entwickler wird vor der Filmentwicklung entsprechend nach dem Filmtyp und dem Ziel des Astrofotografen mit einem Meßglas verdünnt. Agfa Rodinal kann universell, also für die Entwicklung der unterschiedlichsten Aufnahmemotive verwendet werden. Auch als Feinkornentwickler ist Rodinal bei mittlerer und stärkerer Verdünnung einsetzbar, erreicht dadurch aber höchstens die vorgegebene nutzbare Filmempfindlichkeit.

Ein sehr geringes Korn ergibt auch die Filmentwicklung in Kodak Microdol-X oder Tetenal Neofin-Blau. Letzterer zeigt seine Stärke besonders in der Mond-, Planeten- und Sonnenfotografie.

Ebenfalls eine sehr feine Körnung liefert der Feinstkornentwickler A 49 (Calbe Fotochemie) in Pulverform. Er wird nach Gebrauchsanleitung angesetzt und ist vorzugsweise für Schwarzweißfilme mit Empfindlichkeiten zwischen 15 und 27 DIN verwendbar. Das Entwicklerkonzentrat R 09 flüssig (Calbe Fotochemie) ist ein variabel verdünnbarer Negativ- und Positiventwickler (Fotopapiere) und gilt in der Astrofotografie als Universalentwickler. Je nach Verdünnungsgrad erreicht man eine harte oder weichere Gradation. Schließlich ist noch das Universalentwicklerkonzentrat E 102 flüssig (Calbe Fotochemie) erwähnenswert.

Dieser Entwickler ist hauptsächlich für die Papierverarbeitung bestimmt. Er kann aber in der Astrofotografie auch als Filmentwickler eingesetzt werden und ermöglicht zum Beispiel das Erzielen kontrastreicher Schwarzweißnegative. Die Negative der Sonnenaufnahmen in diesem Buch sind größtenteils mit E 102 entwickelt worden. Der Charakter der Negative läßt sich damit durch unterschiedliche Entwicklungszeiten und Verdünnungsverhältnisse in weiten Grenzen steuern.

Das Fixierbad können wir nach der auf der Fixiersalzpackung aufgedruckten Beschreibung ansetzen. In unserem Fall brauchen wir eine 100-g-Packung „Saures Fixiersalz", das in einer Flasche, die nicht lichtgeschützt sein muß, gelöst wird.

Wer erst einmal einen Film selbst entwickelte, hat meist auch den Wunsch, die Papierbilder selbst herzustellen. Wir benötigen für das Herstellen von Positiven an Geräten und Zubehör:

- Vergrößerungsgerät
- Vergrößerungsrahmen für Planlage und Formatbegrenzung des Fotopapiers (z. B. für Formate bis 18 cm × 24 cm oder 30 cm × 40 cm)
- Belichtungsuhr
- Dunkelkammerleuchte
- 4 Fotoschalen: Ihre Größe richtet sich nach dem Maximalformat des zu verarbeitenden Fotopapiers. Sie nehmen das Entwickler-, Zwischenwässerungs-, Fixier- und Endwässerungsbad für den Zeitraum der Verarbeitung auf.
- Schalenthermometer: Es dient zur Kontrolle der Entwicklertemperatur.
- Trockenpresse: Ihre Größe richtet sich nach dem vorgesehenen größten Papierformat.
- Rollenquetscher: Er dient zum Pressen der Papierbilder auf glatte Flächen, z. B. zur Hochglanzerzeugung.
- 3 Fotopinzetten oder -zangen: Sie sind für das Bewegen und Umsetzen der Papierbilder bestimmt, z. B. von der Entwicklerschale zur Fotoschale für die Zwischenwässerung usw.
- Beschneidemaschine: Sie ist für das Beschneiden der Fotopapiere vorgesehen.

Möchten wir nun von unserem belichteten und entwickelten Film ein Positiv herstellen, dann können wir auf handelsübliche Papierentwickler zurückgreifen. Die Verdünnungsverhältnisse werden im allgemeinen unterschiedlich je nach Zielstellung gewählt. Gute Ergebnisse wurden bei Verdünnungen von 1 + 4 ... 1 + 12 erreicht. Die Entwicklungszeit ist unter anderem in gewissen

Grenzen abhängig von der Belichtungszeit des Fotopapiers. Es ist also möglich, daß die normale Entwicklungszeit unter- bzw. überschritten werden kann, damit der gewünschte Schwärzungsgrad des Positivs erreicht wird. Während des Entwicklungsvorgangs wird das Fotopapier, besser noch der Entwickler, in ständige leichte Bewegung versetzt. Daraus ergibt sich ein gleichmäßiges Entwickeln. Nach dem Entwickeln wird das Fotopapier bei ständiger Bewegung etwa 30 s zwischengewässert und damit der Entwicklungsprozeß stark reduziert. Dies kann in Leitungswasser geschehen. (Einige Sternfreunde arbeiten mit einem Stoppbad. Das Stopp- oder Unterbrecherbad kann aus 4 %iger Kaliumdisulfitlösung oder 2 %iger Ethansäure bestehen. Es ist empfehlenswert, das Stoppbad jeweils frisch anzusetzen. Eine konzentrierte Lösung kann man sich für die folgende Verdünnung in einer Flasche aufbewahren.)

Nach dem Zwischenwässern kommt das Fotopapier ins Fixierbad, wo es nach 10 min lichtbeständig ist. Es empfiehlt sich, das Fotopapier zu Beginn des Fixierens noch etwas zu bewegen. Damit ist ein gleichmäßiger Fixierprozeß gewährleistet.

Fixiersalzlösungen sind für Filme und Fotopapiere getrennt anzusetzen und auch getrennt zu verwenden: Erstens gelten bei ihnen unterschiedliche Lösungsverhältnisse als Vorschrift, und zweitens werden dadurch chemisch nachteilige Vermengungen vermieden. Das Herstellen des Fixierbades ist meist auf der Verpackung des Fixiersalzes beschrieben.

Nach dem Fixieren erfolgt für etwa 20 min die Schlußwässerung, die bei fließendem Wasser durchgeführt werden sollte. Ist jedoch kein fließendes Wasser vorhanden, dann müssen wir die Schlußwässerung auf etwa 60 min verlängern und das Bad vier bis fünfmal mit frischem Wasser erneuern. Nach der Schlußwässerung folgt das Trocknen der Bilder. Von den verschiedenen Möglichkeiten sei hier wenigstens die inzwischen gebräuchlichste genannt: das Heißtrocknen mit der elektrisch beheizten Trockenpresse. Man kann damit nach zwei Varianten arbeiten.

1. Das einfache Heißtrocknen: Die etwas abgetropften Bilder kommen mit der Schichtseite nach oben auf die Metallfolie (verchromte Metallplatte). Unmittelbar darauf wird das Trockentuch darübergespannt. Die Trockendauer beträgt hier etwa 4 min bei vorgeheizter Presse.
2. Die Hochglanztrocknung: Diese Methode setzt die ausschließliche Verwendung von Fotopapier mit der Oberflächenbezeichnung „glänzend" voraus. Das möglichst tropfnasse (zuvor am besten in Netzmittelbad behandelte) Fotopapier wird hier mit der Schichtseite nach unten unter Verwendung eines Rollenquetschers auf die Metallfolie gedrückt und danach das Trockentuch darübergespannt. Ein recht verläßliches Zeichen dafür, daß die Bilder trocken sind, haben wir, wenn das beim Trocknen zu hörende leichte Knacksen aufgehört hat. Nach dem Herunternehmen legt man die Bilder ohne Druck und dergleichen frei in einem Raum mittlerer Luftfeuchtigkeit (etwa 40 . . . 60 %) aus, dabei verlieren sie am ehesten ihren anfänglichen Drall. Jetzt können die Positive mit einer Beschneidemaschine bearbeitet werden.

12.2. Schwärzung und Entwicklung des Negativs

Betrachten wir mit einem Mikroskop die entwickelte Gelatineschicht und somit das fotografische Bild des Negativs, dann können Einzelelemente der Schwärzung wahrgenommen werden. Sie zeigen sich als kleine flockenartige Gebilde, welche aus metallischem Silber mit verschiedenen Größen, Formen und Verteilungsdichten bestehen. In der Gelatineschicht bilden sie Flächen mit unterschiedlicher Durchlässigkeit (Transparenz) und Undurchlässigkeit (Opazität). Die Helligkeitsabstufungen des fotografischen Objekts werden demzufolge in verschiedene Grauabstufungen umgesetzt.

Was geschieht nun während der Entwicklung (Reduktion) des Negativmaterials? In der lichtempfindlichen Schicht oder Emulsion befindet sich das Silberhalogenid, welches durch den Entwicklungsvorgang das metallische Bildsilber erzeugt. Mit der Entwicklersubstanz werden besonders an den belichteten Stellen der Schicht Silberionen zu Silberatomen reduziert. Auch bei unbelichteten Filmen oder Platten und langer Entwicklereinwirkung entsteht metallisches Bildsilber. Dieser Schwärzungsprozeß wird durch die Belichtung des Negativmaterials beschleunigt. Das vorher latente (unsichtbare) Bild erhält eine milliardenfache Verstärkung. Es ist optisch sichtbar geworden. Je intensiver wir belichten, um so stärker und schneller verläuft der Reduktionsvorgang. Auch die Größe der einzelnen Silberbromidkristalle beeinflußt die Bereitschaft für die Schwärzung. Es ist möglich – besonders für hochempfindliche Filme –, die Silberhalogenide im Produktionsprozeß mit bestimmten Verfahren wachsen zu lassen. Die Körnung der lichtempfindlichen Schicht wird dadurch aber größer und ungleichmäßiger. Um dieser Inhomogenität etwas entgegenzukommen, werden der hochempfindlichen Emulsion geringer empfindliche und somit kleinere Kristalle eingelagert. Diese Kristalle reagieren erst bei einer stärkeren Belichtung. Die Silberbromidkristalle haben eine Größe von $0,001 . . . 0,0035$ mm. Auf 1 cm² Emulsionsfläche befinden sich etwa 500 Millionen Silberbromidkristalle. Davon wird aber nur etwa $\frac{1}{5}$ für den Bildaufbau genutzt. Die vertikale Verteilung der Silberbromidkristalle ist in der Gelatine in einem Bereich von $0,01 . . . 0,02$ mm vorhanden. Dadurch erreicht man eine relativ hohe Teilchendichte. Zwischen den Silberbromidkristallen an der Schichtoberfläche sind freie Räume. Die unter diesen Räumen befindlichen Silberbromidkristalle tragen zu einer größeren Gesamtdichte bei.

Bei der Verarbeitung des Negativmaterials mit einem kräftig und rapid (svw. schnell) wirkenden Entwickler großer Alkalität und hoher Konzentration verläuft der Reduktionsvorgang relativ schnell. Er wirkt auch schnell in tiefer gelegene Gebiete der Emulsion. Wir erhalten ein Negativ mit starker Abstufung und relativ großer Dichte. Der kräftig arbeitende Entwickler dringt somit in verhältnismäßig kurzer Zeit auch in die tiefer gelegenen Bereiche der Emulsion ein. Infolge dieser rapiden Entwicklung entsteht eine Vergrößerung des Korns. Auch die Gradation (Kontrast) des Negativs ist bei dieser harten Reduktion relativ hoch. Von diesem Negativmaterial sind Vergrößerungen von Aufnahmen der hier beschriebenen Art nicht zu empfehlen. Dagegen empfehlen sich Kontaktkopien davon, denn hier wirkt sich die vergröberte Körnung nicht störend aus. Kontaktkopien von Kleinbildnegativen sind in der Amateur-Astrofotografie jedoch weniger gefragt. Wegen des größeren Negativformats eignen sich mittelformatige (6 cm × 6 cm) und die größerformatigen Negative (6 cm × 9 cm) besser für Kontaktkopien. Werden von feinkörnigen Negativen Vergrößerungen hergestellt, dann ist ein schwach alkalischer Entwickler vorteilhaft. Die Körnung wirkt sich dabei nicht störend aus; das ist vor allem bei der Planetenfotografie vorteilhaft. Auf die Gleichmäßigkeit und Feinheit der Körnung besonders bei Kleinbildformaten wird besonderer Wert gelegt. Der Entwicklungsvorgang beschränkt sich hauptsächlich auf die Schichtoberfläche, so daß extrem große Kornballungen verhindert werden. Der Wert der durchschnittlichen Schwärzung verbleibt in einem Bereich, der es gestattet, mit den verschiedenen Papierhärtegraden zu arbeiten. Die Transparenz ist im ganzen gesehen größer.

12.3. Mondbilder im Fotolabor

Viele Astrofreunde haben den verständlichen Wunsch, manche ihrer Aufnahmen sofort zu entwickeln. Ein Badezimmer ist für die Einrichtung eines Mini-Fotolabors oft gut geeignet. Testaufnahmen, die unter anderem zur genauen Bestimmung der Belichtungszeit dienen, können durch die eigene Entwicklung innerhalb etwa einer halben Stunde begutachtet werden. Die Entwicklung des Negativmaterials ist mit verschiedenen Entwicklerlösungen möglich. Bevorzugt werden Fein- und Feinstkornentwickler. Beim Verwenden des Filmentwicklers im Normalansatz fallen insbesondere Mondaufnahmen oft zu kontrastreich aus. Ausgeglichenere, zartere Negative mit geringerem Kontrast lassen sich auch hier erzielen, wenn man den Entwickler in stärkerer Verdünnung (z. B. R 09, 1 + 100 ... 1 + 200, Verlängerungsfaktor 3 und 6) bei entsprechend längerer Entwicklungszeit ver-

wendet. Die für die einzelnen Entwickler unterschiedlichen Daten sind im allgemeinen den Gebrauchsanleitungen und einschlägigen Rezeptbüchern zu entnehmen.

Starke Kontrastunterschiede auf dem Negativ lassen sich auch beim Vergrößern mit der Technik des sogenannten Abwedelns noch etwas ausgleichen. Die Schwärzungsdichte des Negativbildes nimmt vom Mondhorizont zum Terminator nicht linear ab. Mondformationen am Terminator sind Gebiete geringer Schwärzung auf dem Negativ, welche durch eine um etwa ein bis zwei Belichtungsstufen längere Belichtungszeit normal geschwärzt werden können. Diese normale Schwärzung des Terminators auf dem Negativ hat dann aber eine Überbelichtung der horizontnahen Gebiete zur Folge, das heißt, sie weisen geringere Kontrastunterschiede auf. Die handelsüblichen Papiergradationen „hart" bzw. „extra-hart" ermöglichen trotzdem die kontrastreiche Abbildung der gesamten Mondoberfläche. Der Terminator wird dabei bei der Belichtung des Fotopapiers zeitweise unter dem Vergrößerer mit einer schwarzen, dem Terminatorverlauf angenähert angepaßten Pappscheibe abgedeckt. Damit keine scharf begrenzte helle Terminatorlandschaft entsteht, bewegen wir die Pappscheibe um einen geschätzten Betrag hin und her. Die zeitliche Länge der Abdeckung des Terminators ist durch Versuche zu ermitteln. Durch dieses Abwedeln erhalten auf dem Positiv alle Gebiete der Mondoberfläche die richtige Lichtmenge, so daß die verschiedenen Mondformationen mit dem gewünschten Kontrast auf dem Papierbild erscheinen. Das Abwedeln kann natürlich auch bei Ausschnittvergrößerungen so ausgeführt werden, daß bestimmte Mondformationen besonders kontrastreich oder ausgeglichen abgebildet werden. Die Wahl der Papiergradation ist im wesentlichen abhängig vom jeweils gestellten Ziel und der Härte bzw. dem Kontrast des Negativs. Im allgemeinen gilt: „harte", aber auch „normale" Negative in Verbindung mit „weichem" oder „normalem" Fotopapier und „weiche" Negative mit „hartem" bzw. „extrahartem" Papier. Besonders „harte" und „extra-harte" Papiergradationen fördern aber die Sichtbarkeit des Korns, so daß starke Nachvergrößerungen des Negativs nicht zu empfehlen sind. Wie hoch wir nachvergrößern können, zeigen uns zurechtgeschnittene, belichtete Probestreifen. Lichter und Schatten bei schmalen Mondsicheln werden bis zum Mondhorizont auf „hartem" und „extra-hartem" Papier mit der Technik des Abwedelns gut sichtbar. Doch selbst wer in der Methode des Abwedelns geübt ist, wird oft nicht gleich auf Anhieb beste Ergebnisse erzielen. Besonders für den Anfänger empfiehlt es sich darum, pro Motiv mindestens zwei Bilder oder mehr mit der beschriebenen Methode anzufertigen und erst nach dem Trocknen die beste Variante auszuwählen.

12.4. Empfindlichkeitssteigerung der Emulsion (Hypersensibilisierung)

Das handelsübliche Angebot an Aufnahmematerial unterschiedlicher Empfindlichkeit ist verhältnismäßig groß. Dennoch suchen manche fotografierende Sternfreunde, durchaus begründet, nach Möglichkeiten, die Lichtempfindlichkeit ihres Aufnahmematerials zu steigern. Das trifft in nicht geringem Maße auf zunächst weniger empfindliche Emulsionen zu. Von Haus aus höchstempfindliche Emulsionen ergeben durch eine Empfindlichkeitssteigerung keine Erhöhung der Nachweiswirksamkeit schwächster Sternhelligkeiten, aber, und das ist das Entscheidende, die Belichtungszeit wird entsprechend der erreichten Empfindlichkeitssteigerung verkürzt. Wichtige Parameter wie die Gradation (γ-Wert), der Schleier (der Schleier ist eine geringe, nicht störende Schwärzung des Negativmaterials, die bei der Entwicklung entsteht, obwohl das Negativ nicht belichtet wurde; der Grad der Schwärzung beträgt etwa $S = 0,1$.) und die Körnigkeit sollen nicht nachteilig beeinflußt werden.
Besonders für Kleinbildfilme ist die folgende Methode zu empfehlen. In einer Lösung von 50 ml Methanal 30 bis 40%ig und 950 ml Wasser wird der Film etwa 1 min bei höchstens 16 °C gebadet und anschließend mit destilliertem Wasser abgespült. Danach erfolgt die Trocknung des Films. Sie darf wegen verstärkter Schleierbildung nicht zu warm geschehen. Ein so behandelter hochempfindlicher Film erhält eine etwa 4fache Empfindlichkeit. Eine Empfindlichkeitssteigerung ist auch mit zunehmender Entwicklungsdauer erreichbar. Bild 12.1 zeigt wichtige fotografische Parameter in Abhängigkeit von der Entwicklungszeit (aus: Teicher [15]). Neben der Empfindlichkeitssteigerung wachsen bei zunehmender Entwicklungsdauer auch Körnigkeit, Gradation und Schleier. Somit ist eine Variierung der fotografischen Daten durch entsprechende Entwicklungszeit möglich.
Ein Schleier mit dem Grad der Schwärzung $S = 0,1$ auf dem Negativ wirkt sich nicht störend aus. Bei extrem langer Entwicklung dagegen kommt es allmählich zu einer starken Verschleierung bis hin zur völligen Schwärzung des Negativs. Aus Bild 12.2 sind die Schwärzungskurven einer Emulsion bei verschiedenen Entwicklungszeiten ersichtlich. Die Schwärzung 1 bedeutet, daß sie nur $^{1}/_{10}$ eines auffallenden Lichtstroms durchläßt. Eine Emulsion mit der Schwärzung 2 läßt $^{1}/_{100}$ des Lichts und schließlich der Schwärzung 3 nur noch $^{1}/_{1000}$ usw. hindurch. Die Zahlen 1, 2, 3 ... stellen also die negativen dekadischen Logarithmen der Durchlässigkeit dar. Auf der Abszisse ist die Lichtmenge H logarithmisch aufgetragen. Nach dem Verlauf der Kurve 9 zu urteilen, ergibt sie in Abhängigkeit von der Entwicklung und Lichtmenge die größte Gradation und Schwärzung. Wie aus Bild 12.1 ersichtlich ist, arbeiten die Rapidentwickler (Schnellentwickler) kräftiger, d. h., der Kurvenverlauf

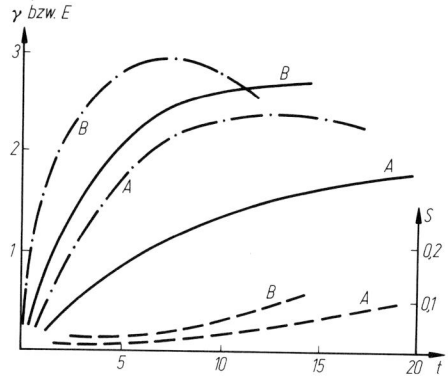

Bild 12.1. Entwicklungskinetik (aus [15])
γ Gamma	B Rapidentwickler
E Empfindlichkeit	—— Gammazeitkurven
S Schleier	–·–·– Empfindlichkeitszeitkurven
t Zeit in min	– – – Schleierzeitkurven
A Feinkornentwickler	

ist steiler und die Filmempfindlichkeit wird voll ausgenutzt bzw. erhöht.
Eine sehr zu empfehlende Möglichkeit der Empfindlichkeitssteigerung von Schwarzweiß- und Farbfilmen bieten die käuflich erwerbbaren Hypersensibilisierungsanlagen mit der Bezeichnung „Hyper 200" und „Hyper 400". Erinnern wir uns noch einmal: Infolge des Schwarzschildeffektes muß z. B. ein Wasserstoffnebel auf einem „normalen" Film wesentlich länger (über 27 ×) bei gleicher Schwärzung im Vergleich zu einem hypersensibilisierten Film belichtet werden. Dieser Schwarzschildeffekt macht sich leider schon nach mehreren Sekunden Belichtungszeit für uns negativ bemerkbar. Diese langen Belichtungen, besonders auch unter Verwendung eines Filters, können wir umgehen, indem der Film (z. B. TP 2415 oder Agfachrome 1000) in der Anlage „Hyper 200"

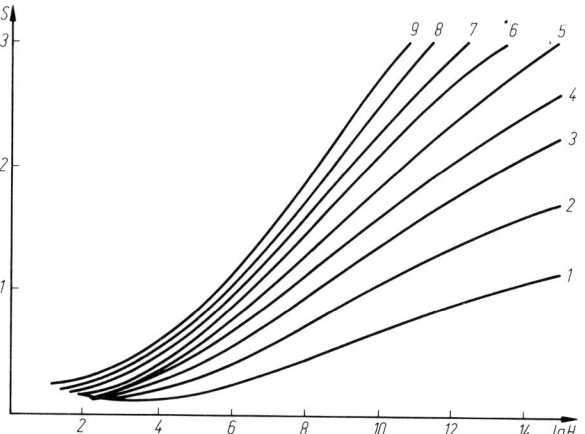

Bild 12.2. Schwärzungskurven einer Schicht bei verschiedenen Entwicklungszeiten (Entwicklungsfächer) (aus [15])
1–4 min; 2–6 min; 3–8 min; 4–10 min; 5–12 min; 6–14 min; 7–16 min; 8–18 min; 9–20 min; S – Schwärzung H – Belichtung

oder „Hyper 400" gashypersensibilisiert wird. Danach ist er sofort einsetzbar. Die kleinere „Hyper 200"-Anlage ist vor allem für den Einzelamateur und die größere „Hyper 400" besonders für Sternwarten bzw. astronomische Vereine gedacht. Beide Modelle ermöglichen die starke Reduzierung des Schwarzschildverhaltens von Aufnahmematerialien bis auf den p-Wert ≈ 1 und erreichen somit eine Empfindlichkeitssteigerung bis zum 30fachen! Der hypersensibilisierte (oder kurz: der gehyperte) TP 2415 muß nicht sofort nach der Behandlung belichtet werden. Er kann bei etwa 20 °C mehrere Monate oder im Kühlschrank 1 Jahr gelagert werden. Gehyperte Farbfilme sollte man spätestens nach etwa 2 Monaten belichten. Vorteilhaft ist es aber, wenn das belichtete Material gleich nach der Belichtung entwickelt wird (z. B. in Kodak D-19), ansonsten könnten die fotografischen Parameter wie Gradation und Empfindlichkeit negativ beeinflußt werden. In Abschnitt 2.3.4.5. ist eine Auswahl an hypersensibilisierten Filmen aufgeführt.

12.5. Komposit-Fotos

Wie kann man eine große Reichweite bei hohem Kontrast, geringerer Körnigkeit und nicht zu langer Belichtungszeit des Negativs unter einen Hut bekommen? Die Möglichkeit besteht mit Hilfe des sogenannten Komposit-Verfahrens. Anwendung findet es beispielsweise bei der kurzbrennweitigen Sternfeldfotografie, Fokalfotografie (Deep-Sky-Objekte) und Planetenfotografie. Ein Beispiel soll dies an Hand einer Sternfeldaufnahme im Bereich des Sternbildes Schwan verdeutlichen. Folgende Arbeitsschritte werden durchgeführt:

– Bestimmung der genäherten Kulminationszeit des Sternbildes, denn nur im Bereich des Meridiandurchganges erreichen wir die beste Abbildungsqualität auf dem Negativ.
– Vorbereiten der Aufnahmeoptik (z. B. ein Normalobjektiv oder Teleobjektiv), des Nachführsystems und der Kamera. Zu empfehlen wäre der panchromatische Schwarzweißfilm TP 2415 gehypert. Zusätzlich kann auch ein Filter zur Unterdrückung des Streulichtes Verwendung finden.
– Wir belichten nacheinander mindestens zwei Negativbilder des gleichen Sternfeldes. Sternfreunde mit viel Begeisterung und Ausdauer werden auch drei oder mehr Einzelbelichtungen durchführen. Die Belichtungszeit wird so gewählt, daß der Himmelshintergrund nicht auf dem Negativbild als Schwärzung erscheint. Eine genaue Angabe für die Belichtungszeit bei den vielen individuellen atmosphärischen Voraussetzungen ist nicht möglich, so daß 1–2 Probebelichtungen empfehlenswert sind. Als Richtwert kann bei einem 27-DIN-Film und Blende 2,8 etwa 20 bis 30 Sekunden belichtet werden (ohne Filter).

– Anschließend entwickeln wir unseren belichteten Film, z. B. in Kodak D-19, 5 min bei 20°C.
– Nachdem der Film getrocknet wurde, legen wir nun die einzelnen zurechtgeschnittenen Negativbilder paßgerecht übereinander in die Filmbühne des Vergrößerungsgerätes und belichten das Fotopapier, welches allgemein mit dem Härtegrad „normal" oder „hart" verwendet wird. Für das genaue Übereinanderlegen der einzelnen Negativbilder können helle Sterne als Fix- oder Paßpunkte dienen.

Auf dem richtig (also nicht zu kurz bzw. zu lang) belichteten und entwickelten Papierbild entsteht ein kontrastreiches Abbild des Sternfeldes, d. h. es sind auch die schwächsten Sterne gut sichtbar, denn durch das Komposit-Verfahren werden die einzelnen Schwärzungen der Sterne auf dem Negativ addiert. Da keine Hintergrundschwärzung vorhanden ist, wird sie auch nicht addiert. Dieses Verfahren findet auch bei der Planetenfotografie Anwendung. Hier belichtet man ebenfalls z. B. auf Ilford XP1 400 oder TP 2415 mindestens zwei einzelne Negativbilder. Bevorzugt werden wegen der Detailstrukturen auf den Planeten der Mars, Jupiter und Saturn. Natürlich geschieht die Belichtung kurz nacheinander. Ist dies nicht der Fall, kann sich die relativ schnelle Rotation von Jupiter und Saturn negativ durch das Verwischen von Details auf dem Negativ bemerkbar machen. Mit dem Komposit-Verfahren erreichen wir auch bei der Planetenfotografie einen größeren Kontrast sowie eine geringere Körnigkeit, denn die unterschiedliche Verteilung der lichtempfindlichen Körner in den einzelnen Emulsionen werden fast ausgeglichen.

Das Komposit-Verfahren ist aber auch für die Farbfotografie von Bedeutung. Es baut sich auf den drei Grundfarben Rot, Grün und Blau auf und wird als Dreifarben-Komposit-Verfahren bezeichnet. Im Vergleich zum vorher beschriebenen Komposit-Verfahren ist das Dreifarben-Komposit-Verfahren umfangreicher im zeitlichen und materiellen Aufwand. Dafür sind aber die fotografischen Ergebnisse bei Fokalaufnahmen und Öffnungsverhältnissen von 1:5 bzw. 1:6 oder in der Planetenfotografie faszinierend. Wir erhalten ein hohes Auflösungsvermögen, verbunden mit einer guten Farbsättigung und natürlichen Farbwiedergabe auf den Fotos. Im folgenden sollen einige Grundgedanken zum Aufnahmeverfahren dargelegt werden. Unser Ziel ist eine möglichst naturgetreue, das heißt, dem Spektrum entsprechende Farbwiedergabe des Aufnahmeobjektes, evtl. eines Gasnebels. Wir müssen also z. B. mit Bandfiltern hoher Transmission und relativ steiler beidseitiger Filterflanke versuchen, nur die für uns wichtigen Wellenlängen des Gasnebels auf den Film zu bekommen. Auf Grund seiner ausgeglichenen Empfindlichkeit im visuellen Bereich und guten Eignung zur Hypersensibilisierung empfiehlt sich hier besonders wieder der TP 2415. Wir belichten drei separate Scharzweiß-Aufnahmen, je eine im Farbbereich Blau bei 400–500 nm, im Grünbereich bei 500–600 nm und im Rotbereich bei 600–700 nm. Zu beachten ist dabei die Lage der Kante des Durchlasses der Filterkurve in bezug auf helle Spektrallinien von Gasnebeln. Wichtig ist weiterhin bei der Auswahl der Filter (meist Interferenzfilter) das Unterdrücken entfernterer störender Wellenlängen bis etwa 700 nm im roten Spektralbereich. Vom Filter durchgelassene Wellenlängen >700 nm spielen für den TP 2415 keine Rolle mehr. Seine spektrale Empfindlichkeit sinkt bei etwa 700 nm gegen Null.

Die drei separat in den Farben Blau, Grün und Rot belichteten Schwarzweiß-Negative werden nun auf Schwarzweiß-Negativmaterial umkopiert. Wir erhalten Schwarzweiß-Positive, welche nacheinander durch die zugehörigen Aufnahmefilter hindurch auf Color-Umkehrpapier belichtet und additiv überlagert werden. Näheres zum Dreifarben-Komposit-Verfahren ist in „Sterne und Weltraum", Heft 10/1990 Seite 602, ersichtlich.

12.6. Kontrastverstärkung

Im allgemeinen reicht in unserer Praxis die Qualität der Informationsübertragung vom Originalnegativ auf das Papierbild mit den auch sonst üblichen Entwicklungsmethoden aus. Sollen aber der Informationsgehalt des Originalnegativs voll ausgeschöpft werden oder spezielle Erscheinungen des Aufnahmeobjekts deutlicher hervortreten, so sind zusätzliche Arbeitsgänge in der Dunkelkammer einzuplanen. Informationen, die allerdings im Originalnegativ nicht vorhanden sind, können auch nicht kontrastverstärkt werden.

Besonders eindrucksvoll zeigt sich die Kontrastverstärkung mitunter bei Mondaufnahmen. Einzelheiten der Mondoberfläche, auch bei der schmalen Mondsichel, werden deutlicher sichtbar. Auch mit Planeten- und Sternfeldaufnahmen hatten hier schon manche Amateure Erfolg. Die Kontrastverstärkung bewirkt aber auch eine Kornvergrößerung, so daß sich der Einsatz von Feinkornfilmen empfiehlt.

12.6.1. Technische Voraussetzungen

Für die fotografische Kontrastverstärkung benötigen wir:

– einen abdunkelbaren Raum,
– Kopierlichtkasten oder Kopierrahmen oder Vergrößerungsgerät,
– eine oder zwei optisch plane Glasscheiben (z. B. vom Negativrahmen des Vergrößerungsgeräts),
– eventuell eine mattschwarze Papierunterlage, auf die der Film gelegt wird,
– eine Schere für das Beschneiden des Films,
– Schalen für das Entwickler-, Zwischenwässerungs- und Fixierbad sowie eine Möglichkeit der Endwässerung (z. B. in der Badewanne),

– eine Dunkelkammerbeleuchtung mit gelbgrünem Dunkelkammerschutzfilter, matt, dunkel,
– extra-hart arbeitendes Strich- und Rastermaterial (z. B. Fototechnischer Film),
– Entwickler-Lösung, z. B. Papierentwickler,
– Fixierbad,
– ein Thermometer,
– eine Uhr und, wie bereits erwähnt,
– das Originalnegativ mit hoher Abbildungsqualität, richtiger Deckung und geeignetem Kontrastumfang.

12.6.2. Verfahrensweise

Nach gründlicher Vorbereitung (Bereitstellung der fotochemischen Bäder, Zurechtlegen des Filmmaterials, der Schere, Anschließen des Kopierlichtkastens oder des Vergrößerungsgeräts usw.) wird vom Originalnegativ auf hart arbeitendem fototechnischen Film eine Kontaktkopie hergestellt. Dabei liegen beide Filme, Emulsionsschicht an Emulsionsschicht, übereinander und werden mit einer optisch planen Glasscheibe beschwert. Wir erhalten nach dem Belichten und Weiterverarbeiten ein normales Diapositiv, das nach dem Trocknen für eine zweite Kontaktkopie auf fototechnischem Film genutzt wird. Auf dem so entstandenen Duplikatnegativ ist die Kontrastverstärkung sichtbar, die nun, je nach Zielsetzung des Sternfreundes, mit einem normal oder hart arbeitenden Entwickler auf dem Fotopapier sichtbar gemacht wird. Als Papiersorte verwendet man allgemein die Gradation „weich" oder „normal".

Die indirekte Beleuchtung des Arbeitsplatzes in unserer Dunkelkammer kann mit einem vorgeschalteten gelbgrünen Dunkelkammerschutzfilter erfolgen. Versuche ergaben, daß die Belichtung des Diapositivs und Duplikatnegativs auch mit Hilfe der üblichen Projektionstechnik am Vergrößerungsgerät (wie bei der Papierbild-Belichtung) erfolgen kann. Es sollte aber nicht zu stark vergrößert werden, weil sonst das Korn störend in Erscheinung treten kann. Die Entwicklung des Diapositivs und Duplikatnegativs geschieht am besten mit einem stark verdünnten Entwickler für Filme oder Fotopapiere (z. B. Verdünnung 1 + 100, 30 min bei 18° C) ohne Bewegung des Films in der Entwicklerschale. Infolge der stärkeren Verdünnung und der Anzahl und Größe der zu entwickelnden Kopien verringert sich die Kapazität des Entwicklers schneller, so daß die Entwicklungszeit von Kopie zu Kopie oder von Kopier-Reihe zu Kopier-Reihe etwas verlängert werden muß.

12.6.3. Einige Verarbeitungstips

– Die einzelnen Arbeitsgänge verlangen größte Sauberkeit. Staubteilchen, Fasern und dergleichen machen sich besonders störend bemerkbar.
– Zu kurze Belichtungszeiten bei der Duplikatnegativherstellung ergeben im allgemeinen zu starken Kon-

 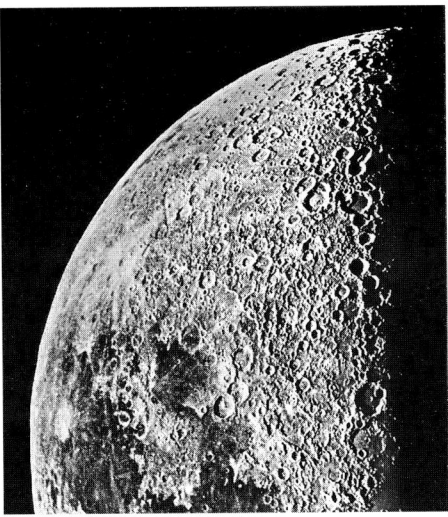

links: Bild 12.3. Mond Vergrößerung vom Originalnegativ (Daten im Text)

rechts: Bild 12.4. Mond Vergrößerung vom kontrastverstärkten Duplikat-Negativ (Daten im Text)

trast, so daß geringere Schwärzungen des Originalnegativs verlorengehen. Dadurch kann z. B. der scharfe Sonnenrand infolge zu starker Randverdunklung unsichtbar werden.

- Zu empfehlen ist die verschieden lange Belichtung einiger zurechtgeschnittener Filmstückchen als Proben für das Diapositiv und Duplikatnegativ.
- Durch Zusatzbelichtungen des Himmelshintergrundes auf dem Fotopapier und gleichzeitiges Abdecken des Aufnahmeobjekts lassen sich unerwünschte Schwärzungen des Himmelshintergrundes, die vom Duplikatnegativ herrühren können, ausgleichen.
- Während der Entwicklung kann auf der Emulsion bei ruhendem Film bzw. Entwickler ein dünner, matter Überzug entstehen. Er läßt sich unter fließendem Wasser vorsichtig mit einem weichen Pinsel oder dem Finger entfernen.
- Wichtige Daten notieren: Belichtungszeit, eventuell Blende, Einstellhöhe an der Tragsäule des Vergrößerungsgeräts oder Abstand Objektiv–Film, Entwickler, Entwicklerverdünnung, Entwicklungszeit, Entwicklertemperatur, Filmsorte.
- Die bei diesem Verfahren entstehenden Diapositive lassen sich übrigens auch gut zur Projektion verwenden.

12.6.4. Bilderläuterungen

Mond

a) Das Originalnegativ wurde mit der Okularprojektion (orthoskopisches Okular $f = 25$ mm) an einem Refraktor 130/1950 auf 15-Din-Film, Aufnahmeformat 6 cm × 6 cm, hergestellt. Der Projektionsabstand $l = 110$ mm ergab eine äquivalente Brennweite $f_{\text{Ä}}$ von 8580 mm bei einem Verhältnis $D : f_{\text{Ä}}$ von 1:66. Die Negativ-Entwicklung erfolgte mit einem Feinkornentwickler (A 03) nach Vorschrift.

b) Auf der Grundplatte des Vergrößerungsgeräts erfolgte als Kontaktkopie die Belichtung auf fototechnischem Film (FU 5). Dabei erhielt der Terminatorbereich eine Belichtung von 5 s und das restliche Gebiet eine Belichtung von 20 s. Während der 20-s-Belichtung wurde der Terminator zur Verhütung einer Überbelichtung mit mattschwarzem Papier abgewedelt. Die Entwicklung des Diapositivs fand ohne Bewegung des Entwicklers bzw. Films in der Entwicklerschale bei 18° C, 30 min in einem 1 + 100 verdünnten Entwickler M-H 28 statt.

c) Für die darauffolgende Herstellung des Duplikatnegativs wurde fototechnischer Film (FU 5) 18 s ohne Abwedeln belichtet. Alle anderen Daten sind dieselben wie bei der Diapositiv-Herstellung.

d) Die beiden Papierbilder entstanden auf Vergrößerungspapier „normal" mit Hilfe der Abwedeltechnik und Fotopapierentwicklung in E 102, 1 + 7, bei 20° C (Bilder 12.3 und 12.4).

Sonne

a) Mit der Okularprojektion (orthoskopisches Okular $f = 12{,}5$ mm) an einem Schulfernrohr 63/840 auf Mikro-Aufnahmefilm MA 8 entstand bei einer Belichtungszeit von 1/500 s ohne elektrische Nachführung des Fernrohrs die Originalaufnahme. Für die Lichtdämpfung sorgten das Sonnenprisma und ein Neutralfilter, auf dem vier Punkte markiert waren, s. Abschnitt 7.2.2. ($f_{\text{Ä}} = 4032$ mm; $D : f_{\text{Ä}} = 1{:}64$; $l = 60$ mm). Entwickelt in E 102, 1 + 6 verdünnt, 4 min bei 23° C in der Entwicklungsdose.

b) Die Belichtung des fototechnischen Films zur Herstellung des Diapositivs erfolgte wieder unterm Vergrößerungsgerät als Kontaktkopie mit 70 s (Blende 4,5) ohne die sogenannte Abwedeltechnik. Entwicklung wie beim obengenannten Beispiel Mond.

c) Eine Belichtung von 90 s (ohne Abwedeln) wurde gewählt zur darauffolgenden Herstellung des Duplikatnegativs, wiederum auf der Grundplatte des Vergrößerungsgeräts. Die Entwicklung erfolgte wie beim obigen Beispiel des Mondes.

d) Zur Herstellung der Papierbilder vom Original- und vom Duplikatnegativ wurde Fotopapier „weich" verwendet und nach Vorschrift in E 102, 1 + 7 verdünnt bei 20° C entwickelt (Bilder 12.5 und 12.6).

Ausschnitt der Sonne

a) Fototechnische Daten für die Herstellung des Originalnegativs: Schulfernrohr 63/840, Sonnenprisma, orthoskopisches Okular $f = 12{,}5$ mm, Neutralfilter mit Zwei-Punkt-Markierung, Kleinbild-Spiegelreflexkamera, Mikro-Aufnahmefilm MA 8. Die Belichtungszeit betrug 1/250 s; $f_{\text{Ä}} = 9072$ mm; $D{:}f_{\text{Ä}} = 1{:}144$; $l = 135$ mm; Entwicklung in E 102 (1 + 6), 4 min bei 23° C (Dosenentwicklung).

b) Für das Diapositiv wurde auf fototechnischem Film (FU 5) ohne Abwedeltechnik nach dem Prinzip der

d) Original- und Duplikatabzug entstanden auf Vergrößerungspapier „weich" (Entwickler: E 102, 1 + 7 verdünnt bei 20° C).

Anmerkung: Die Kontraststeigerung eignet sich besonders zur Betonung der Sonnenfackeln und der Granulation. Sonnenflecken dagegen werden mit amateurmäßigen Mitteln zu hart wiedergegeben.

Saturn

a) Das Originalnegativ entstand am 26. 2. 1975 mit Hilfe der Okularprojektion (orthoskopisches Okular: 12,5-O) an einem Cassegrain-Spiegelteleskop 400/1800/6000 auf 20-DIN-Film. (Belichtungszeit: 11 s; $f_{\text{Ä}} = 38\,400$ mm; $l = 80$ mm, D: $f_{\text{Ä}} = 1{:}96$, Ringdurchmesser auf dem Negativ: 6,9 mm). Die Entwicklung erfolgte mit Feinstkornentwickler nach Vorschrift.

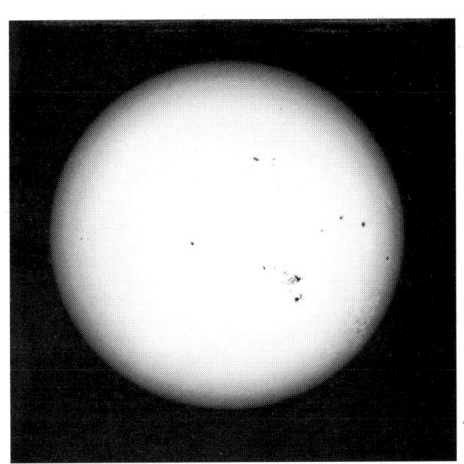
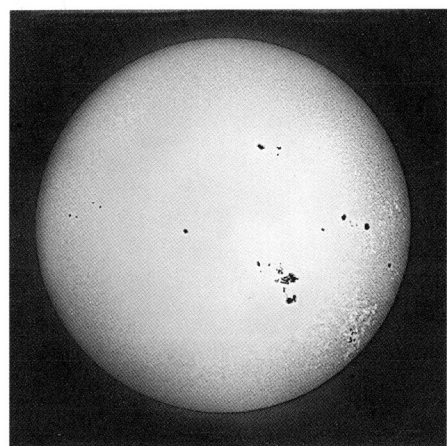

links: Bild 12.5. Gesamtaufnahme der Sonne
Vergrößerung vom Originalnegativ (Daten im Text)

rechts: Bild 12.6. Gesamtaufnahme der Sonne
Vergrößerung vom kontrastverstärkten Duplikat-Negativ (Daten im Text)

Kontaktkopie 40 s lang unter dem Vergrößerungsgerät belichtet. Entwicklung wie beim obigen Beispiel „Mond b".

c) Für das Duplikatnegativ (als Kontaktkopie) wurde 20 s auf fototechnischem Film (FU 5) mit dem Vergrößerungsgerät belichtet; Entwicklung wie bereits im vorherigen Beispiel beschrieben.

b) Die Belichtung für die Diapositiv-Kontaktkopie auf fototechnischem Film (FU 5) betrug 16 s. Das Entwickeln erfolgte wie bei der Diapositiv-Kontaktkopie des Mondes.

c) Auf der Grundplatte des Vergrößerungsgeräts wurde als Kontaktkopie fototechnischer Film (FU 5) für die Herstellung des Duplikatnegativs belichtet: Zeit:

Bild 12.7. Ausschnitt der Sonne
Vergrößerung vom Originalnegativ (Daten im Text)

Bild 12.8. Ausschnitt der Sonne
Vergrößerung vom kontrastverstärkten Duplikat-Negativ (Daten im Text)

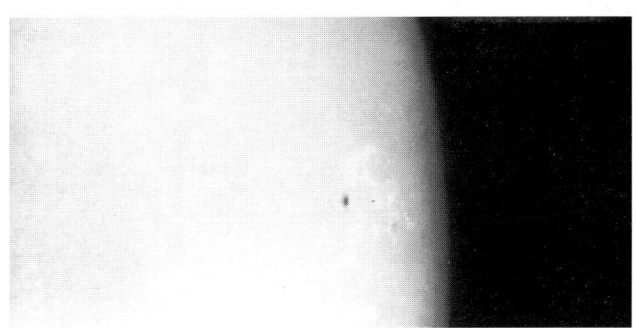
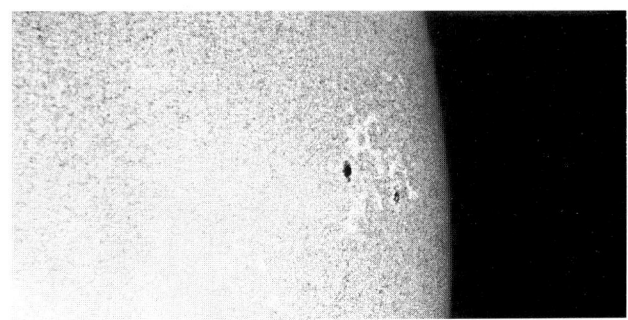

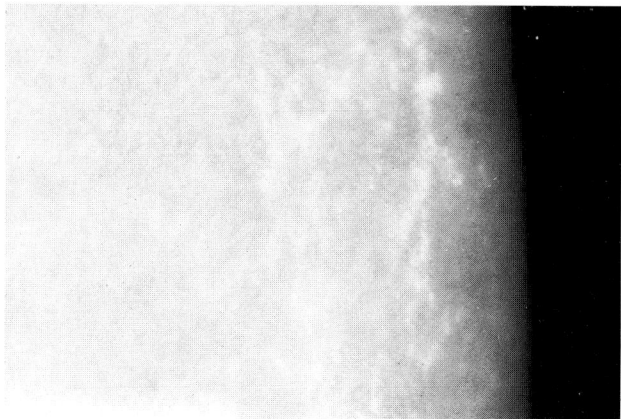

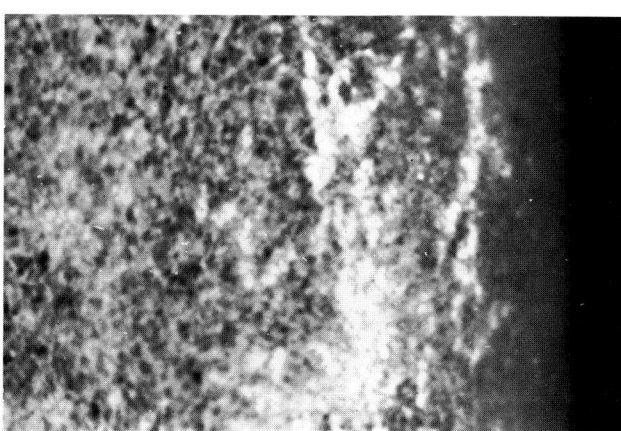

Bild 12.9. Abzug vom Originalnegativ, Fackelgebiete auf der Sonne am 5. 5. 1989, 7.45 Uhr MEZ
Objektiv: 110/1600, Okular: orthoskopisches Okular $f = 16$ mm, Lichtdämpfung: Sonnenprisma + Dämpfglas (3 markierte Punkte), $l = 180$ mm, $f_{\ddot{A}} = 18000$ mm, $D:f_{\ddot{A}} = 1:163$, Belichtungszeit: $\frac{1}{250}$ s, Mikro-Aufnahmefilm: MA 8, Negativentwicklung: E 102, 1 + 6, 5 min bei 22 °C

Bild 12.10. Kontrastverstärkte Aufnahme von Bild 12.9. Das dazugehörige Diapositiv sowie Duplikat-Negativ entstand als Kontaktkopie auf fototechnischem Film (FU 5). Die Entwicklung des Diapositivs erfolgte in M-H 28, 1 + 100 verdünnt, 30 min bei 18 °C ohne Bewegung, die des Duplikatnegativs in R 09, 1 + 100, 30 min bei 18 °C ohne Bewegung.

Bild 12.11. Saturn
Vergrößerung vom Originalnegativ (Daten im Text)

Bild 12.12. Saturn
Vergrößerung vom kontrastverstärkten Duplikat-Negativ (Daten im Text)

Bild 12.13. Sternfeld mit Andromeda-Nebel
Vergrößerung vom Originalnegativ (Daten im Text)

Bild 12.14. Sternfeld mit Andromeda-Nebel
Vergrößerung vom kontrastverstärkten Duplikat-Negativ (Daten im Text)

20 s. (Entwicklung wie bei der Diapositiv-Kontaktkopie.)

d) Die Bilder vom Original- und vom Duplikatnegativ entstanden auf Vergrößerungspapier „normal".

Anmerkung: Die Herstellung eines zweiten Duplikatnegativs über ein zweites Diapositiv brachte in diesem Fall (wie auch sonst vielfach) keinen Informationsgewinn: Das Bild des Saturn fiel zu hart und körnig aus. Ähnlich verhält es sich meist bei Sonnen- und Mondabbildungen (Bilder 12.11, 12.12).

Sternfeld mit Andromedanebel

a) Als Aufnahmeinstrument diente eine Amateur-Astrokamera 56/250. Die Belichtung der Orwo-Astro-Platte, ZU 21, 9 cm × 12 cm, erfolgte am 1. 10. 1983 von 22^h30^m bis 24^h00^m MEZ.
   Entwicklung: (Repro-Entwickler Orwo-A 71), 10 min bei 20° C.

b) Für das Diapositiv wurde als Kontaktkopie auf der Grundplatte des Vergrößerungsgeräts fototechnischer Film (FU 5) belichtet.
   Entwicklung: wie im Abschnitt „Mond b".

c) Für die Herstellung des Duplikatnegativs wurde wie in den oben beschriebenen Fällen verfahren. Belichtungszeit: 40 s.
   Entwicklung: wie im Abschnitt „Mond b".

d) Beide Papierbilder entstanden unter Verwendung von Fotopapier, Sorte „extra-hart" (Bilder 12.13, 12.14).

Anmerkung: Nach Erfahrung bringt die Herstellung eines zweiten Duplikatnegativs über ein zweites Diapositiv auch in diesem Fall keinen spürbaren Informationsgewinn. Ein Vergleichen der beiden Aufnahmen belegt, daß die Kontraststeigerung zumindest im Bereich des Andromedanebels keinen Informationsgewinn ergab. Dagegen werden die Sterne, vor allem die schwach leuchtenden, deutlicher hervorgehoben. Geringe Schwärzungen aber, z. B. von nebelförmigen Erscheinungen, gehen zum Teil im Ergebnis verloren. Das hier aufgeführte Verfahren zur Kontrastverstärkung von Amateur-Astroaufnahmen ist mit einigen Stunden Arbeitszeit und etwas Geduld verbunden. Nicht jede Kopie bringt gleich mit dem ersten Versuch das gewünschte Ergebnis in erwarteter Qualität. Um so größer ist dafür das Erfolgserlebnis, sowohl für den Einzelamateur als auch für Mitglieder einer Arbeitsgemeinschaft, wenn ein gut gelungenes Diapositiv bzw. Duplikatnegativ entstand, bei dem der Informationsinhalt des Originalnegativs voll umgesetzt bzw. ausgeschöpft wurde. Übrigens muß ein kontrastverstärktes, mit Informationen angereichertes Foto nicht immer auch das bildhaft überzeugendste sein. Inhaltlich bemerkenswerte Zusammenhänge und bildhaft ästhetische Reize einer astronomischen Erscheinung lassen sich eben nicht immer mit ein und demselben Foto vermitteln. Auch daran sollten wir bei unseren astrofotografischen Vorhaben denken. Es kann helfen, unser jeweiliges Ziel mit noch mehr Konsequenz und zugleich größeren Erfolgsaussichten zu erreichen. Zum Wie des Weges habe ich, gestützt auf allgemeine Erkenntnisse und eigene Erfahrungen, versucht, detaillierte Hinweise und praktikable Anregungen zu geben. Wenn das Buch auf diese Weise hilft, eigene Erlebnisse beim Beobachten des gestirnten Himmels in fotografisch gelungenen Bildern festzuhalten, dann hat es seinen Zweck erfüllt.

Links:
Spiralgalaxie M 33 am 19. 8. 1953 mit Meteorspur
Objektiv: Schmidt-Kamera 500/700/1720 der Sternwarte Sonneberg, Belichtungszeit: 60 min, Platte: ZU 1, Negativentwicklung: in Metatyl-Hydrochinon
Die Aufnahme wurde von W. Götz ohne Filter bzw. Kontrastverstärkung hergestellt.

Leuchtende Nebel im Sternbild Carina (NGC 3372). In der Nähe des linken Bildrandes befindet sich der Sternhaufen NGC 3532.
Objektiv: 250/1250 Metcalf-Astrograph des Boyden-Observatoriums, Belichtungszeit: 58 min, Platte: Kodak 103 a-O
Die Belichtung der Aufnahme fand am 27. 6. 1959 ohne Filter statt.
Aufnahme: C. Hoffmeister.

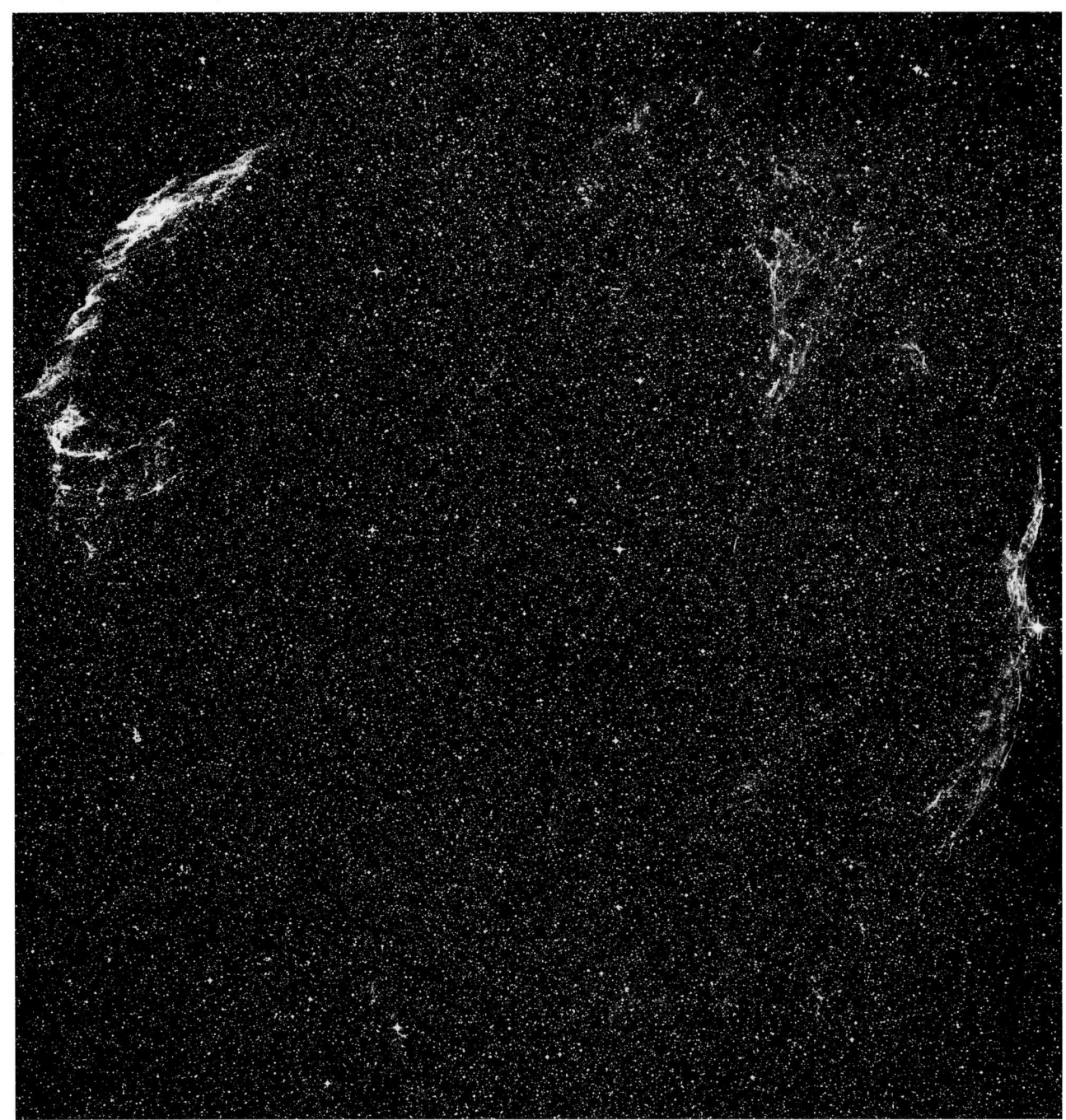

Cirrusnebel im Sternbild Schwan (Supernova-Überrest) am
2. 9. 1964
Objektiv: 500/700/1720, Schmidt-Kamera der Sternwarte Sonneberg, Belichtungszeit: 60 min, Platte: Orwo ZU 2, Negativentwicklung: in Metatyl-Hydrochinon
Das Foto wurde ohne Filter und Kontrastverstärkung hergestellt.
Aufnahme: W. Götz.

Rechts:
Spiralgalaxien M 66, M 65 und NGC 3628 im Sternbild Löwe am
15. 4. 1971
Objektiv: Schmidt-Kamera 500/700/1720 der Sternwarte Sonneberg, Belichtungszeit: 60 min, Platte: Orwo ZU 2
Das Foto entstand ohne Filter durch W. Götz. Eine Kontrastverstärkung wurde nicht vorgenommen.

Komet Whipple-Fedtke (1942 g = 1943 I) am 26. 2. 1943
Objektiv: 400/1600 Astrograph der Sternwarte Sonneberg, Belichtungszeit 60 min, Platte: Matter Sternplatten
Die Aufnahme wurde von C. Hoffmeister ohne Filter und Kontrastverstärkung hergestellt.

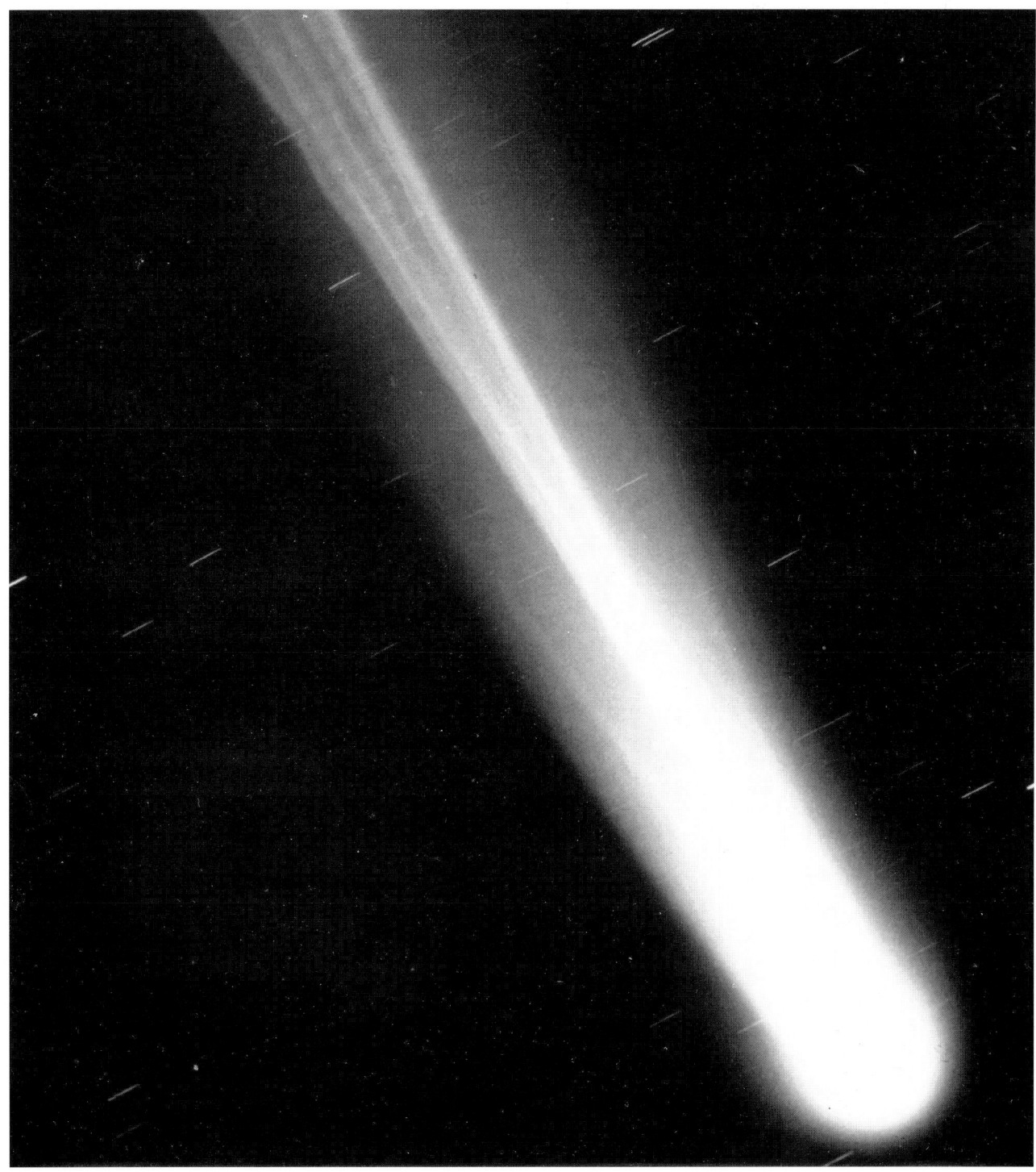

Komet Bennett (1969 i) am 11. 4. 1970
Objektiv: Schmidt-Kamera 2000/1340/4000 des Karl-Schwarzschild-
Observatoriums Tautenburg bei Jena. Die Aufnahme zeigt den
Gasschweif des Kometen bei einer Wellenlänge von 3883 Å.

Große Magellansche Wolke am 3. 10. 1959
Objektiv: 250/1250 mm Metcalf-Astrograph des Boyden-Observatoriums, Belichtungszeit: 74 min, Platte: Kodak 103a-O
Die Aufnahme wurde ohne Filter und ohne Kontrastverstärkung von C. Hoffmeister hergestellt.

Rechts oben:
Der Saturn am 11. 3. 1974, fotografiert mit dem 1,5-Meter-Spiegelteleskop des Mond- und Planetenlaboratoriums der Universität von Arizona. (Aus „Sky and Telescope", Juni 1978)

Rechts unten:
Diese gigantische Protuberanz erreichte eine Höhe von 400000 km über dem Sonnenrand. Die Aufnahme entstand am 19. 12. 1973 im ultravioletten Licht. Foto: Marine-Forschungslaboratorium. (Aus „Sky and Telescope", August 1979)

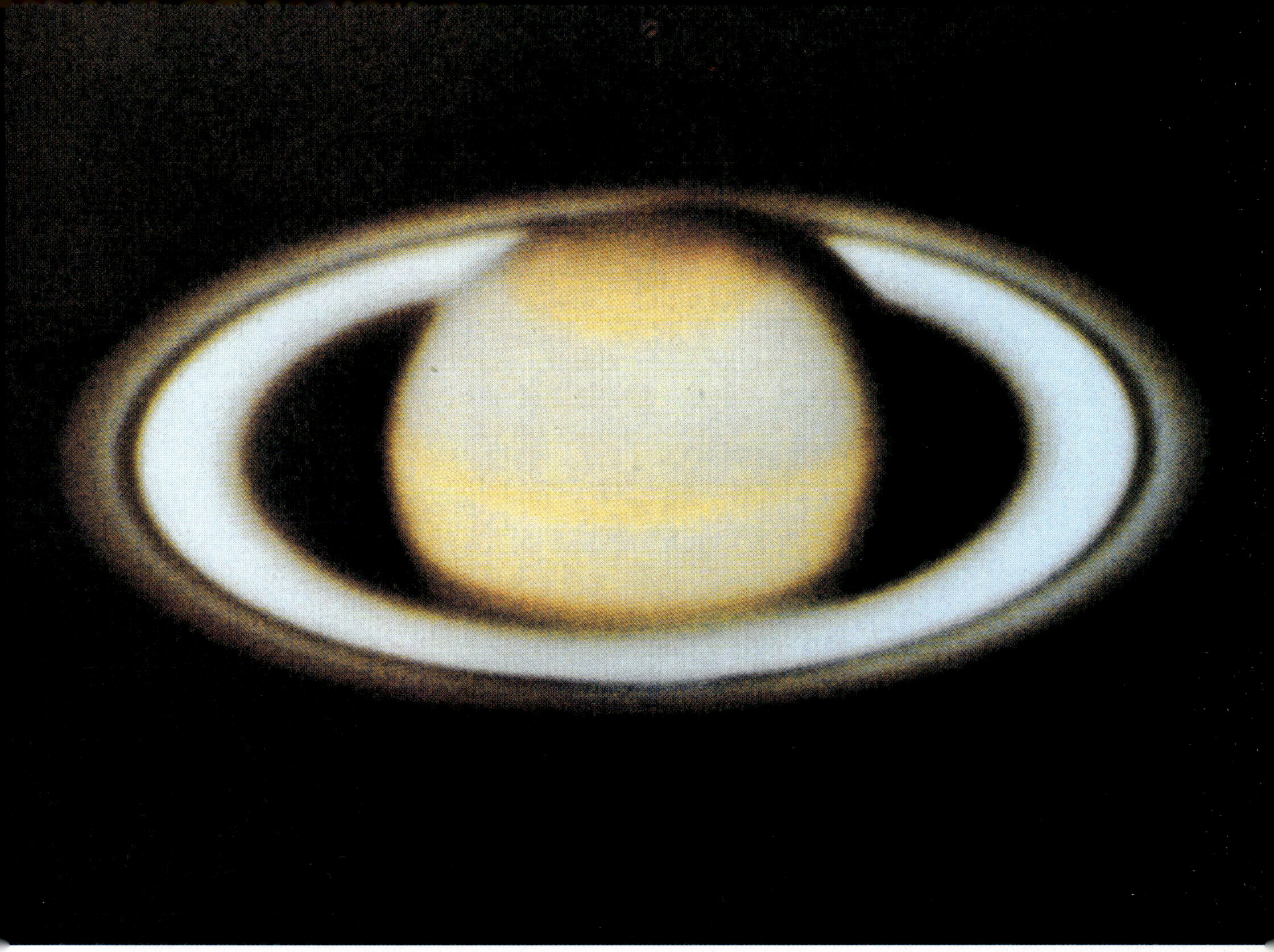

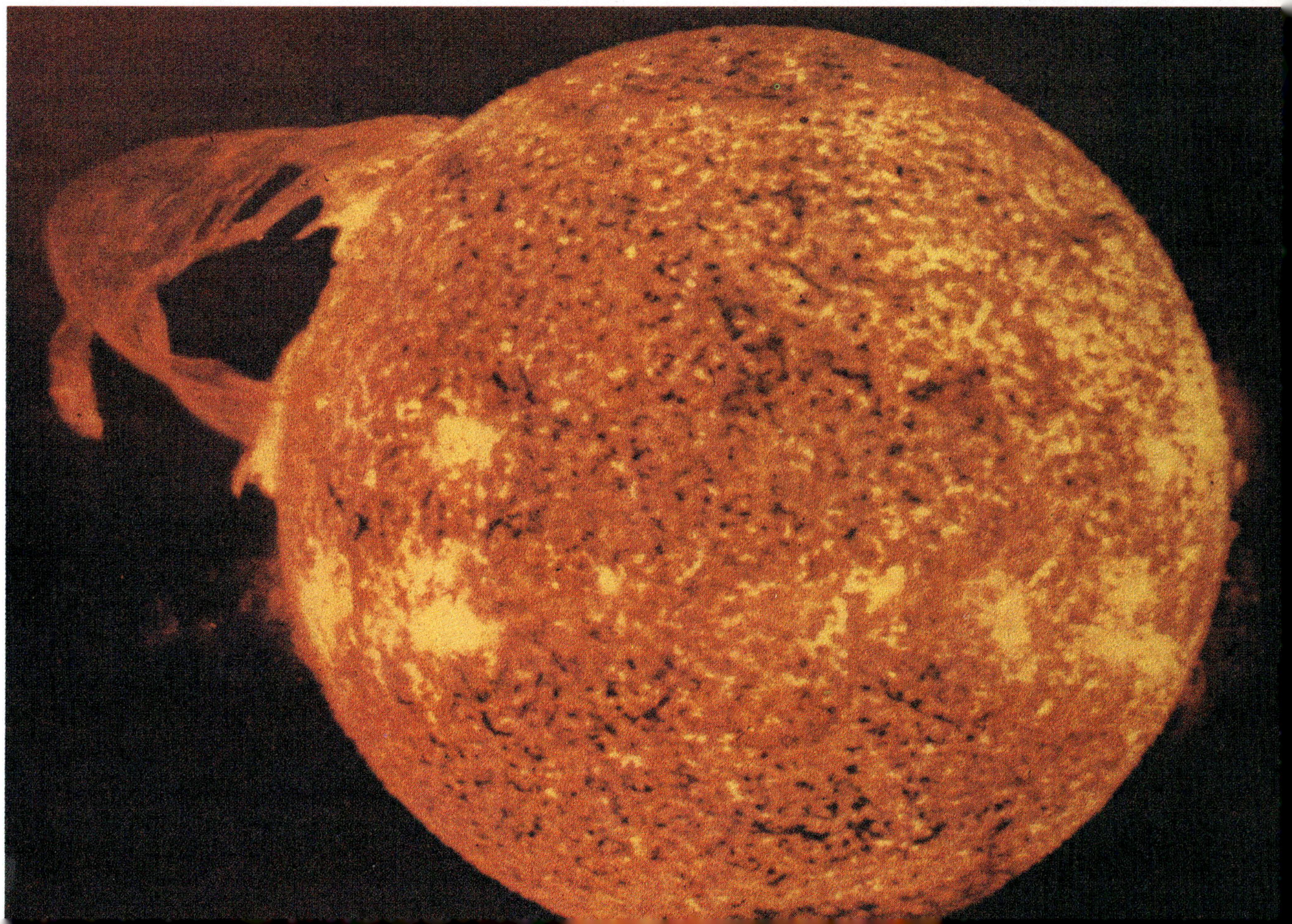

Worterklärungen

Achromat: Mehrteiliges Fernrohrobjektiv, bei dem durch Kombination verschiedener Glassorten eine gute Farbwiedergabe und somit Abbildungsqualität erzielt wird.

Anastigmat: Ein Objektiv mit mindestens drei Linsen. Die Linsenfehler sind so weit korrigiert, daß eine über die ganze Bildfläche ausgedehnte Schärfe vorhanden ist.

Äquivalente Brennweite: Die optisch wirksame Brennweite eines Objektivs. Sie kann mit Hilfe zusätzlicher optischer Bauteile (z. B. Telekonverter, Telekompressor) entweder verlängert oder verkürzt werden.

Akkomodation: Das Anpassen oder Einstellen des Auges auf ein Objekt, z. B. auf das Abbild des Mondes im Kamerasehfeld einer Spiegelreflexkamera.

Cirrus-Wolken: Ein Wolkentyp, der sich in den gemäßigten Zonen in einem Höhenbereich von 5–13 km über dem mittleren Meeresspiegel befindet. Cirrus-Wolken bestehen fast ausschließlich aus Eiskristallen.

Diskontinuierliches Spektrum: Ein Erscheinungsbild des Spektrums. Das diskontinuierliche Spektrum kann als Linien- und Bandenspektrum auftreten.

defokussieren: Das Abbild eines Objektes unscharf auf der Bild- oder Brennebene des optischen Systems einstellen.

Extinktion: Lichtschwächung durch kleine Partikel, wie etwa Staubteilchen und Moleküle, die Licht absorbieren, streuen und beugen.

Expositionszeit: Belichtungszeit z. B. einer lichtempfindlichen Schicht.

Halbwertsbreite (HwBr): Die Differenz der beiden Wellenlängen vor und hinter dem Maximum, bei denen die Transmission auf die Hälfte des maximalen Wertes abgesunken ist.

Kollimator: Ein Linsensystem zur Parallelisierung von z. B. konvergenten Lichtstrahlen.

Kulmination: Zeitpunkt, zu dem ein Gestirn den Meridian passiert und damit seine größte Höhe über dem Horizont erreicht.

konvergent: zusammenlaufend, gegenseitige Annäherung. Beispiel: Beim konvergenten Lichtbündel laufen die Lichtstrahlen im Brennpunkt zusammen.

Öffnungsverhältnis: Das Verhältnis zwischen der freien Öffnung D eines Objektivs und seiner Brennweite f, ($D{:}f$).

parallaktisch: Montierung des Fernrohres, die auf den Himmelsäquator und Himmelspol ausgerichtet ist. Die Stundenachse weist zu den Himmelspolen.

Polarisation: Gesetzmäßige Ausrichtung der Schwingungsebenen des Lichtes.

Projektiv: In der Astrofotografie ein optisches Zwischensystem. Dient in Form eines fotografisch korrigierten Projektionsokulares zum Zwischenvergrößern des Abbildes auf dem Film.

Radiant: Ausgangspunkt der Bahnen eines Meteorstromes an der scheinbaren Himmelskugel.

Refraktion: Die Brechung oder Ablenkung der von den Gestirnen kommenden Lichtstrahlen in der Erdatmosphäre.

Sekundäres Spektrum: Eine Linse erzeugt entlang ihrer optischen Achse verschiedenfarbige, ungleich große Bilder. Dieser Abbildungsfehler wird mit einem achromatischen Objektiv reduziert, so daß farbreine Bilder entstehen. Allerdings haben die Bilder noch einen schwachen farbigen Saum. Diese verbleibende Abweichung nennt man das sekundäre Spektrum.

Transmission: Die Durchlässigkeit z. B. eines Filters. Sie wird allgemein in Prozent angegeben. Ein Filter der Transmission von 0 % läßt kein Licht hindurch, dagegen kann das Licht bei 100 % Transmission ohne Verlust das Filter passieren. Geringe Verluste treten aber am Filter immer beispielsweise durch Reflexion und Absorption auf.

Literaturverzeichnis

[1] Brandt, R.; Das Protuberanzen-Fernrohr des Liebhabers. – Kalender für Sternfreunde 1956, S. 111 bis 118

[2] Grünberg, A.; Protuberanzenbeobachtungen. – Astronomie und Raumfahrt (1982), Nr. 2, S. 50 bis 52

[3] Hähnel, J.; Protuberanzenansatz für Amateurfernrohre. – Kalender für Sternfreunde 1982, S. 177 bis 180

[4] Hähnel, J.; Protuberanzenansatz für Amateurfernrohre. – Kalender für Sternfreunde 1983, S. 152 bis 160

[5] Nögel, O.; Das Protuberanzenfernrohr des Sternfreundes. – Die Sterne 31 (1955), S. 1 bis 7

[6] Nögel, O.; Ein Fernrohr zur Beobachtung der Protuberanzen für den Amateur. – Die Sterne 28 (1952), S. 135 bis 142

[7] Schöbel, K.; Versuche am Lyot-Koronoskop. – Kalender für Sternfreunde 1962. S. 184 bis 186

[8] Karkoschka, E., Merz, R. und Treutner, H.; Astrofotografie. Stuttgart: Franckh'sche Verlagshandlung 1980

[9] Müller, R.; Die Beobachtung veränderlicher Sterne. – Kalender für Sternfreunde 1962, S. 167 bis 184

[10] Ahnert, P.; Kalender für Sternfreunde 1974, S. 181 bis 190

[11] Ahnert, P.; Kalender für Sternfreunde 1986, S. 159 bis 163

[12] Rendtel, J.; Bestimmung von Höhe und Geschwindigkeit eines Meteors. – Die Sterne 52 (1976), S. 236 bis 238

[13] Rendtel, J.; Einige Ergebnisse der Fotometrie von Meteorspuren. – Die Sterne 55 (1979), S. 97 bis 104

[14] Högner, W.; Zur Optimierung astronomischer Photogramme durch das FAH-Verfahren. – Die Sterne 47 (1971), S. 136 bis 147

[15] Teicher, G.; Handbuch der Fototechnik, 5., neubearbeitete Auflage Leipzig: Fotokinoverlag 1972

[16] Knapp, W., Hahn, H. M.; Astrofotografie als Hobby. vwi Verlag Gerhard Knülle, Herrsching/Ammersee 1980

[17] Weigert, A., Zimmermann, H.; Brockhaus ABC Astronomie. F. A. Brockhaus Verlag Leipzig 1977

[18] Göpel, N.; Entwickeln. Fotokinoverlag Leipzig 1987

[19] Brauer, E.; Foto Optik. Fachbuchverlag Leipzig 1983

Register